普通高等教育工程造价类专业系列教材
工程造价本科专业工作坊实践教学系列教材

建筑施工组织设计工作坊
——案例教学教程

主编　吴绍艳　陈文强
主审　李建峰

机械工业出版社

工作坊实践教学是在借鉴我国香港地区工料测量高等教育实践教学基础上形成的，其基本理念是将专业人士能力标准引入实践教学体系，与实践教学内容有效衔接，通过设置合理的项目模块，要求学生完成相对应的任务并提交相关成果文件，将"软能力"转化为可以表现和评价的"硬技术"，以达到能力培养目标和以学生为中心的学习要求。

本书以单位工程施工组织设计为编制对象，全面考虑拟建工程具体施工条件、施工方案和技术经济指标。突出两个特点：一是以问题为导向，以房屋建筑实际案例为背景，"真题真做"，阐述不同任务实施的整体过程、思路以及各步骤中的选择依据；二是施工方案的编制，基于管理视角综合考量质量、工期和造价等多目标下的方案选择过程，突出不同施工方案中施工方法和施工机械选择依据的提炼。

全书分为上下两篇：上篇为能力标准与项目分解，描述每一个项目的能力标准、项目分解，引导学生从专业人员的角度去实践，并结合具体案例提出任务要求和目标，以任务实施的技术路线为导向，将任务实施过程中的工作方法、工作依据、工作程序和工作内容进行提示；下篇为过关问题答案与成果范例，针对基础过关问题进行解析，学生通过解决这些问题，获得完成任务的基本知识储备，并给出项目完成后的成果范例，帮助教师引导和组织学生完成任务。

本书既可为高等院校工程管理、工程造价等专业的施工技术与组织等相关课程设计、施工组织设计工作坊实践教学、施工组织毕业设计提供参考，也可作为未开设课程设计的"施工技术与组织"等课程课下延伸拓展的配套教材，每个任务实施的技术路线也可为工程管理、工程造价专业人员提供整体框架参考。

图书在版编目（CIP）数据

建筑施工组织设计工作坊：案例教学教程/吴绍艳，陈文强主编. —北京：机械工业出版社，2022.9

普通高等教育工程造价类专业系列教材　工程造价本科专业工作坊实践教学系列教材

ISBN 978-7-111-71377-7

Ⅰ.①建…　Ⅱ.①吴…　②陈…　Ⅲ.①建筑工程-施工组织-设计-高等学校-教材　Ⅳ.①TU721

中国版本图书馆 CIP 数据核字（2022）第 141147 号

机械工业出版社（北京市百万庄大街 22 号　邮政编码 100037）
策划编辑：刘　涛　　　　　　责任编辑：刘　涛　舒　宜
责任校对：陈　越　贾立萍　封面设计：马精明
责任印制：邸　敏
三河市骏杰印刷有限公司印刷
2023 年 1 月第 1 版第 1 次印刷
184mm×260mm · 19.25 印张 · 1 插页 · 474 千字
标准书号：ISBN 978-7-111-71377-7
定价：65.00 元

电话服务　　　　　　　　网络服务
客服电话：010-88361066　机 工 官 网：www.cmpbook.com
　　　　　010-88379833　机 工 官 博：weibo.com/cmp1952
　　　　　010-68326294　金 书 网：www.golden-book.com
封底无防伪标均为盗版　机工教育服务网：www.cmpedu.com

前言（教学建议）

一、能力导向下的专业工作坊实践教学设计理念

应用型本科工程管理、工程造价类专业是旨在培养具备工程技术、经济、管理和法律法规知识，能为企业、行业服务的应用型、复合型工程化人才的高等工程教育专业。随着社会经济的发展，自20世纪90年代起，我国在工程管理领域内建立了相应的注册工程师制度，行业对于毕业生能力的要求和期望也越来越高，尤其是对学生实践技能的要求更高，这就必然要求工程管理、工程造价类专业高等教育注重人才培养过程中执业能力的获得。

我国香港地区工料测量高等教育体系与国际上工料测量高等教育学位设置具有高度同源性和相似性，其高等教育体系中工料测量专业实践教学中最具特色的是测量工作坊（Studio）。测量工作坊的实践教学环节依据工料测量行业协会制定颁布的能力标准作为其开展测量工作坊实践教学的明确导向以及实践教学内容的主线，采用案例学习、项目运作等手段，将经济、管理、法律、工程技术等知识体系整合为学生必需的专业技能，培养学生自我指导、自我激励的学习能力，解决问题、思考问题、决策、时间管理、沟通和谈判的技能，以及合作学习能力。测量工作坊充分响应能力标准的要求，形成了"能力模块—能力要素—过关问题—知识单元"的工作坊实践教学设计理念（见图1）。

图1 能力导向下的香港地区工料测量专业测量工作坊实践教学设计理念

为了强化对学生的能力训练，很多高校工程管理、工程造价类专业都安排了以学生学习为中心、以执业能力培养为导向的工作坊实践教学环节。但是，要实现以能力为导向的工作坊实践教学目标，首先必须构建与企业和行业相适应的专业人士执业能力标准，其次是要将能力标准与实践教学内容有效衔接，将能力标准转变为实践教学内容中学生能够执行的任务，将"软能力"转化为可以表现和评价的"硬技术"，以达到能力培养目标。工作坊实践教学需要按照能力导向，构建能力培养与实践教学之间的衔接体系，提高能力训练的针对性；同时工作坊实践教学的内容设置应体现解决问题的训练方式，在学生解决问题的过程中实现与理论教学的有机结合。

二、工程管理、工程造价类专业工作坊实施的关键环节

工程管理、工程造价类专业人士执业范围与建设全过程的阶段划分以及管理体制有关。

招标投标与施工阶段是全过程项目管理中的重要阶段，招标投标与合同管理能力是工程管理、工程造价类专业人士所必须具备的核心能力。施工组织设计工作坊实践教学将能力标准中的能力要求转化为外显成果需要建立三个关键环节。

（一）基于能力导向的实践教学任务分解

实践教学的安排也指出应将实践教学具体化，将抽象的教学任务转化为可执行的方案。可见，工作坊实践教学能力培养方案以任务驱动的形式带动显得尤为关键。工作坊与传统教学最大的区别在于其按能力要求对实践教学内容进行分解，即明确能力的不同层次要求，划分不同的能力模块及其对应的能力要素，使得学生能力训练更有针对性；实践教学的形式与具体项目结合，以任务为载体，按照如何完成任务来重新梳理知识单元，帮助学生建立面向解决实际复杂问题的系统性思维和工作方式。

当然，能力导向不仅是指专业技能，还包括学生在完成任务过程中获得的沟通、信息处理、组织、合作以及报告撰写等多方面的能力。只有多方面能力共同成长，才能形成良好的职业素养。

在整个工作坊实践教学中，任务设计将直接影响教学效果。因此，本书在能力导向下对每一个项目进行任务设计和编排时遵循了四个原则：一是目标原则，即每一个任务的完成应该有明确的目标和可交付成果，并在任务完成后能形成完整的项目成果文件；二是可分解原则，即每一个任务与其他任务之间具有逻辑联系，但是界面清晰，可以组合形成项目成果文件；三是难度适中原则，即按照本科生培养目标和岗位要求，以培养基本能力和核心能力为主，将任务中的重点和难点分散，便于学生分步骤掌握；四是过关问题导向原则，即任务设计以学生的认知规律作为依据，强调学生如何主动解决案例中呈现出来的过关问题，通过解决问题完成任务达到整合知识点和能力的目标。

（二）实践教学任务完成中关键实施问题的提炼

以问题导向的工作坊实践教学能力培养任务安排以情景嵌入的形式展现，模拟未来工作环节，是一种踏入社会前的实战演练。根据专业认证制度及卓越工程师计划的要求，应用型专业人才培养应以能力导向，通过关键问题和步骤的提炼，达到能力与知识的融合；实践教学任务的完成强调学生利用知识解决其中的关键问题，从而获得能力模块对应的实践技能，有利于实现实践教学能力培养的目标，提高实践教学的效果。

（三）实践教学任务完成的成果文件的规范和评价

工作坊实践教学需要对学生所提交的成果文件以及在活动中的表现进行评价，以考察其掌握程度。实践教学实施过程的质量控制是保证实践教学效果的重要因素。工作坊实践教学能力考评体系是保证专业能力培养目标实现的重要方法。传统的考评方式只注重学习结束后的一次性评价，强调知识掌握的多少和掌握的程度，却忽视了在学习过程中形成的能力。工作坊实践教学的专业能力考评重视对实践过程的质量保证，考查学生通过完成实践教学内容中的具体任务，是否具备相应的能力。

三、建筑施工组织设计工作坊实施的能力标准与教学内容

国际上工料测量专业能力标准构建的影响因素与工料测量行业的执业性质要求、工料测量专业人员的业务范围和工料测量专业人员的层次三个因素强相关，能力标准的制定需要满足企业和行业对专业人员从事该领域的技能要求。投标施工组织设计是招标投标工作中进行

评标、定标的重要因素，是投标单位编制投标报价的依据和整体实力、技术力量以及管理水平的具体体现，是向业主展示对投标项目组织实施施工能力的手段，因此，编制明晰合理的施工组织设计文件成为施工人员最基本的技能要求。本书从行业和施工企业雇主对专业人员的要求出发，对专业人员组织科学施工、编制合理施工方案的执业能力进行分析。

（一）建筑施工组织设计工作坊实施的能力标准

实践教学能力培养模式应以核心能力为导向，按能力要素与理论知识结构的对应关系设置教学任务。在大量收集并分析施工组织设计文件的构成及核心要素基础上，形成了施工组织设计工作坊的核心能力要求，据此构建了与能力标准相应的工作坊教学实施方案，并最终以学生能否完成相应的任务、提交相应的成果文件来反映学生是否达到相应的能力标准要求。图2为建筑施工组织设计能力标准与工作坊实践教学培养方案。

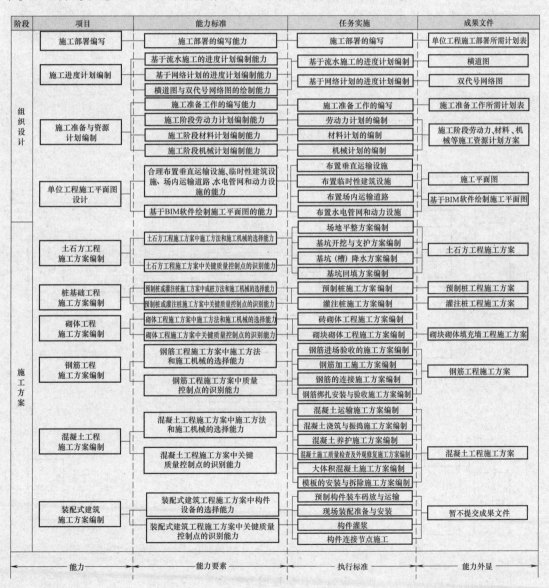

图2　建筑施工组织设计能力标准与工作坊实践教学培养方案

（二）建筑施工组织设计工作坊实施的教学内容

本书按照工程管理和工程造价类专业人士在招标投标阶段进行施工组织设计文件编制、在施工阶段进行施工管理和施工质量控制等执业的岗位要求，提炼出能涵盖相关专业人员工作范畴的最重要的基本和核心能力群，安排工作坊实践教学的项目-任务模块，初步将施工组织设计工作坊划分为十个项目，包括施工组织部分四个项目（即施工部署编写、施工进度计划编制、施工准备与资源计划编制、单位工程施工平面图设计）和施工技术部分六个项目（即土石方工程施工方案编制、桩基础工程施工方案编制、砌体工程施工方案编制、钢筋工程施工方案编制、混凝土工程施工方案编制、装配式建筑施工方案编制），其中每个项目又划分为若干个任务。具体到某一项目的实施，全书又分为上、下两篇：上篇为能力标准与项目分解，描述每一个项目的能力要求、任务分解，引导学生从专业人员的角度去实践，并结合具体案例提出任务要求和目标，以任务实施的技术路线为导向，将任务实施过程中的工作方法、工作依据、工作程序和工作内容进行提示；下篇为过关问题答案与成果范例，针对基础过关问题进行解析，学生通过解决这些问题，获得完成任务的基本知识储备，并给出项目完成后的成果范例，帮助教师引导和组织学生完成任务。工作坊教材项目-任务模块化教学结构和框架示意图如图3所示。

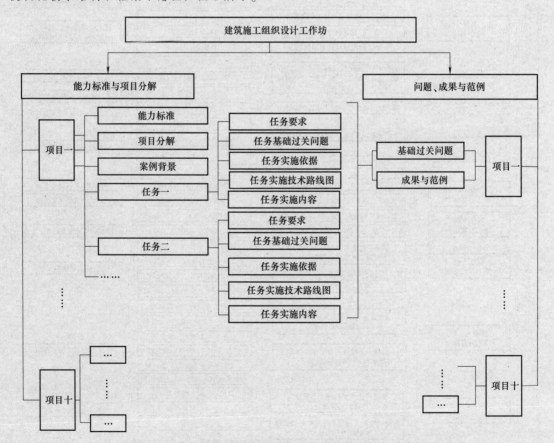

图3 工作坊教材项目-任务模块化教学结构和框架示意图

对于十个项目的使用，主要依据课程设计的时长选用。若课程时间不充裕，可以优先进行施工组织部分的实战演练，施工技术部分作为课外阅读。

四、任务驱动型工作坊实践教学要求

工作坊实践教学以任务驱动、学生自主学习以及教师辅导为主要特征，教学过程中特别强调师生的互动（见表1）。任务驱动型教学过程中有以下五个重要节点：

（1）教师布置任务环节。在这个环节中，由教师针对项目单元，提供具体案例（可以采用本书中的案例，也可以自行准备案例），并结合具体案例提出任务要求和目标。在这个过程中，可以给学生阐述具体方法，并抛出针对案例的过关问题，但是这一阶段要做到引而不发，要求学生自行解决问题。

（2）学生实施任务环节。这一阶段主要是由学生自主完成设定的任务，教师给出任务实施的推荐方法，但不是唯一方法，可以鼓励学生采用课本以外的新方法。

（3）教师任务实施指导环节。在约定的固定时间内，教师要组织学生讨论过关问题，并对学生任务实施中的共性问题进行解答，针对个别学生的问题进行辅导，确保大多数学生都能受益。

（4）学生分组汇报环节。组织学生将完成的工作分组汇报，分组讨论，教师给予点评。

（5）学生修改总结环节。学生汇报之后针对薄弱环节进行修改和完善，并最终提交成果文件。

表1　任务驱动型工作坊实践教学主要流程

角色	阶　段			
	任务准备阶段	任务实施阶段	成果汇报阶段	成果考评阶段
教师	情景创设 任务设计 任务实施步骤规划	组织教学活动 讲解任务涉及的重要知识点 推荐任务实施方法 全过程选择节点答疑	教师点评 教师评价 教师答疑	教师批改并给出成绩
学生	知识准备 收集信息 接受任务 基础过关问题预习	自主模拟 自主学习 初步完成任务	学生准备PPT 学生准备问题 学生完善薄弱环节	最终报告和成果的提交 工作日志的提交

在教学过程中，要注意几个问题：一是教师角色转换。教师不再是以讲授知识为主，而是整个工作坊实践教学的组织和引领者。他们需要准备案例，商议过关问题，组织问题讨论和答疑，进行任务点评。也就是说，教师不能"大撒把"，最好以工作小组的方式形成教师团队，安排教师不同角色和分工，完成整个教学过程。二是关于教学案例。教学案例尽可能从可靠渠道获取真实案例，并对案例涉及的信息和问题掌握到一定深度。这项基础性工作需要耗费大量的精力和时间，最好有更多的人力投入。三是教师对于学生的评价可以按照"过程+结果"的测评方式进行，设置汇报和面试环节，帮助学生提高能力水平。应要求学生记录工作日志，对于任务完成过程中的解决问题的过程以及组织讨论的情况进行记录，并标明自身的贡献和获得的能力。

本书由吴绍艳、陈文强老师统筹策划、组织研究和主编。天津理工大学公共项目与工程造价研究所的研究生们参与完成了具体编写工作。其中，项目一、项目四、项目五由苏庆香编写完成，项目二由于蕾编写完成，项目三由高缘编写完成，项目六、项目七、项目十由刘

伟编写完成，项目八、项目九由马思雨编写完成。感谢天津理工大学历届工程造价和工程管理专业本科生在实训过程中对本书构思的启发，感谢天津理工大学工程造价系工作坊教师团队全体老师的支持，同时特别感谢长安大学李建峰教授对本书提出的宝贵修改意见，以及中海地产合约主任蒋荣杰，首创经中（天津）投资有限公司项目经理、高级工程师郭召恩对本书稿提出的中肯建议。感谢 2018 级工程造价专业毕业设计组学生对本书的试用。

　　本书试图以能力导向搭建建筑施工组织设计工作坊教学内容，并重构以学生学习为中心的教学方式，但是由于编者能力有限，难免存在不足之处，欢迎读者批评指正。联系邮箱：shaoyanwu@ 126. com。

吴绍艳博士、副教授

天津理工大学

2022 年 3 月

目　录

下篇　问题、成果与范例篇

上篇

能力标准与项目分解篇

项目一　施工部署编写

项目二　施工进度计划编制

项目三　施工准备与资源计划编制

项目四　单位工程施工平面图设计

项目五　土石方工程施工方案编制

项目六　桩基础工程施工方案编制

项目七　砌体工程施工方案编制

项目八　钢筋工程施工方案编制

项目九　混凝土工程施工方案编制

项目十　装配式建筑施工方案编制

施工部署是单位工程施工组织设计的重要组成部分，它是对工程项目的施工全局做出的统筹规划和全面安排，即对影响全局性的重大战略部署做出决策。施工部署是施工组织设计的纲领性内容，施工进度计划、施工准备与资源配置计划、施工方法、施工现场平面布置和主要施工管理计划等内容都应该围绕施工部署的原则来编制。

能力标准

通过本项目，主要培养学生在具备相关知识的基础上，具备施工部署的编写能力，主要包括以下几点：

1）明确施工部署的目标。
2）明确项目经理部的工作岗位设置及职责划分。
3）明确主要分包工程施工单位的选择要求及管理方式。

项目分解

以能力为导向分解施工部署的编写，由于此项目涉及内容较少且整体性强，故此项目只划分为一个任务。施工部署编写任务分解与任务要求见表1-1。

表 1-1　施工部署编写任务分解与任务要求

项目/任务	任务要求	成果文件
施工部署编写	明确施工部署的目标	完成单位工程的施工部署所需计划表
	明确项目经理部的工作岗位设置及职责划分	
	明确主要分包工程施工单位的选择要求及管理方式	

案例背景

某产学融合中心办公楼工程占地面积为15000m²。办公楼布局规划呈长方形，四面临路，设有北门和南门。该工程以南、北中轴线对称布置。工程结构较简单，均为框架剪力墙结构，为6层单体建筑。招标文件要求合同工期为160d，合同要求在当年10月底竣工。

投标企业主要从事工程施工，具有房屋建筑施工总承包二级、市政公用总承包施工二级、机电安装工程施工总承包二级、水利水电施工总承包三级等及经营资质。公司内设行政部、总工办、质量安全管理部、工程技术部、经营部、财务部，拥有各类中大型工程机械设备及检测仪器，现有从业人员 200 余人，拥有各类管理人员，其中专业技术人员 50 余人，企业自有施工队人数为 100 人。

任务　施工部署的编写

一、任务要求

（1）结合"案例背景"完成施工部署的编写。内容及顺序要求如下：

1）明确施工部署的目的。

2）在施工部署的编写中，确定施工管理目标、施工部署原则、项目经理部组织机构，划分施工任务，计算主要项目工程量，明确施工组织协调与配合。

（2）提交任务实施关键环节讨论的会议纪要。

二、任务基础过关问题

结合任务要求，思考以下问题：

问题 1：施工部署的主要内容包含什么？单位工程施工部署的编写目的是什么？

问题 2：施工部署的原则有哪些？在选择施工顺序时应考虑什么因素？

三、任务实施依据

1）建设项目建筑总平面图。

2）建设项目地形地貌图、区域规划图、竖向布置图。

3）项目范围内有关的一切已有和拟建的各种设施位置。

四、任务实施技术路线图

本任务的施工部署技术路线图如图 1-1 所示。

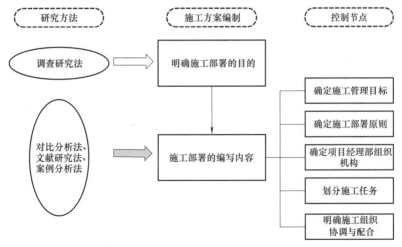

图 1-1　施工部署技术路线图

五、任务实施内容

施工部署是从整个工程全局观点考虑，如同作战的战略部署一样，这是施工中决策性的重要环节。施工部署是宏观的部署，其内容应明确、定性、简明和提出原则性要求，并应重点突出部署原则。本任务要求学生完成施工部署的编写。请结合案例背景，遵循以下实施指南完成本任务要求：

（一）明确施工部署的目的

施工部署主要包括确定施工管理目标、施工部署原则、项目经理部组织机构，划分施工任务，计算主要项目工程量，明确施工组织协调与配合，以及新技术、新工艺、新材料、新设备的开发和使用情况。单位工程施工部署的目的主要在于解决施工管理和物质供应问题，具体可详见"问题成果与范例篇""项目一　施工部署编写"问题1答案。

（二）明确施工部署编写内容

施工部署的关键是"安排"，核心内容是部署原则，要努力在"安排"的基础上做到优化，在部署原则上，要做到对所涉及的各种资源在时空上的总体布局进行合理构思。

1. 确定施工管理目标

1）进度目标：工期和开工、竣工时间。

2）质量目标：包括质量等级、质量奖项。

3）安全目标：根据有关要求确定。

4）文明施工目标：根据有关标准和要求确定。

5）消防目标：根据有关要求确定。

6）绿色施工目标：根据住房和城乡建设部及地方规定和要求确定。

7）降低成本目标：确定降低成本的目标值及降低成本额或降低成本率。

2. 确定施工部署原则

（1）确定施工程序。在确定单位工程施工程序时，应遵循的原则：先地下，后地上；先主体，后围护；先结构，后装饰；先土建，后设备。在编制单位工程施工组织设计时，应按施工程序，结合工程的具体情况和工程进度计划，明确各阶段主要工作内容及施工顺序。

（2）确定施工起点流向。所谓确定施工起点流向就是确定单位工程在平面或竖向上施工开始的部位和进展的方向。对单层建筑物，如厂房按车间、工段或跨间，分区、分段地确定出其在平面上的施工流向。对于多层建筑物，除了确定每层平面上的流向，还须确定其各层或单位在竖向上的施工流向。

（3）确定施工顺序。确定施工顺序时，应该遵循的原则如下：

1）遵循施工程序。

2）符合施工工艺。

3）与施工方法一致。

4）按照施工组织要求。

5）考虑施工安全和质量。

6）受当地气候影响。

（4）选择施工方法和施工机械。选择施工机械时，应遵循切实需要、实际可能、经济合理的原则，应考虑技术条件、经济条件和定量的技术经济分析、比较，具体可详见"问题、成果与范例篇""项目一 施工部署编写"问题 2 答案。

3. 确定项目经理部组织机构

（1）建立项目组织机构。应根据项目的实际情况，成立一个以项目经理为首的、与工程规模及施工要求相适应的组织管理机构和项目经理部。项目经理部职能部门的设置应紧紧围绕项目管理内容的需要确定。

（2）确定组织机构形式。通常以线性组织结构图的形式表示，同时应明确三项内容，即项目部主要成员的姓名、行政职务和技术职称或职业资格，使项目的人员构成基本情况一目了然，最终完成组织机构框图（图 1-2 仅为示例，具体根据项目情况确定）。

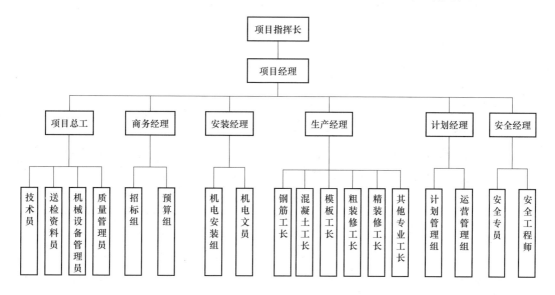

图 1-2 组织机构框图

（3）确定施工管理层次。施工管理层次可分为决策层、控制层和作业层。项目经理是最高决策者，职能部门是管理控制层，施工班组是作业层。

（4）制定岗位职责。在确定项目部组织机构时，还要明确内部每个岗位人员的分工职责，落实施工责任，责任和权利必须一致，并形成相应的规章和制度，使各岗位人员各行其职，各负其责。

4. 划分施工任务

在确立了项目施工组织管理机制和机构的条件下，须划分参与建设的各单位的施工任务和负责范围，明确总包与分包单位的关系，明确各单位之间的关系。

1）划分各单位负责范围时，可根据项目具体情况设置。当项目情况较复杂时，可绘制各单位负责范围表（表 1-2 仅为示意）。

表 1-2 各单位负责范围表

序号	负责单位	任务划分范围
1	总包合同范围	
2	总包组织外部分包范围	

（续）

序号	负责单位	任务划分范围
3	业主指定分包范围	
4	总包对分包管理范围	

注：总包合同范围是指合同文件中所规定的范围。强调编写者要根据合同内容编写，即将合同中这段具有法律效力的文字如实抄下来；业主指定分包范围应纳入总包管理范围。

2）划分工程物资采购时，可根据项目具体情况设置。当项目情况较复杂时，可绘制工程物资采购划分表（表1-3仅为示意）。

表 1-3　工程物资采购划分表

序号	负责单位	工程物资
1	总包采购范围	
2	业主自行采购范围	
3	分包采购范围	

3）明确总包单位与分包单位的关系时，可根据项目具体情况设置。当项目情况较复杂时，可绘制总包单位与分包单位的关系分解表（表1-4仅为示意）。

表 1-4　总包单位与分包单位的关系分解表

序号	主要分包单位	主要承包单位	分包与总包关系	总包对分包的要求
1				
2				

5. 明确施工组织协调与配合

工程施工过程是通过业主、设计、监理、分包、总包、供应商等多家合作完成的，能否协调组织各方的工作和管理，是能否实现工期、质量、安全、降低成本的关键因素之一。因此，为了保证这些目标的实现，必须明确制定各种制度，确保将各方的工作组织协调好。

（1）确定编写内容。

1）协调项目内部参考各方关系，与建设单位、设计单位、监理单位、分包单位的协调配合管理。

2）协调外部各单位的关系，与周围街道和居委会的协调配合，与政府各部门的协调配合。

（2）确定协调方式。主要是建立会议制度，通过会议通报情况，协商解决各类问题，主要的管理制度如下：

1）在协调外部各单位关系方面，建立图纸会审和图纸交底制度，监理例会制度，专题讨论会议制度，考察制度，技术文件修改制度、分项工程样板制度、计划考核制度等。

2）在协调项目内部关系方面，建立项目管理例会制，安全质量例会制，质量安全标准及法规培训制等。

3）在协调各分包单位方面，建立生产例会制等。

项目二
施工进度计划编制

工程项目施工进度计划是在确定了施工方案的基础上，根据计划工期和各种资源供应条件，按照工程的施工顺序，用图表形式（横道图或网络图）表示各分部、分项工程搭接关系及工程开、竣工时间的一种计划安排。

能力标准

通过本项目，主要培养学生编制施工进度计划方案的实际能力，主要包括以下几点：
1）基于流水施工的进度计划编制能力。
2）基于网络计划的进度计划编制能力。
3）横道图与双代号网络图的绘制能力。

项目分解

以能力为导向分解的施工进度计划编制工作，可以划分为流水施工计划编制和网络计划编制两个任务（施工进度计划编制可以通过流水施工编制完成，也可以通过网络计划编制完成，两个任务为并列关系）。将每一个任务分解成若干个任务要求以及需要提交的成果文件内容（见表2-1）。

表 2-1　施工进度计划编制项目分解与任务要求

项目	任务	任务要求	成果文件
施工进度计划编制	任务一：基于流水施工的进度计划编制	根据施工合同、工程量清单、《房屋建筑与装饰工程消耗量定额》等条件，确定流水施工的各流水施工参数 确定流水施工的组织方式 完成对本案例基础工程和主体工程横道图的绘制	横道图
	任务二：基于网络计划的进度计划编制	根据施工合同、工程量清单、《房屋建筑与装饰工程消耗量定额》等条件，确定绘制双代号网络图所需各项数据 选择适当的绘图排列方法 完成对本案例主体工程网络计划图的绘制 检查与调整施工进度计划	双代号网络图

案例背景

某产学融合办公楼位于某沿海城市，规划地块总占地面积约为 15000m²，施工现场使用面积为 12000m²，总建筑面积为 7845m²。该办公楼，楼层层数为 6 层，层高为 3.75m，标高为 22.5m。形式为框架剪力墙结构，地震设防烈度为 6 度，设计使用年限为 50 年。

本单位工程分为四个分部工程组织流水施工。合同同期为 160d，其中基础工程计划工期 45d，主体工程计划工期 75d。本工程采用定额符合《房屋建筑与装饰工程消耗量定额》（TY 01-31—2015）。在此给出基础工程与主体工程所需的工程量清单，见表 2-2 和表 2-3（此处定额仅供参考，若存在落后于企业定额的问题，根据企业定额计算则更加准确）。

表 2-2 基础工程所需的工程量清单

分项工程名称	内容	工程量
φ400mm 管桩施工	φ400mm 管桩施工	2933.76m
截桩头	截桩头	244 个
桩头插钢筋	桩头插钢筋	4.580t
挖土机挖土	挖土机挖土	660.40m³
自卸汽车运余土（5km）	自卸汽车运余土（5km）	177.06m³
平整场地	平整场地	1212.15m²
人工挖土方	人工挖土方	73.30m³
回填土	回填土	923.58m³
桩承垫层混凝土（C25）	桩承垫层混凝土（C25）	51.40m³
桩承台混凝土（C30）	支模板	993.2m²
	绑钢筋	8.790t
	浇混凝土	264.21m³
基础梁混凝土（C30）	支模板	1017.00m²
	绑钢筋	9.900t
	浇混凝土	75.40m³

表 2-3 主体工程所需的工程量清单

分项工程名称	内容	工程量
钢筋工程	绑扎柱和剪力墙钢筋	8.790t
	绑梁板钢筋	28.800t
模板工程	矩形柱模板	1393.97m²
	构造柱模板	1450.13m²
	矩形梁模板	561.68m²
	楼梯模板	219.43m²
	过梁模板	20.30m²
	短肢剪力墙模板	705.85m²

（续）

分项工程名称	内容	工程量
模板工程	楼板模板	2766.65m²
	台阶模板	2.25m²
混凝土工程	矩形柱混凝土（C30）	320.67m³
	构造柱混凝土（C30）	354.61m³
	矩形梁混凝土（C30）	1382.87m³
	过梁混凝土（C25）	5.56m³
	短肢剪力墙混凝土（C30）	299.67m³
	楼板混凝土（C30）	1172.05m³
	楼梯混凝土（C30）	178.69m³
	台阶混凝土（C20）	3.25m³

任务一　基于流水施工的进度计划编制

一、任务要求

在长期的生产实践中，"流水施工"已经发展成为一种十分有效的施工组织方式，建筑施工中的流水作业方式极大地促进了建筑业劳动生产率的提高，缩短了工期，节约了施工费用，是一种科学的生产组织方式。

（1）根据"案例背景"完成对本案例的施工进度计划的编制。内容及顺序要求如下：

1）确定流水施工的各流水施工参数。

2）确定流水施工的组织方式。

3）完成对本案例基础工程和主体结构工程横道图的绘制，并将劳动力动态图绘制在横道图下方，使横道图的进度与劳动力动态图呈对应关系。

（2）提交任务实施关键环节讨论的会议纪要。

二、任务基础过关问题

结合任务要求，思考以下问题：

问题1：组织施工的基本方式以及各自的特点分别是什么？

问题2：流水参数是什么？流水参数分为哪些参数？这些参数各自的概念及目的是什么？

问题3：流水施工的类型可以划分为哪些？

问题4：横道图与垂直图表的概念分别是什么？

三、任务实施依据

1）经过审批的建筑总平面图及单位工程全套施工图，地质、地形图，工艺设计图，设备及其基础图，所采用的各种标准图及技术资料。

2）施工工期要求及开、竣工日期。

3）施工条件，劳动力、材料、机械的供应条件。

4）确定的重要分部分项工程的施工方案，包括施工顺序、施工段划分、施工起点流向、施工方法、质量及安全措施等。

5）《工程网络计划技术规程》（JGJ/T 121—2015）。

6）《施工现场临时建筑物技术规范》（JGJ/T 188—2009）。

7）《建筑施工组织设计规范》（GB/T 50502—2009）。

8）《房屋建筑与装饰工程消耗量定额》（TY 01-31—2015）。

四、任务实施技术路线图

本任务的技术路线图如图 2-1 所示。

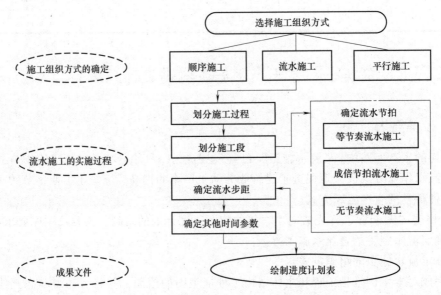

图 2-1　绘制进度计划表流水技术路线图

五、任务实施内容

对建筑工程施工进行进度计划编制首先需要对施工组织方式进行选择。在确定组织流水施工后实施过程为：流水施工的实施→对流水施工的组织方式进行确定→绘制横道图表。通过上述实施过程，最终形成正式的以横道图为表现形式的进度计划。

（一）施工组织方式的选择

1. 组织施工的基本方式

建筑工程施工中常用的组织方式有三种：顺序施工、平行施工和流水施工。通过对这三种施工组织方式的比较，可以更清楚地看到流水施工的科学性所在。

2. 施工组织方式的比较

根据施工组织方式的特点，可以比较三种施工组织方式的适用范围（见表 2-4）。

表 2-4　三种施工组织方式的比较

方式	工期	资源投入	评价	适用范围
顺序施工	最长	投入强度低	劳动力投入少,资源投入不集中,有利于组织工作。现场管理工作相对简单,可能会产生窝工现象	规模较小,工作面有限的工程
平行施工	最短	投入强度最大	资源投入集中,现场组织管理复杂,不能实现专业化生产	工程工期紧迫,有充分的资源保障及工作面允许的情况下适用
流水施工	较短,介于顺序施工和平行施工之间	投入连续、均衡	结合了顺序施工与平行施工的优点,作业队伍连续,充分利用工作面,是较理想的施工方式	一般项目均可适用

流水施工的连续性和均衡性方便各种生产资源的组织,使施工企业的生产能力得到充分的发挥,劳动力、机械设备得到合理的安排和使用。同时,能使得工程的工期缩短,质量提高,进而提高了生产的经济效益。

（二）流水施工的实施步骤

流水施工是指各施工专业队按一定的工艺和组织顺序,以统一的施工速度,连续不断地通过预先确定的流水段（区）、在最大限度搭接的情况下组织施工生产的一种形式。流水施工的实施步骤为:划分施工过程→划分施工段（区）→确定流水节拍→确定流水步距→确定其他时间参数→组织流水作业。

1. 划分施工过程

在项目施工过程中,施工过程所包含的施工范围,依据具体工程特点,可大可小。施工过程既可以是分项工程或分部工程,也可以是单位工程,还可以是单项工程。

> **施工过程的划分**
>
> 组织流水施工时,首先,要将某一单位工程（如土建工程、给水排水工程、电气工程、暖通空调工程、道路工程等）划分成若干个分部工程。如土建工程可划分成基础工程、钢筋混凝土主体结构工程、砖石工程、楼地面工程、屋面工程、装饰工程等。
>
> 然后,将各分部工程再分解成若干个分项工程或工序。如分部工程中的钢筋混凝土主体结构工程可分解为钢筋混凝土梁、板、柱,钢筋混凝土梁、板、柱又由支设模板、绑扎钢筋、浇筑混凝土、养护、拆模等施工工序组成。

工程施工过程要根据实际情况决定,粗细程度要适中。施工过程的数量多少取决于建筑物的规模、复杂程度、结构形式、施工方法等客观因素,还取决于管理层次、施工范围、实施阶段等主观考虑。若划分得太粗,则所编制的流水施工进度不能起到指导和控制作用;若划分得太细,则在组织流水作业时过于烦琐,缺乏综合归纳。

2. 划分施工段（区）

1）施工段的数目要合理。在工程施工规模一定的情况下,施工段数与工作面数成反比。若施工段过多,则工作面难以满足要求,施工段界面复杂;若施工段过少,则会引起劳动力、机械和材料供应的过分集中,搭接时间过少。

2）各施工段的劳动量应大致相等。其目的是保证各施工班组施工节奏均衡,避免相互等待时间。

3）施工段的划分界线要以保证施工质量且不违反操作规程的要求为前提。一般应尽可能与结构自然界线相一致，如在建筑单元界线、高低跨连接、温度缝、防震缝和沉降缝等处进行划分。

4）对于多层或高层建筑物，既可在平面上划分施工段，也可在立面上划分施工段（或称施工层）。在建筑主体结构施工阶段，一般以平面施工段为主；当进入设备安装、装饰工程施工时，可形成不同数量且比较多的立面上的施工段（施工层）。

由于建筑物的层间关系，上一层的施工内容必须等下一层对应部位工作全部完成后才能开始。为使各施工队能连续施工，即各施工队做完第一层的第一段后，能立即转入第一层的第二段，做完第一层的最后一段后，能立即转入第二层的第一段，每层的施工段数 m 必须不小于其每层施工过程数 n，即

$$m \geqslant n$$

当 $m = n$ 时，工作队连续施工，施工段上始终有工作队在工作，即施工段上无停歇，比较理想。

当 $m > n$ 时，工作队仍能连续施工，虽然有停歇的施工段，但不一定有害。

当 $m < n$ 时，工作队不能连续施工而窝工。因此，对一个建筑物组织流水施工是不适宜的。但是，在建筑群中可与另一些建筑物组织大流水作业。

如果建筑物无层间关系，则不考虑 m、n 对工作队连续施工的影响，可以按照前面的原则划分施工段。

3. 确定流水节拍

（1）确定流水节拍的方法。流水节拍的大小直接关系到投入的劳动力、材料和机械台班的多少，决定着施工进度和施工的节奏性。因此，合理确定流水节拍具有重要意义。通常有三种确定方法：定额计算法、经验估算法、工期计算法。

流水节拍的计算方法

1. 定额计算法

根据现有能够投入的资源（劳动力、机械台班和材料）确定流水节拍，但须满足最小工作面的要求。这种方法多用于现有的常用工艺、方法和有准确的时间定额的工程项目。流水节拍的计算式为

$$t_i = \frac{P_i}{R_i b} = \frac{Q_i}{S_i R_i b} t_i = \frac{P_i}{R_i b} = \frac{Q_i H_i}{R_i b}$$

式中　t_i——某施工过程在某施工段上的流水节拍；

　　　Q_i——某施工过程在某流水段上的工作量；

　　　S_i——某施工过程的每工日（或台班）产量定额；

　　　R_i——某施工过程的施工班组人数或机械台班数量；

　　　b——每天工作班数；

　　　H_i——某施工过程采用的时间定额；

　　　P_i——在一个施工段上完成某施工过程所需的劳动量（工日数）或机械台班量（台班数）。

2. 经验估算法

经验估算法是根据以往的施工经验进行估算。一般为了提高其准确程度，往往先估算出该流水节拍的最长、最短和正常（即最可能）三种时间值，然后据此求出期望时间值作为某专业工作队在某施工段上的流水节拍。经验估算表达式为

$$t = \frac{a+4b+c}{6}$$

式中　t——某施工过程在某施工段上的流水节拍；

a——某施工过程在某施工段上的最短估算时间；

b——某施工过程在某施工段上的正常估算时间；

c——某施工过程在某施工段上的最长估算时间。

这种方法多适用于采用新工艺、新方法和新材料等没有时间定额可循的工程项目。

3. 工期计算法

对某些施工任务在规定日期内必须完成的工程项目，往往采用倒排进度法计算流水节拍，具体步骤如下：

第一步，根据工期倒排进度，确定某施工过程的工作持续时间。

第二步，确定某施工过程在某施工段上的流水节拍。

若同一施工过程的流水节拍不相等，则用经验估算法进行计算；若流水节拍相等，则按下式进行计算：

$$t = \frac{T}{m}$$

式中　t——流水节拍；

T——某施工过程的持续时间；

m——某施工过程划分的施工段数。

若流水节拍根据工期要求来确定时，必须检查劳动力和机械供应的可能性，物资供应能否相适应。

（2）确定流水节拍的要点。

1）施工班组人数应符合施工过程最少劳动组合人数的要求。例如，现浇钢筋混凝土施工过程包括上料、搅拌、运输、浇捣等施工操作环节，如果人数太少，是无法组织施工的。

2）要考虑工作面的大小或某种条件的限制。施工班组人数也不能太多，每个工人的工作面要符合最小工作面的要求。否则，就不能发挥正常的施工效率或不利于安全生产。工作面表明施工对象上可能安置多少工人操作或布置施工机械场所的大小。

3）要考虑各种机械台班的效率（吊装次数）或机械台班产量的大小。

4）要考虑各种材料、构件等施工现场堆放量、供应能力及其他有关条件的制约。

5）要考虑施工及技术条件的要求。例如，对于不能留施工缝、必须连续浇筑的钢筋混凝土工程，要按三班制工作的条件决定流水节拍，以确保工程质量。

6）确定各分部工程各施工过程的流水节拍时，首先应考虑主要的、工程量较大的施工过程的节拍（它的节拍最大，对工程起主要作用），其次确定其他施工过程的节拍。

7）节拍值一般取整数，必要时可保留 0.5d（台班）的小数值。

4. 确定流水步距

根据上述流水节拍的计算结果可以确定相应的流水施工的组织方式，而不同的流水施工组织方式的流水步距确定方法是不完全相同的。流水步距确定方法有分析计算法和取大差法。具体计算步骤在下文的流水施工组织方法中的无节奏流水施工部分进行详细讲解。

5. 确定其他时间参数

（1）搭接时间（$t_{d,i}$）的确定。不同专业施工队完成各施工过程的时间适当地搭接起来，不同专业工作队之间的关系，表现在工作空间上的交错和工作时间上的搭接。搭接的目的是节省时间，也是连续作业或工艺上的要求。搭接时间的确定与施工队在实际工程中的情况有关。

（2）技术间歇（$t_{j,i}$）的确定。有些施工过程完成后，后续施工工程不能立即投入作业，必须有足够的时间间歇。需要根据实际情况具体考虑，如，钢筋混凝土的养护、油漆的干燥等。

（3）组织间歇（$t_{z,i}$）的确定。组织间歇是指由于考虑组织技术因素，两相邻施工过程在规定流水步距之外所增加的必要时间间歇，以便对前道工序进行检查验收，对下道工序作必要的准备工作。

（4）工期（T）的确定。由于不同的流水施工组织方式的工期确定方法不同，所以工期的具体确定方法在下文的流水施工不同组织方式中进行详细讲解。

6. 组织流水作业

各专业施工队按一定的施工工艺配备必要的机具，依次、连续地由一个施工段（区）转移到另一个施工段（区），反复地完成相同专业的流水作业。

（三）流水施工组织方式的选择与实施

由于建筑工程的多样性，使得各分项工程的数量差异很大，从而要把施工过程在各施工段的工作持续时间都调整到一样是不可能的，经常遇到大部分工程的施工过程流水节拍不相等，甚至一个施工过程在各流水段上流水节拍都不一样。因此形成了各种不同形式的流水施工，为了使流水施工能够更符合实际工程特点，需要对流水施工的组织方式进行确定。

1. 流水施工组织方式的选择

通常根据各施工过程流水节拍的特点，对流水施工的组织方式进行选择，有等节奏流水施工、成倍节拍流水施工和无节奏流水施工三种流水施工组织方式，其各自特点及适用范围见表2-5。

表2-5　流水施工组织方式特点及适用范围

流水施工组织方式	特点	适用范围
等节奏流水施工	各施工过程的流水节拍均相等 施工过程的专业施工队数等于施工过程数；各施工过程之间的流水步距彼此相等 专业施工队能够连续施工 各施工过程的施工速度相等 专业工作队数等于施工过程数目	适用于分部工程流水（专业流水），划分的各分部、分项工程都采用相同的流水节拍 不适用于单位工程，特别是大型的建筑群，实际应用范围不是很广泛

（续）

流水施工组织方式	特点	适用范围
成倍节拍流水施工	同一施工过程在各施工段上的流水节拍均相等,不同施工过程在同一施工段上的流水节拍之间存在一个最大公约数 各专业施工队伍之间的流水步距彼此相等,且等于流水节拍的最大公约数 能够连续作业,施工在时间和空间上都连续	较适合线型工程(如道路、管道等)的施工,也适用于一般房屋建筑工程的施工
无节奏流水施工	各施工过程在各施工段上的流水节拍完全自由,无固定规律 各施工过程之间的流水步距一般均不相等,且差异较大 每个施工过程在每个施工段上均由一个专业施工队独立进行施工,每个专业施工队均能连续施工,但施工段可能空置	能适应各种规模、各种结构形式、各种复杂工程的工程对象,是组织流水施工的最常用的方式

2. 等节奏流水施工的实施

在实施等节奏流水施工时,需要在流水节拍的基础上对流水步距和工期进行计算。

（1）流水步距等于流水节拍,不再赘述。

（2）施工段数 m 的划分。等节奏流水施工中施工段的划分除了要遵守基本的划分规则,还要根据建筑的层间关系来划分。

等节奏流水施工施工段的划分

1）以一层建筑为对象时,宜 $m=n$。

2）多层建筑,有层间关系时:

①若无间歇时间,宜 $m=n$。

②若有间歇时间,为保证各施工过程的专业施工队都能连续施工,必须使 $m \geqslant n$。当 $m<n$ 时,每施工层内施工过程窝工时间为 $m-n$,若施工过程持续时间为 t,流水步距为 K 则每层的窝工时间 w 为

$$w = (m-n)t = (m-n)K$$

若同一层楼内的各施工过程的技术和组织间歇时间为 t_{x1}, $t_{x1} = \sum t_{j,i} + \sum t_{z,i}$ 楼层间的技术和组织间歇时间为 t_{x2},为保证施工专业队能连续施工,则必须使

$$(m-n)K = t_{x1} + t_{x2} = \sum t_{j,i} + \sum t_{z,i} + t_{x2}$$

式中　$\sum t_{j,i}$——各施工过程的技术间歇时间之和;

　　　$\sum t_{z,i}$——各施工过程的组织间歇时间之和。

由此可得出每层的施工段数的最小值,即

$$m_{min} = n + \frac{t_{x1} + t_{x2}}{K} = n + \frac{\sum t_{j,i} + \sum t_{z,i} + t_{x2} - \sum t_{d,i}}{K}$$

（3）流水段工期计算。若以 T 作为流水段的施工期,则工期需要根据施工段数、施工过程、间歇时间和搭接时间来确定。

等节奏流水施工流水段工期的计算

$$T = (m+n-1)K + \sum t_{j,i} + \sum t_{z,i} - \sum t_{d,i}$$

式中　$\sum t_{d,i}$——各施工过程的搭接时间之和。

---

3. 成倍节拍流水施工的实施

在实施成倍节拍流水施工时，需要在流水节拍的基础上对流水步距、班组数和工期进行计算。

（1）流水步距 K 的确定。需要根据流水节拍的最小值计算，也可根据最小流水节拍计算其施工班组数。

成倍节拍流水施工流水步距的计算

1）流水步距 $K =$ 最大公约数 $(t_1, t_2, \cdots, t_n)$。

2）班组数计算：$b = \dfrac{t_i}{t_{min}}$。

式中　b——某施工过程所需班组数；

　　　t_{min}——最小流水节拍。

（2）计算工期。若以 T 作为流水段的施工期，则工期需要根据施工段数、施工过程、专业队总数目、间歇时间和搭接时间来确定。

成倍节拍流水施工工期的计算

1）当流水施工对象无施工层时，则成倍节拍流水施工的工期计算公式如下：

$$T = (m + n' - 1)K + \sum t_{j,i} + \sum t_{z,i} - \sum t_{d,i}$$

式中　m——施工段数目；

　　　n'——专业工作队总数目；

　　　K——流水步距，流水步距等于流水节拍最大公约数。

2）当流水施工对象有施工层，并且上层施工与下一层施工存在搭接关系时，如第二层第一施工段的楼板施工完成后才能进行第三层第一施工段的砌砖，层间间歇时间并不影响工期，则施工层的成倍节拍流水施工的工期计算公式如下：

$$T = (r \times n' - 1)K + m \times t_n + \sum t_{j,i} + \sum t_{z,i} - \sum t_{d,i}$$

式中　r——施工层数目；

　　　t_n——最后一个施工过程的流水节拍。

其中，专业工作队总数目 n' 的计算步骤如下：

① 计算每个施工过程成立的专业工作队数目，即

$$b_j = \frac{t_j}{K}$$

式中　b_j——第 j 个施工过程的专业工作队数；

　　　t_j——第 j 个施工过程的流水节拍。

② 计算专业工作队总数目，即

$$n' = \sum b_j$$

4. 无节奏流水施工的实施

在实施无流水施工时，需要在流水节拍的基础上对流水步距和工期进行计算。

（1）流水步距的确定。在无节奏流水施工中，通常采用"取大差法"计算流水步距，部分工程也可采用根据"分析计算法"计算。

无节奏流水施工流水步距的计算

（1）分析计算法。在组织流水施工中，如果同一施工过程在各施工段上的流水节拍相等，则各相邻施工过程之间的流水步距可按下式计算：

$$K_{i,i+1} = t_i + (t_i - t_d) \quad （当 \ t_i \leqslant t_{i+1} \ 时）$$

$$K_{i,i+1} = mt_i - (m-1)t_{i+1} + (t_j - t_d) \quad （当 \ t_i > t_{i+1} \ 时）$$

式中　t_i——第 i 个施工过程的流水节拍；

t_{i+1}——第 $i+1$ 个施工过程的流水节拍；

t_j——第 i 个施工过程与第 $i+1$ 个施工过程之间的间歇时间；

t_d——第 $i+1$ 个施工过程与第 i 个施工过程之间的间歇时间。

（2）取大差法（累加数列法）。计算步骤如下：

第一步，根据专业工作队在各施工段上的流水节拍，求累加数列。

第二步，根据施工顺序，对所求的相邻两累加数列，错位相减。

第三步，根据错位相减的结果，确定相邻专业工作队之间的流水步距，即相减结果中数值，最大者为流水步距。

在此对取大差法举例，方便熟悉计算过程。

例 2-1　某项目由 4 个施工过程组成，分别由 A、B、C、D 4 个专业工作队完成，在平面上划分成 4 个施工段，每个专业工作队在各施工段上的流水节拍见表 2-6，试确定相邻专业工作队之间的流水步距。

表 2-6　各施工段上的流水节拍

工作队	施工段			
	①	②	③	④
A	4	3	2	3
B	3	3	2	2
C	3	2	3	2
D	2	2	3	3

解析：

① 求各专业工作队的累加数列（提示：以专业工作队或施工过程为基准，按各施工段进行数列的累加）。

A：4、7、9、12

B：3、6、8、10

C：3、5、8、10

D：2、4、7、10

② 错位相减（提示：指两个相邻施工过程之间的数列错位相减，如 A 只能跟 B，B 只能跟 C 等）

A 与 B

A	4	7	9	12	
B	–	3	6	8	10
相减结果	4	4	3	4	–10

B 与 C

B	3	6	8	10	
C	–	3	5	8	10
相减结果	3	3	3	2	–10

C 与 D

C	3	5	8	10	
D	–	2	4	7	10
相减结果	3	3	4	3	–10

③ 取错位相减结果的最大值（提示：负数就按负数考虑，不取绝对值）

相邻专业队（4 个）间的流水步距（3 个）分别为

A 与 B 的流水步距 $K_{A,B} = \max\{4,4,3,4,-10\} = 4$

B 与 C 的流水步距 $K_{B,C} = \max\{3,3,3,2,-10\} = 3$

C 与 D 的流水步距 $K_{C,D} = \max\{3,3,4,3,-10\} = 4$

即 $K_{A,B} = 4$，$K_{B,C} = 3$，$K_{C,D} = 4$

（2）**工期的计算。**无节奏流水施工的工期由所有流水步距之和、最后一个施工过程在各施工段上的流水节拍之和、各阶段搭接时间以及间歇时间之和决定。

无节奏流水施工工期的计算

$$T = \sum K + \sum t_n + \sum t_{j,i} + \sum t_{z,i} - \sum t_{d,i}$$

式中　$\sum K$——所有流水步距之和，流水步距按"取大差法"计算；

　　　$\sum t_n$——最后一个施工过程（或专业工作队）在各施工段上的流水节拍之和。

（四）流水施工表现形式的选择

流水施工的表示方法有三种：水平图表（横道图）、垂直图表（斜线图）和网络图。在确定了流水施工的施工过程、施工段、流水节拍、流水步距后，就可以在水平图表（横道图）与垂直图表中依据工程特点进行选择绘制。

通过比较横道图与垂直图表的优缺点，选择流水施工表现形式（见表 2-7）。

表 2-7　流水施工表现形式的比较

流水施工表现形式	优点	缺点
横道图	绘制简单,施工过程及其先后顺序清楚,时间和空间状况形象直观,进度线的长度可以反映流水施工进度,使用方便	不能直观地反映各工作之间的制约关系,不能反映工作的主次部分,也难以用计算机进行计算调整和优化
垂直图表	施工过程及其先后顺序清楚,时间和空间状况形象直观,斜向进度线的斜率可以明显地表示出各施工过程的施工速度,利用垂直图表反映流水施工的基本参数比较直接	编制实际工程进度计划不如横道图清晰、易懂

由于水平图表具有绘制简单、形象直观的特点,在实际工程中,垂直图表的实际应用不及水平图表普遍,常用横道图编制施工进度计划。

（五）绘制横道图

在确定流水施工表现形式为横道图后,依据劳动力需用量计算结果、流水施工的参数和表现形式绘制出横道图。劳动力动态图绘制在横道图下方,使横道图的进度与劳动力动态图呈对应关系。流水施工横道图一般表示形式如图 2-2 所示。

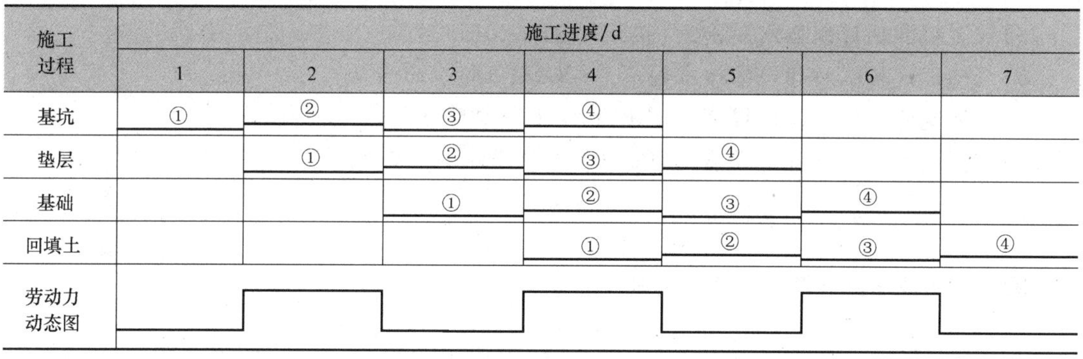

图 2-2　流水施工横道图一般表示形式

任务二　基于网络计划的进度计划编制

一、任务要求

网络计划技术是 20 世纪 50 年代后期,为了适应工业生产发展和复杂科学研究工作开展需要而发展起来的一种科学管理方法,它是目前最先进的计划管理方法。由于这种方法逻辑严密,主要矛盾突出,主要用于进度计划编制和实施控制,有利于计划的优化调整和用于计算机的应用。

（1）根据"案例背景"完成对本案例进度计划的编制。内容及顺序要求如下：

1）确定绘制双代号网络图所需各项数据。

2）选择适当的绘图排列方法。

3）完成对本案例主体工程网络计划图的绘制。

4）检查与调整施工进度计划。

（2）提交任务实施关键环节讨论的会议纪要。

二、任务基础过关问题

结合任务要求，思考以下问题：

问题1：双代号网络图的绘图规则及注意事项是什么？

问题2：双代号网络图的绘图排列方法的具体形式是什么？

问题3：在双代号网络图中，时间参数是什么？这些时间参数如何计算？关键线路如何确定？

三、任务实施依据

1）经过审批的建筑总平面图及单位工程全套施工图，地质、地形图，工艺设计图，设备及其基础图，所采用的各种标准图及技术资料。

2）施工工期要求及开、竣工日期。

3）施工条件，劳动力、材料、机械的供应条件。

4）确定的重要分部分项工程的施工方案，包括施工顺序、施工段划分、施工起点流向、施工方法、质量及安全措施等。

5）《工程网络计划技术规程》（JGJ/T 121—2015）。

6）《施工现场临时建筑物技术规范》（JGJ/T 188—2009）。

7）《建筑施工组织设计规范》（GB/T 50502—2009）。

8）《房屋建筑与装饰工程消耗量定额》（TY 01-31—2015）。

四、任务实施技术路线图

本任务的技术路线图如图 2-3 所示。

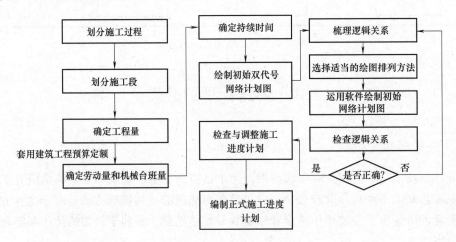

图 2-3　编制网络计划技术路线图

五、任务实施内容

本任务的实施过程为：划分施工过程→划分施工段→确定工程量→套用建筑工程预算定

额→确定劳动量和机械台班量→确定持续时间→绘制初始双代号网络计划图→检查与调整施工进度计划→编制正式施工进度计划。通过上述实施过程，最终形成本案例主体工程正式的基于网络计划的施工进度计划。

（一）划分施工过程

编制单位工程施工进度计划时，首先应按施工图和施工顺序把拟建工程分解为若干个施工过程，再进行有关内容的计算和设计。由于网络计划中的施工过程的划分与要求与流水施工中相同，具体可参考"能力标准与项目分解篇""项目二 施工进度计划编制""任务一 基于流水施工的进度计划编制"部分。

（二）划分施工段

由于网络计划中的施工段的划分与要求与流水施工中相同，具体可参考"能力标准与项目分解篇""项目二 施工进度计划编制""任务一 基于流水施工的进度计划编制"部分。

（三）确定工程量

当确定施工过程之后，应确定每个施工过程的工程量。工程量应根据施工图、工程量清单等进行确定，有些项目应根据实际情况做适当的调整。确定工程量时应注意以下几个问题：

1. 注意工程量的计算单位

每个施工过程的工程量的计量单位应与采用的定额的计量单位一致。

2. 注意采用的施工方法

确定工程量时，应与采用的施工方法一致，以便计算的工程量与施工的实际情况相符。例如，挖沟槽、基坑土石方工程量，需要考虑工作面及放坡工程量。当上述因素不同时，土方开挖工程量是不同的。

3. 正确取用预算文件或工程量清单中的工程量

如果编制单位工程施工进度计划时，已编制出预算文件（施工图预算或施工预算），则工程量可从预算文件中抄出并汇总。但是，施工进度计划中某些施工过程与预算文件的内容不同或有出入时（如计量单位、计算规则、采用的定额等），则应根据施工实际情况加以修改、调整或重新计算。

工程量可从工程量清单中抄出并汇总，但是需要注意，当清单工程量与定额工程量相等时，可按工程量清单进行计算；当清单工程量与定额工程量不相等时，按照定额工程量进行计算。清单工程量与定额工程量的具体关系见"能力标准与项目分解篇""项目三 施工准备与资源计划编制""任务二 劳动力计划编制"确定工程量部分。

（四）确定劳动量和机械台班量

1. 前期准备

确定施工过程及其工程量之后，即可套用建筑工程预算定额，基础工程和主体工程所需的时间定额见表 2-8 和表 2-9，据此计算所需劳动量和机械台班量。

表 2-8 基础工程所需的时间定额

分项工程名称	内容	时间定额
ϕ400mm 管桩施工	ϕ400mm 管桩施工	5.8 台班/1000m
截桩头	截桩头	0.143 工日/个

（续）

分项工程名称	内容	时间定额
桩头插钢筋	桩头插钢筋	6.35 工日/t
挖土机挖土	挖土机挖土	2.17 台班/1000m³
自卸汽车运余土(5km)	自卸汽车运余土(5km)	0.44 台班/10m³
平整场地	平整场地	2.86 工日/100m²
人工挖土方	人工挖土方	0.227 工日/m³
回填土	回填土	20.58 工日/100m³
桩承垫层混凝土(C25)	桩承垫层混凝土(C25)	0.357 工日/m³
桩承台混凝土(C30)	支模板	2.56 工日/10m²
	绑钢筋	6.352 工日/t
	浇混凝土	0.271 工日/m³
基础梁混凝土(C30)	支模板	1.762 工日/10m²
	绑钢筋	6.352 工日/t
	浇混凝土	0.813 工日/m³

表 2-9　主体工程所需的时间定额

分项工程名称	内容	时间定额
钢筋工程	绑扎柱和剪力墙钢筋	3.678 工日/t
	绑梁板钢筋	3.678 工日/t
模板工程	矩形柱模板	22.78 工日/100m²
	构造柱模板	16.753 工日/100m²
	矩形梁模板	21.219 工日/100m²
	楼梯模板	64.911 工日/100m² 水平投影面积
	过梁模板	38.41 工日/100m²
	短肢剪力墙模板	20.876 工日/100m²
	楼板模板	17.19 工日/100m²
	台阶模板	13.947 工日/100m² 水平投影面积
混凝土工程	矩形柱混凝土(C30)	7.211 工日/10m³
	构造柱混凝土(C30)	12.072 工日/10m³
	矩形梁混凝土(C30)	3.017 工日/10m³
	过梁混凝土(C25)	10.166 工日/10m³
	短肢剪力墙混凝土(C30)	4.672 工日/10m³
	楼板混凝土(C30)	3.032 工日/10m³
	楼梯混凝土(C30)	2.673 工日/10m² 水平投影面积
	台阶混凝土(C20)	1.437 工日/10m² 水平投影面积

在套用国家或当地颁布的定额时，必须注意结合本单位工人的技术等级、实际操作水平、施工机械情况和施工现场条件等因素，确定定额的实际水平，使计算出来的劳动量、机

械台班量等符合实际需要。

2. 计算劳动量和机械台班量

劳动量和机械台班量可根据各分部分项工程的工程量、施工方法和施工定额来确定，具体求解过程见"能力标准与项目分解篇""项目三 施工准备与资源计划编制""任务二 劳动力计划编制"和"能力标准与项目分解篇""项目三 施工准备与资源计划编制""任务四 机械计划编制"部分。另外，当某一施工过程由同一工种、但不同做法、不同材料的若干个分项工程合并组成时，应根据总劳动量、总工程量及相关定额计算其综合产量定额，再求其劳动量。

综合时间定额计算

当某一施工过程由两个或两个以上不同分项工程合并而成时，其总劳动量应按以下公式计算：

$$P_{总} = \sum_{i=1}^{n} P_i = P_1 + P_2 + \cdots + P_n$$

$$\overline{S} = \frac{\sum\limits_{i=1}^{n} Q_i}{\sum\limits_{i=1}^{n} P_i} = \frac{Q_1 + Q_2 + \cdots + Q_n}{P_1 + P_2 + \cdots + P_n} = \frac{Q_1 + Q_2 + \cdots + Q_n}{\dfrac{Q_1}{S_1} + \dfrac{Q_2}{S_2} + \cdots + \dfrac{Q_n}{S_n}}$$

$$\overline{H} = \frac{1}{\overline{S}}$$

式中　　$\overline{S}$——某施工过程的综合产量定额 [m³/工日（台班）等]；

　　　　$\overline{H}$——某施工过程的综合时间定额 [工日（台班）/m³ 等]；

　　　　$\sum\limits_{i=1}^{n} P_i$——总劳动量（工日）；

　　　　$\sum\limits_{i=1}^{n} Q_i$——总工程量（m³、t 等）；

Q_1，Q_2，…，Q_n——同一施工过程的各分项工程的工程量；

S_1，S_2，…，S_n——与 Q_1，Q_2，…，Q_n 相对应的产量定额。

（五）确定持续时间

施工过程持续时间的确定方法有三种：经验估算法、定额计算法和工期计算法。由于网络计划中的持续时间确定步骤与"能力标准与项目分解篇""项目二 施工进度计划编制""任务一 基于流水施工的进度计划编制"中确定流水节拍部分相同，在此不一一赘述。对于本案例主体工程要求在规定日期内必须完成，采用工期计算法确定持续时间。首先可根据施工经验估计各施工过程的工期比例，然后通过计划工期对各施工过程每一施工段进行倒排，最终确定各施工过程每一施工段的持续时间。

对于现有的常用工艺、方法和有准确的时间定额的工程项目多用定额计算法。对于采用新工艺、新方法和新材料等没有时间定额可循的工程项目可采用经验估计法。

（六）绘制初始双代号网络计划图

双代号网络计划图的正确绘制是网络计划方法应用的关键。正确的网络计划图应正确表达各种逻辑关系，工作项目齐全，施工过程数目得当，遵守绘图的基本规则，选择适当的绘图排列方法。绘制网络计划图需要梳理逻辑关系→选择适当的绘图排列方法→运用软件绘制初始网络计划图→检查逻辑关系。

1. 梳理逻辑关系

根据前述确定的施工过程、施工段梳理逻辑关系，确定出各个工作的开始节点的位置号和完成节点的位置号。首先按照施工过程依次完成全部层数的施工；其次每完成某个施工过程一个施工段的施工后进行下一个施工段的施工，依次完成全部施工段的施工；最后完成整体工程的施工。

2. 选择适当的绘图排列方法

为了使建筑施工网络计划条理化和形象化，在编制网络计划时，应根据各自不同情况灵活地选用不同排列方法，使各项工作之间在工艺上和组织上的逻辑关系准确、清楚，便于施工的组织管理人员掌握，也便于对网络计划进行检查和调整，需要选择适当的绘图排列方法，包括按施工过程排列、按施工段排列、按施工层排列三种排列方法。这三种排列方法的选择依据见"问题成果与范例篇""项目二　施工进度计划编制""任务二　基于网络计划的进度计划编制"中问题1答部分。请结合本案例主体工程案例背景，选择适当的绘图排列方法。

实际工作中可以按使用要求灵活地选用以上几种网络计划的排列方法。

3. 运用软件绘制初始网络计划图

（1）熟悉绘制步骤。在此介绍运用斑马梦龙软件绘制网络计划图。本案例主体工程网络计划图绘制的具体实施步骤在"问题、成果与范例篇""项目二　施工进度计划编制""任务二　基于网络计划的进度计划编制"部分展现。

运用斑马梦龙软件绘制网络计划图绘制步骤

1）新建网络计划。在网络计划绘制界面，输入项目名称、开始时间等信息后单击"确定"按钮。

2）按投标文件要求设置属性（字体、纸张和页边距等）。

3）单击上方工具条中的"网络图属性"按钮，在一般属性中的字体中单击选择"工作名称"选项，按投标文件设置字体、字形、大小，单击"确定"按钮完成工作名称的设置，再单击"网络图属性"设置中的"确定"按钮。

单击上方工具条中的"打印设置"按钮，选择纸张大小及页边距后点击"确定"按钮。

4）新建任务——"A"。按住鼠标左键向右拖拽一下，然后松开左键。在弹出的工作信息卡中输入工作名称和持续时间后单击"确定"按钮，第一个工作绘制完成。

5）添加"A"的紧后工作——"B"。光标移至"A"的结束节点，出现十字梅花后向右拖拽。在弹出的工作信息卡中输入工作名称和持续时间后单击"确定"按钮，该紧后工作"B"绘制完成，依次将剩余的紧后工作按照同样的方法进行绘制。

6）添加虚工作。光标移至需要添加虚工作的工作结束节点，出现十字梅花后拖拽至下一工作。在弹出的工作信息卡中的工作类型中选择"虚工作"选项后单击"确定"按钮，该紧后工作绘制完成。

按照上述顺序完成该网络计划图的绘制，在此只介绍主要的绘制操作。

（2）遵守绘图规则及注意事项。绘制双代号网络计划图时必须严格遵守绘图规则及注意事项，具体内容见"问题、成果与范例篇""项目二 施工进度计划编制""任务二 基于网络计划的进度计划编制"中问题2答案部分。

如有需要，双代号网络计划图时间参数与关键线路确定的具体内容见"问题、成果与范例篇""项目二 施工进度计划编制""任务二 基于网络计划的进度计划编制"中问题3答案部分。

4. 检查逻辑关系

检查双代号网络计划图的逻辑关系有无错误，如与已知条件不符，则可加竖向虚工作或横向虚工作进行改正。改正后的网络计划图中的各个节点的位置号不一定与初始网络计划图中的节点位置号相同。

（七）检查与调整施工进度计划

施工进度计划初步方案编制以后，应根据建设单位和有关部门的要求、合同规定及施工条件等，先检查各施工过程之间的施工顺序是否合理、工期是否满足要求、劳动力等资源消耗是否均衡，主要是通过单位工程施工进度计划技术经济评价指标，对施工进度计划方案编制优劣进行评价，再进行调整。

单位工程施工进度计划技术经济评价指标

1. 单位工程施工进度计划编制优劣的主要指标

（1）工期指标。

1）提前时间：

提前时间＝上级要求或合同要求工期－计划工期

2）节约时间：

节约时间＝定额工期－计划工期

（2）劳动量消耗的均衡性指标。用劳动量不均衡系数（K）加以评价：

$$K=\frac{最高峰施工时期工人人数}{施工期间每天平均工人人数}$$

对于单位工程或各个工种来说，每天出勤的工人人数应力求不发生过大的变动，即劳动量消耗应力求均衡，为了反映劳动量消耗的均衡情况，应画出劳动量消耗的动态图。在劳动量消耗动态图上，不允许出现短时期的高峰或长时期的低陷情况，允许出现短时期的甚至是很大的低陷。最理想的情况是 K 接近于1，在2以内为好，超过2则不正常。当一个施工单位在一个工地上有许多单位工程时，则一个单位工程的劳动量消耗是否均衡就不是主要的问题，此时，应控制全工地的劳动力动态图，力求在全工地范围内的劳动量消耗均衡。

（3）主要施工机械的利用率。主要施工机械一般是指挖土机、塔式起重机、混凝土泵等台班费高、进出场费用大的机械，提高其利用率有利于降低施工费用，加快施工进度。主要施工机械利用率的计算公式为

$$主要施工机械利用率=\frac{报告期内施工机械工作台班数}{报告期内施工机械制度台班数}\times100\%$$

---

2. 单位工程施工进度计划技术经济评价的参考指标

进行施工进度计划的技术经济评价，除以上主要指标外，还可以考虑以下参考指标：

1）单方用工数：

$$总单方用工数 = \frac{单位工程用工数（工日）}{建筑面积（m^2）}$$

$$分部工程单方用工数 = \frac{分部工程用工数（工日）}{建筑面积（m^2）}$$

2）工日节约率：

$$总工日节约率 = \frac{施工预算用工数（工日）-计划用工数（工日）}{施工预算用工数（工日）} \times 100\%$$

分部工程工日节约率 =

$$\frac{施工预算分部工程用工数（工日）-计划分部工程用工数（工日）}{施工预算分部工程用工数（工日）} \times 100\%$$

3）主要材料节约指标：主要材料节约情况随工程不同而不同，靠材料节约措施实现，分别计算主要材料节约量或主要材料节约率。

$$主要材料节约率 = \frac{主要材料节约量}{主要材料预算用量} \times 100\%$$

或　　　　　　　　主要材料节约量 = 技术组织措施节约量

或　　　　　　　　主要材料节约量 = 预算用量 - 施工组织设计计划用量

4）大型机械单方台班用量（以吊装机械为主）：

$$大型机械单方台班用量 = \frac{大型机械台班量（台班）}{建筑面积（m^2）}$$

5）建安工人日产量：

$$建安工人日产量 = \frac{计划施工工程总产值（元）}{进度计划日期 \times 每日平均人数（工日）}$$

总的要求是：在合理的工期下尽可能地使施工过程连续施工，这样便于资源的合理安排。

由于本案例主体工程运用工期计算法确定持续时间，所以不存在工期延误。前面对网络计划的计算和调整，假定资源供应是完全充分的。然而，在大多数情况下，在一定时间内所能提供的各种资源有一定限定，需要资源优化。

资源优化就是通过改变工作的开始时间，使资源按时间分布符合优化目标。"资源有限、工期最短"优化是指在资源有限时，保持各个工作的每日资源需要量（即强度）不变，寻求工期最短的施工计划。"工期固定、资源均衡"优化是指施工项目按甲乙双方签订的合同工期或上级机关下达的工期完成，寻求资源均衡的进度计划方案。

资 源 优 化

1."资源有限、工期最短"优化

"资源有限、工期最短"优化是指在资源有限时,保持各个工作的每日资源需要量(即强度)不变,寻求工期最短的施工计划。

(1)"资源有限、工期最短"优化的前提条件。

1)网络计划一经制定,在优化过程中不得改变各工作的持续时间;

2)各工作每天的资源需要量是均衡的、合理的,优化过程中不予改变;

3)除规定可以中断的工作外,其他工作均应连续作业,不得中断;

4)优化过程中不得改变网络计划各工作间的逻辑关系。

(2)资源动态曲线及特性。在资源优化时,一般需要绘制出时标网络计划图,根据时标网络计划图,就可绘制出资源消耗状态图,即资源动态曲线。它一般为阶梯形,移动网络图中任何一项工作的起止时间,该资源动态曲线就将发生变化。

(3)时段与工作的关系。在资源动态曲线图中,任何一个阶梯都对应一个持续时间的区段,称为资源时段。若用 t_a 表示时段开始时间,t_b 表示时段完成时间,则可用 $[t_a, t_b]$ 表示这个时段,在这个时间内每天资源消耗总量为一常数。

根据工作与资源时段的关系,可将工作分为以下四种情况:

1)本时段以前开始,在本时段内完成的工作。

2)本时段以前开始,在本时段以后完成的工作。

3)本时段内开始并在本时段内完成的工作

4)本时段内开始而在本时段以后完成的工作。

对于任何资源时段内的非关键工作来说,如果推迟其开始时间至本时段终点时间 t_b 开始,则其总时差将减少。对于关键工作来说,如果推迟其开始时间至本时段终点时间开始,则出现负时差,即使得工期延长。因此,优化时可根据工作与资源时段的关系,寻求不出现负时差或负时差最小的方案。

(4)优化的基本原理。任何工程都需要多种资源,假定为 S 种不同的资源,已知每天可能供应的资源数量分别为 $R_1(t)$、$R_2(t)$、$\cdots$、$R_s(t)$,若完成每一工作只需要一种资源,设为第 K 种资源,单位时间资源需要量(即强度)以 γ_{i-j}^K 表示,并假定 γ_{i-j}^K 为常数。在资源满足供应 γ_{i-j}^K,的条件下,完成工作 $i-j$ 所需持续时间为 D_{i-j},则对于资源有限,工期最短优化,可按照极差原理确定其最优方案。则网络计划资源动态曲线中任何资源时段 $[t_a, t_b]$ 内每天的资源消耗量总和 R_K 均应不大于该计划每天的资源限定量,即满足

$$R_K - R_t \leqslant 0$$

其中

$$R_K = \sum \gamma_{i-j}^K (i-j) \in [t_a, t_b] (K = 1, 2, 3, \cdots, S)$$

整个网络计划第 K 种资源的总需要量 $\sum R_K$ 为

$$\sum R_K = \sum \gamma_{i-j}^K D_{i-j}$$

则由于资源限定,最短工期的下界为

$$\max\{T_K\} = \max\left\{\frac{1}{R_K}\sum\gamma_{i-j}^K D_{i-j}\right\}$$

它可以从前向后对资源动态曲线中各个资源时段进行调整，使其满足资源限定条件，从而得到上述最短工期 T_K。对于多种资源，需逐个分别进行优化，并按下式确定网络计划的合理工期 T：

$$T \geqslant \max\{T_{CPM}, \max\{T_K\}\}$$

式中　　T_{CPM}——不考虑资源供应限定条件，根据网络计划关键线路所确定的工期。

（5）资源分配和排队原则。资源优化的过程是按照各工作在网络计划中的重要程度，把有限的资源进行科学的分配过程。因此，优化分配的原则是资源优化的关键。

资源分配的级次和顺序，

第一级，关键工作。按每日资源需要量大小，从大到小顺序供应资源。

第二级，非关键工作。其排序规则如下：

1）在优化过程中，已被供应资源而不允许中断的工作在本级优先。

2）当总时差 TF_{i-j} 数值不同时，按总时差 TF_{i-j} 数值递增顺序排序并编号。

3）当 TF_{i-j} 数值相同时，按各项工作资源消耗量递减顺序排序并编号。

对于本时段以前开始的工作，当工作不允许内部中断时，要按上述规则排序并编号。当工作允许内部中断时，本时段以前部分的工作在原位置不动，按独立工作处理；本时段及其以后部分的工作，按上述规则排序并编号。最后，按照排字编号递增的顺序逐一分配资源。

（6）"资源有限、工期最短"优化的优化步骤。网络计划的每日资源需要量曲线是资源优化的初始状态。资源需要量曲线上的每一变化处都标志着某些工作在该时间点开始或完成。而资源需要量连续不变的一段时间，即时段是资源优化的基础。因此，资源优化的过程也就是在资源限制条件下逐一时段进行合理地调整各个工作开始和完成时间的过程。其优化步骤如下：

1）根据给定网络计划初始方案，计算各项工作时间参数，如 ES_{i-j}、EF_{i-j} 和 TF_{i-j}、T_{CPM}。

2）按照各项工作 ES_{i-j} 和 EF_{i-j} 数值，绘出 ES—EF 时标网络图，并标出各项工作的资源消耗量 γ_{i-j} 和持续时间 D_{i-j}。

3）在时标网络图的下方，绘出资源动态曲线，或以数字表示的每日资源消耗总量，用虚线标明资源供应量限额 R_t。

4）在资源动态曲线中，找到首先出现超过资源供应限额的资源高峰时段进行调整。

①在本时段内，按照资源分配和排队原则，对各工作的分配顺序进行排队并编号，即 1 到 n 号。

②按照编号顺序，依次将本时段内各工作的每日资源需要量 γ_{i-j}^K 累加，并逐次与资源供应限额进行比较，当累加到第 x 号工作首次出现 $\sum_{n=1}^{x}\gamma_{i-j}^K > R_t$ 时，则将第 x 至 n 号工作推迟到本时段末 t_b 开始，使 $R_K = \sum_{n=1}^{x}\gamma_{i-j}^K \leqslant R_t$，即 $R_K - R_t \leqslant 0$。

5）绘出工作推移后的时标网络计划图和资源需要量动态曲线，并重复第4步，直至所有时段均满足 $R_K - R_t \leq 0$ 为止。

6）绘制优化后的网络计划图。

2. "工期固定、资源均衡" 优化

"工期固定、资源均衡" 优化是指施工项目按甲乙双方签订的合同工期或上级机关下达的工期完成，寻求资源均衡的进度计划方案。因为网络计划的初始方案是在不考虑资源情况下编制出来的，因此各时段对资源的需要量往往相差很大，如果不进行资源分配的均衡性优化，工程进行中就可能产生资源供应脱节，影响工期，也可能产生资源供应过剩，产生积压，影响成本。

衡量资源需要量的均衡程度，一般用方差或极差，它们的值越小，说明均衡程度越好。因此，资源优化时可以方差值最小者作为优化目标。

"工期固定、资源均衡" 优化的基本步骤如下：

1）根据网络计划初始方案，计算各项工作的 ES_{i-j}、EF_{i-j} 和 TF_{i-j}。

2）绘制 ES-EF 时标网络计划图，标出关键工作及其线路。

3）逐日计算网络计划的每天资源消耗量 R_t，列于时标网络计划图下方，形成 "资源动态数列"。

4）由终点节点开始，从右至左依次选择非关键工作或局部线路，利用方差，依次对其在总时差范围内逐日调整、判别，直至本次调整时不能再推移为止。并画出第一次调整后的时标网络计划图，计算出资源动态数列。选择非关键工作的原则为：同一完成节点的若干非关键工作，以其中最早开始时间数值大者先行调整；其中最早开始时间相同的若干项工作，以时差较小者先行调整；而当时差亦相同时，以每日资源量大的先行调整；直至起点工作为止。

5）依次进行第二轮、第三轮……资源调整，直至最后一轮不能再调整为止。画出最后的时标网络计划图和资源动态数列。

如果采用定额计算法和经验估计法，在大多数情况下，会涉及工期优化。工期优化就是初始网络计划的计算工期大于要求工期时，通过压缩关键线路上工作的持续时间或调整工作关系，以满足工期要求的过程。

<table>
<tr><td>

工期优化步骤

（1）找出网络计划中的关键线路并求出计算工期。一般可用标号法确定出关键线路及计算工期。

（2）按要求工期计算应缩短的时间（ΔT）。应缩短的时间等于计算工期 T_c 与要求工期 T_r 之差。即 $\Delta T = T_c - T_r$

（3）选择应优先缩短持续时间的关键工作（或一组关键工作）。选择时应考虑下列因素：

1）缩短持续时间对质量和安全影响不大的工作。

2）有充足备用资源的工作。

3）缩短持续时间所需增加的费用最少的工作。

</td></tr>
</table>

4) 将应优先缩短的关键工作压缩至最短持续时间，并找出关键线路。若被压缩的关键工作变成了非关键工作，则应将其持续时间适当延长，使之仍为关键工作。

5) 若计算工期仍超过要求工期，则重复以上步骤，直到满足工期要求或工期已不能再缩短为止。

6) 当所有关键工作或部分关键工作已达最短持续时间，寻求不到继续压缩工期的方案，但工期仍不能满足要求工期时，应对计划的原技术、组织方案进行调整，或对要求工期重新审定。

（八）编制正式施工进度计划

通过进行上述调整，直到满足要求，形成正式的施工进度计划。

3

施工准备与资源计划编制

　　施工准备工作的基本任务是为拟建工程的施工建立必要的技术和物资条件，统筹安排施工力量和施工现场。施工准备工作也是施工企业搞好目标管理、推行技术经济承包的重要依据。因此，认真做好施工准备工作，对于发挥企业优势、合理供应资源、加快施工速度、提高工程质量、降低工程成本、增加企业经济效益、赢得企业社会信誉、实现企业管理现代化等具有重要意义。

　　工程项目资源计划是项目顺利实施的基础工作，人、材料和机械贯穿于项目施工的全过程，是项目施工中最主要的资源。做好项目资源计划，一方面可以保证进度计划得以顺利实施，另一方面也可以使人、材料和机械等项目资源得以充分利用，大大降低成本。

能力标准

　　通过本项目，主要培养学生编制资源计划方案的实际能力，主要包括以下几点：

1）施工准备工作的编写能力。
2）施工阶段劳动力计划编制能力。
3）施工阶段材料计划编制能力。
4）施工阶段机械计划编制能力。

项目分解

　　以能力为导向分解的资源计划编制工作，可以划分为施工准备工作的编写、劳动力计划的编制、材料计划的编制和机械计划的编制四个任务，再将每一个任务分解成若干个任务要求以及需要提交的成果文件内容（见表3-1）。

表 3-1　资源计划编制项目分解与任务要求

项目	任务	任务要求	成果文件
施工准备与资源计划编制	任务一：施工准备工作的编写	掌握施工准备工作的编写内容及编写方法	完成单位工程施工准备工作所需计划表

（续）

项目	任务	任务要求	成果文件
施工准备与资源计划编制	任务二：劳动力计划的编制	根据施工进度计划、施工合同等条件确定施工阶段各子分部工程中所需要的劳动力工种、各工种在施工阶段各分部工程中的需用量，并对各工种的需用量进行汇总	撰写施工阶段的劳动力、材料、机械施工资源计划方案
	任务三：材料计划的编制	根据施工进度计划、施工合同、《房屋建筑与装饰工程消耗量定额》等条件确定施工阶段各子分部工程中所需要的主要材料、各材料在施工阶段各子分部工程中的需用量，并对其需用量进行汇总	
	任务四：机械计划的编制	根据施工进度计划、施工合同、《房屋建筑与装饰工程消耗量定额》等条件确定施工阶段各子分部工程中所需要的主要机械、各机械在施工阶段各子分部工程中的需用量，并对其需用量进行汇总	

案 例 背 景

某产学融合办公楼位于某沿海城市，规划地块总占地面积约为 15000m²，施工现场使用面积为 12000m²，总建筑面积为 7845m²。该办公楼的楼层层数为 6 层，层高为 3.75m，标高为 22.5m。形式为框架剪力墙结构，地震设防烈度为 6 度，设计使用年限为 50 年。

该单位工程分为 4 个分部工程组织流水施工。合同工期为 160d，其中基础工程计划工期为 45d，主体工程计划工期为 75d。该工程采用定额符合《房屋建筑与装饰工程消耗量定额》（TY 01-31—2015）。

在此给出本工程基础工程、主体工程、屋面工程和装饰工程的部分参数。

1. 基础工程施工相关参数

基础工程所需的工程量清单见表 3-2。

表 3-2　基础工程所需的工程量清单

子分部工程	施工过程	内容	工程量
地基	ϕ400mm 管桩施工	ϕ400mm 管桩施工	2933.76m
	截桩头	截桩头	244 个
	桩头插钢筋	桩头插钢筋	4.580t
土方	挖土机挖土	挖土机挖土	660.40m³
	自卸汽车运余土（5km）	自卸汽车运余土（5km）	177.06m³
	平整场地	平整场地	1212.15m²
	人工挖土方	人工挖土方	73.30m³
	回填土	回填土	923.58m³
基础	桩承垫层混凝土（C25）	桩承垫层混凝土（C25）	51.40m³
	桩承台混凝土（C30）	支模板	993.20m²
		绑钢筋	8.790t
		浇混凝土	264.21m³

（续）

子分部工程	施工过程	内容	工程量
基础	基础梁混凝土（C30）	支模板	1017.00m^2
		绑钢筋	9.900t
		浇混凝土	75.40m^3

2. 主体工程施工相关参数

主体工程所需的工程量清单见表3-3。

表3-3　主体工程所需的工程量清单

子分部工程	施工过程	内容	工程量
钢筋工程	绑扎柱和剪力墙钢筋	钢筋切断机切断 $D20mm$ 以内的螺纹钢筋	8.790t
	绑梁、板钢筋	钢筋弯曲机弯曲 $D20mm$ 以内的螺纹钢筋	28.800t

3. 屋面工程施工相关参数

屋面工程所需的工程量清单见表3-4。

表3-4　屋面工程所需的工程量清单

子分部工程	施工过程	内容	工程量
防水与密封	屋面防水	空压机清理	1270.71m^2
保温与隔热	保温隔热屋面	电焊机焊接	1270.71m^2

4. 装饰工程施工相关参数

装饰工程所需的工程量清单见表3-5。

表3-5　装饰工程所需的工程量清单

子分部工程	施工过程	内容	工程量
抹灰	顶棚抹灰	顶棚抹灰	10121.93m^2
	内墙抹灰	内墙抹灰	15747.57m^2
建筑地面	平面砂浆找平	灰浆搅拌机 400L 调运砂浆，对混凝土或硬基层上厚 2cm 搅拌砂浆抹平、压实	1117.81m^2
	300mm×300mm 地砖楼地面		768.58m^2
	500mm×500mm 地砖楼地面		5034.45m^2

任务一　施工准备工作的编写

一、任务要求

（1）结合"案例背景"完成施工准备工作的编写。内容及顺序要求如下：

1）明确施工准备工作的分类。

2）在编写施工准备工作时，明确技术准备、物资准备、劳动组织准备、施工现场准备和施工场外准备的内容。

（2）提交任务实施关键环节讨论的会议纪要。

二、任务基础过关问题

结合任务要求，思考以下问题：

问题1：施工准备工作应如何分类？工程项目施工准备工作按其性质和内容包含哪些内容？

问题2：施工技术准备工作中熟悉、审查设计图的内容包含什么？物质准备中程序是怎样的？

三、任务实施依据

1）建设项目建筑总平面图。

2）建设项目地形地貌图、区域规划图、竖向布置图。

3）项目范围内有关的一切已有和拟建的各种设施位置。

4）《建筑工程资料管理规程》（JGJ/T 185—2009）。

5）《水泥取样方法》（GB/T 12573—2008）。

6）《建设用卵石、碎石》（GB/T 14685—2011）。

7）《建设用砂》（GB/T 14684—2011）。

8）《烧结普通砖》（GB/T 5101—2017）。

9）《混凝土结构工程施工质量验收规范》（GB 50204—2015）。

10）《混凝土强度检验评定标准》（GB/T 50107—2010）。

11）《建筑砂浆基本性能试验方法标准》（JGJ/T 70—2009）。

四、任务实施技术路线图

本任务的技术路线图如图 3-1 所示。

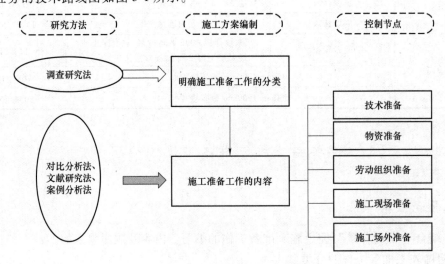

图 3-1　施工准备工作技术路线图

五、任务实施内容

施工准备工作应该有计划、有步骤、分期、分阶段地进行，应贯穿拟建工程的整个建造过程。本任务要求学生完成施工准备工作的编写。请结合案例背景，遵循以下实施指南完成本任务要求。

（一）明确施工准备工作的分类

1. 按工程项目施工准备工作的范围不同分类

按工程项目施工准备工作的范围不同，施工准备一般可分为全场性施工准备、单位施工条件准备和分部分项工程作业条件准备三种。具体可详见"问题、成果与范例篇""项目三 施工准备与资源计划编制""任务一 施工准备工作的编写"问题1答案。

2. 按拟建工程所处的施工阶段不同分类

按拟建工程所处的施工阶段不同，施工准备一般可分为开工前的施工准备和各施工阶段前的施工准备两种。

（1）开工前的施工准备。开工前的施工准备是在拟建工程正式开工之前所进行的一切施工准备工作。其目的是为拟建工程正式开工创造必要的施工条件。它既可能是全场性的施工准备，又可能是单位工程施工条件准备。

（2）各施工阶段前的施工准备。各施工阶段前的施工准备是在拟建工程开工之后，每个施工阶段正式开工之前所进行的一切施工准备工作。其目的是为拟建阶段正式开工创造必要的施工条件。如民用住宅的施工一般可分为地下工程、主体工程、装饰工程和屋面工程等施工阶段，每个施工阶段的施工内容不同，所需要的技术条件、物质条件、组织要求和现场布置等方面也不同，因此在每个施工阶段开工之前，都必须做好相应的施工准备工作。

综上所述，可以看出，不仅在拟建工程开工之前要做好施工准备工作，而且随着工程施工的进展，在各施工段开工之前也要做好施工准备工作。施工准备工作既要有阶段性，又要有连贯性。

（二）明确施工准备工作的内容

工程项目施工准备工作按其性质和内容，通常包括技术准备、物资准备、劳动组织准备、施工现场准备和施工场外准备。

1. 技术准备

技术准备是施工准备工作的核心，任何技术的差错或隐患都可能引起人身安全和质量事故，造成生命财产和经济的巨大损失，因此必须认真做好技术准备工作，具体内容如下：

（1）熟悉、审查施工图和有关的设计资料。

1）熟悉、审查施工图的依据。

①建设单位和设计单位提供的初步设计或扩大初步设计（技术设计）、施工图设计、施工总平面、土方竖向设计等资料文件。

②调查、搜集的原始资料。

③设计、施工验收规范和有关技术规定。

2）熟悉、审查设计图的目的。

① 能够按照设计图的要求顺利地进行施工，生产出符合设计要求的最终建筑产品（建筑物或构筑物）。

② 能够在拟建工程开工之前，是从事建筑施工技术和经营管理的工程技术人员充分地了解和掌握设计图的设计意图、结构与构造特点和技术要求。

③ 通过审查发现设计图中存在的问题和错误，使其改正在施工开始之前，为拟建工程的施工提供一份准确、齐全的设计图。

3）熟悉、审查设计图的内容。熟悉、审查设计图涉及很多内容，具体详见"问题、成果与范例篇""项目三　施工准备与资源计划编制""任务一　施工准备工作的编写"问题2答案。

4）熟悉审查设计图的程序。熟悉、审查设计图的程序通常为图纸初审、内部会审、图纸会审阶段。根据三个阶段的依据、参加人员、日期安排和目标完成如表3-6所示的图纸会审安排计划表。

表 3-6　图纸会审安排计划表

序号	内容	依据	参加人员	日期安排	目标
1	图纸初审	公司贯标程序文件图纸会审管理办法设计图及引用标准、施工规范	组织人： 土建： 电气： 给水、排水、通风：		熟悉施工图，分专业列出图纸中不明确部位、问题部位及问题项
2	内部会审	同上	组织人： 电气： 给水、排水、通风：		熟悉施工图、设计图、各专业问题汇总，找出专业交叉碰撞问题 列出图纸会审纪要，向设计院提出问题清单
3	图纸会审	同上	组织人：（建设单位代表） 参加人：（建设单位代表） 设计院代表： 监理单位代表： 施工单位代表：		向设计院说明提出各项问题 整理图纸会审会议纪要

值得注意的是，在拟建工程施工过程中，如果发现施工的条件与设计图的条件不符，或者发现图纸中仍然有错误，或者因为材料的规格质量不能满足设计要求，或者因为施工单位提出了合理化建议，需要对设计图进行及时修订时，应遵循技术核定和设计变更的签证制度，进行图纸的施工现场签证。如果设计变更的内容对拟建工程的规模、投资影响较大时，要报请项目的原批准单位批准。在施工现场的图纸修改、技术核定和设计变更，都要有正式的文字记录，归入拟建工程施工档案，作为指导施工、工程结算和竣工验收的依据。

（2）原始资料的调查分析。为了做好施工准备工作，除了要掌握有关拟建工程的书面资料外，还要进行拟建工程的实地勘测和调查，获得有关数据的第一手资料，这对于拟建一个先进合理、切合实际的施工组织设计是非常必要的，原始资料的调查分析包括自然条件的调查分析和技术经济条件的调查分析。

1）自然条件的调查分析。建设地区自然条件调查分析的主要内容有：地区水准点和绝对标高等情况，地质构造、土的性质和类别、地基土的承载力、地震级别和烈度等情况，河流流量和水质、最高洪水和枯水期的水位等情况，地下水位的高低变化情况，含水层的厚度、流向、流量和水质等情况，气温、雨、雪、风和雷电等情况，土的冻结深度和冬雨期的期限等情况。具体自然条件的调查分析可根据项目情况简要陈述，当项目情况较复杂时，可绘制自然条件调查表，见表3-7。

表3-7 自然条件调查表

序号	项目	调查内容	调查目的
1	气温	年平均、最高、最低、最冷、最热月份的逐月平均气温 冬、夏季室外计算温度 不大于-3℃、0℃、5℃的天数,起止时间	确定防暑降温的措施 确定冬期施工措施 估计混凝土、砂浆强度
2	雨、雪	雨季起止时间 月平均降雨(雪)量、最大降雨(雪)量、一天最大降雨(雪)量 全年雷暴天数	确定雨期施工措施 确定排水、防洪方案 确定防雷措施
3	风	主导风向及频率(风玫瑰图) 不小于8级风的全年天数时间	确定临时设施布置方案 确定高处作业及吊装的技术安全措施
4	地形	区域地形图 工程位置地形图 该地区城市规划图 经纬坐标桩、水准机桩的位置	选择施工用地 布置施工总平面图 场地平整及土方量计算 了解障碍物及其数量
5	工程地质	钻孔布置图 地质剖面图:土层类别、厚度 物理力学指标:天然含水率、孔隙比、塑性指标、渗透系数、压缩指标及地基土强度指标 地层的稳定性:断层滑块、流沙 最大冻结深度 地基土破坏情况:枯井、古墓、防空洞及地下构筑物	土方施工方案的选择 地基的处理方法 基础施工方法 复核地基基础设计 拟定障碍物拆除计划
6	地震	地震等级、烈度大小	确定对施工影响注意事项
7	地下水	最高、最低水位计时间 水的流向、流速及流量 水质分析:水的化学成分 抽水试验	基础施工方案选择 降低地下水的方法 拟定防止侵蚀性介质的措施
8	地面水	临近江河湖泊与工地的距离 洪水、平水、枯水期的水位、流量及航道深度 水质分析 最大、最小冻结深度及冻结时间	确定临时给水方案 确定运输方式 确定水工工程施工方案 确定防洪方案

2）技术经济条件的调查分析。建设地区技术经济条件调查分析主要内容有：地区建筑施工企业的状况，施工现场的动迁状况，当地可利用的地方材料状况，地区能源和交通运输状况，地方劳动力和技术水平状况，当地生活供应、教育和医疗卫生状况，当地消防、治安状况和参加施工单位的力量状况等。具体技术经济条件的调查分析可根据项目情况简要陈述。当项目情况较复杂时，可绘制水、电、气条件调查表（见表3-8），参加施工条件情况调查表（见表3-9），社会劳动力和生活设施调查表（见表3-10）。

表 3-8　水、电、气条件调查表

序号	项目	调查内容	调查目的
1	给水排水	工地用水于当地现有水源连接的可能性,可供水量、接管地点、管径材料、埋深、水压、水质及水费,当地水源至工地的距离,沿途地形、地物状况 自选临时江河水源的水质、水量、取水方式及至工地距离,沿途地形地物状况,自选临时水井的位置、深度、管井、出水量和水质 利用永久性排水设施的可能性,施工排水的去向、距离和坡度,有无洪水影响,防洪设施状况	确定生活、生产供水方案 确定工地排水方案和防洪设施 拟定给水排水设施的施工进度计划
2	供电	当地电源位置,引入的可能性,可供电的容量、电压、导线截面和电费,引入方向,接线地点及其至工地距离,沿途地形、地物状况 建设单位和施工单位自有的发电、变电设备的型号、台数和容量 利用邻近电信设施的可能性,电话、邮局等至工地的距离,可能增设电信设备、线路的情况	确定供电方案 确定通信方案 拟订供电、通信设施的施工进度计划
3	蒸汽等	蒸汽来源、可供蒸汽量,接管地点,管径,埋深及至工地距离,沿途地形、地物状况,蒸汽价格 施工单位自有锅炉的型号、台数和能力,所需燃料及水质标准 当地或建设单位可能提供的压缩空气、氧气的能力及至工地的距离	确定生产生活用气的方案; 确定压缩空气、氧气的供应计划

表 3-9　参加施工条件情况调查表

序号	项目	调查内容	调查目的
1	工人	工人的总数、各专业工种的人数、能投入本工程的人数 专业分工及一专多能情况 定额完成情况	了解总包和分包单位的技术、管理水平 选择分包单位 为编制施工组织、设计提供依据
2	管理人员	管理人员总数、各种人员比例及其人数 工程技术人员的人数,专业构成情况	
3	施工机械	名称、型号、规格、台数及其新旧程度(列表) 总装备程度:技术装备率和动力装备率 拟增购的施工机械明细表	
4	施工经验	历史上曾经施工过的主要工程项目 习惯采用的施工方法,曾采用的先进施工方法 科研成果和技术更新情况	
5	主要指标	劳动生产率指标:全员、建安劳动生产率 质量指标:产品优良率及合格率 安全指标:安全事故频率 降低成本指标:成本计划实际降低率 机械化施工程度 机械设备完好率、利用率	

表 3-10　社会劳动力和生活设施调查表

序号	项目	调查内容	调查目的
1	社会劳动力	少数民族地区的风俗习惯 当地能支援的劳动力人数、技术水平和来源 上述人员的生活安排	拟订劳动力计划 安排临时设施

（续）

序号	项目	调查内容	调查目的
2	房屋设施	必须在工地居住的单身人数和户数 可作为施工使用的现有的房屋位置、房屋栋数、每栋面积、结构特征、总面积，水、电、暖、卫设备状况 上述建筑物的适宜用途：用作宿舍、食堂、办公室的可能性	确定原有房屋为施工服务的可能性 安排临时设施
3	生活服务	主、副食品供应，日用品供应，文化教育，消防、治安等机构能为施工提供的支援能力 临近医疗单位至工地的距离、可能就医的情况 周围是否存在有害气体、污染情况、有无地方病	安排职工生活基地，解除后顾之忧

（3）技术工作计划。

1）施工方案编制计划。第一步，分项工程施工方案编制计划。分项工程施工方案要以分项工程为划分标准，如混凝土施工方案、室内装修方案、电气施工方案等。当项目情况较为复杂时，以列表形式表示更清晰（表3-11仅为示意）。

表3-11　施工方案编制计划表

序号	方案名称	编制人	编制完成时间	审批人
1				
2				
…				

注：编制人指某个人，不能写某个部门。

第二步，专项施工方案编制计划。专项施工方案是指除分项工程施工方案以外的施工方案，如施工测量方案、大体混凝土施工方案、安全防护方案、文明施工方案、季节性施工方案、临电施工方案、节能施工方案等。表式同表3-11。

2）试验、检验工作计划。试验工作计划内容应包括常规取样试验计划及见证取样试验计划。具体试验、检验工作计划可根据项目情况简要陈述。当项目情况较复杂时，可使用试验工作计划标准表（表3-12仅为示意）。

表3-12　试验工作计划标准表

序号	试验内容	取样批量	试验数量	备注
1	钢筋原材	≤60t	1组	同一强度的混合批，每批不超过6个炉号，各炉罐号含碳量之差不大于0.02%，钢含锰量之差不大于0.15%
		>60t	2组	
2	钢筋机械连接、（焊接）接头	500个接头	3根拉件	同施工条件，同一批材料的同等级、同规格接头500个以下为一验收批，不足500个也为一验收批
3	水泥（袋装）	≤200t	1组	每一组取样至少12kg
4	混凝土试块	一次浇筑量≤1000m³，每100m³为一个取样单位（3块） 一次浇筑量≥1000m³，每200m³为一个取样单位（3块）		同一配合比

（续）

序号	试验内容	取样批量	试验数量	备注
5	混凝土抗渗试块	500m³	1组	同一配合比,每组6个试件
6	砌筑砂浆	250m³	6块	同一配合比
7	高聚物改沥青防水卷材	100卷以内	2组尺寸和外观	≤1000卷物理性能检验
		100~499	3组尺寸和外观	
		1000卷以内	4组尺寸和外观	
8	土方回填	基槽回填土每层取样6块		每层按≤50m取一点
9	…			

注：试验工作计划不仅应包括常规取样试验计划，还应包括有见证取样试验计划。而且有见证试验的实验室必须取得相应资格和认可。

3）样板项、样板间计划。"方案先行、样板引路"是保证工期和质量的法宝，坚持样板间制，不仅仅是样板间，而是样板"制"（包括工序样板、分项工程样板、样板墙、样板间、样板段、样板回路等多方面）。通过方案和样板，制定出合理的工序、有效的施工方法和质量控制标准。当项目情况较复杂时，可绘制样板间、样板项计划一览表（表3-13仅为示意）。

表3-13　样板间、样板项计划一览表

序号	项目名称	部位(层、段)	施工时间	备注
1				
2				
…				

注："样板"是某项工程应达到的标准。一般有"选"和"做"两种方法。此处样板项、样板间计划是指做样板。

4）新技术、新工艺、新材料、新设备推广应用计划。应根据建设部颁发的《建筑业10项新技术（2017版）》中的107项子项及其他新的科研成果应用，逐条对照，可列新技术应用推广计划表加以说明（表3-14仅为示意）。

表3-14　新技术应用推广计划表

序号	新技术名称	应用部位	应用数量	负责人	总结完成时间
1					
2					
…					

5）QC（Quality Control）活动计划。根据工程特点，在施工过程中，成立QC小组，分专业或综合两个方面开展QC活动，可根据项目复杂情况制订QC活动计划表（表3-15仅为示意）。

表3-15　QC活动计划表

序号	QC小组课题	参加部门	时间安排
1			
2			
…			

6）高程引测与建筑物定位。说明构成引测和建筑物定位的依据，组织交接桩工作，做好验线准备。

7）实验室、预拌混凝土供应。说明对实验室、预拌混凝土供应商的考查和决定。例如采用预拌混凝土，对预拌混凝土供应商进行考查，当确定好预拌混凝土供应商后，要求在签订预拌混凝土经济合同时，签订预拌混凝土供应技术合同。

应根据对实验室的考察及本工程的具体情况，确定实验室。

明确是否在现场建立标养室。建立标养室应说明配备与工程规模、技术特点相适应的标养设备。

8）施工图翻样设计工作。要求提前做好施工图、安装图等的翻样工作，如模板设计翻样、钢筋翻样等。项目专业工程师应配合设计，并对施工图进行详细的二次深化设计。一般应用 Auto CAD 绘图技术对较复杂的细部节点做 3D 模型。

（4）完成技术准备计划表。根据上述调查内容并结合案例情况，完成如表 3-16 所示的技术准备计划表。

表 3-16　技术准备计划表

序号	工作内容	实施单位	完成日期	备注
1				
2				
3				

注：表中内容应根据工程具体情况设定。

2. 物资准备

材料、构（配）件、制品、机具和设备是保证施工顺利进行的物资基础，这些物资的准备工作必须在工程开工之前完成，根据各种物资的需要量计划，分别落实货源，安排运输和储备，使其满足连续施工的要求。

（1）物资准备工作的内容。物质准备工作主要包括建筑材料的准备、构（配）件和制品的加工准备、建筑安装机具的准备和生产工艺设备的准备。

1）建筑材料的准备。建筑材料的准备主要是根据施工预算进行分析，按照施工进度计划要求，按材料名称、规格、使用时间、材料储备定额和消耗定额进行汇总，编制出材料需要量计划，为组织备料、确定仓库、场地堆放所需的面积和组织运输等提供依据。

2）构（配）件和制品的加工准备。根据施工预算提供的构（配）件制品的名称、规格、质量和消耗量，确定加工方案、供应渠道及进场后的储存地点和方式，编制其需要量计划，为组织运输、确定堆场面积等提供依据。

3）建筑安装机具的准备。根据采用的施工方案及安排的施工进度，确定施工机械的类型、数量和进程时间，确定施工机具的供应方法和进场后的存放地点和方式，编制建筑安装机具的需要量计划，为组织运输、确定堆场面积等提供依据。

4）生产工艺设备的准备。按照拟建工程生产工艺流程及工艺设备的布置图，提出工艺设备的名称、型号、生产能力和需要量，确定分期分批进场时间和保管方式，编制工艺设备需要量计划，为组织运输、确定堆场面积提供依据。

基于物资准备工作的内容，完成器具配置计划，当使用器具较多时，可绘制表格（表

3-17 仅为示意）。

表 3-17　器具配置计划表

序号	器具名称	规格型号	单位	数量	进场时间	检测状态
1	经纬仪					有效期：××××年×月×日——××××年×月×日
2	水准仪					
3	米尺					
…	…					

（2）物资准备工作的程序。物质准备工作的程序是搞好物资准备的重要手段。通常按如下程序进行：

1）根据施工预算、分部分项工程施工方法和施工进度的安排，拟订各种材料、构（配）件及制品、施工机具和工艺设备等物资的需要量计划。

2）根据各种物资需要量计划，组织资源，确定加工、供应地点和供应方式，签订物资供应合同。

3）根据各种物资的需要量计划和合同，拟订运输计划和运输方案。

4）按照施工总平面图的要求，组织物资按计划时间进场，在指定地点按规定方式进行储存或堆放物资。

物资准备工作程序如图 3-2 所示。

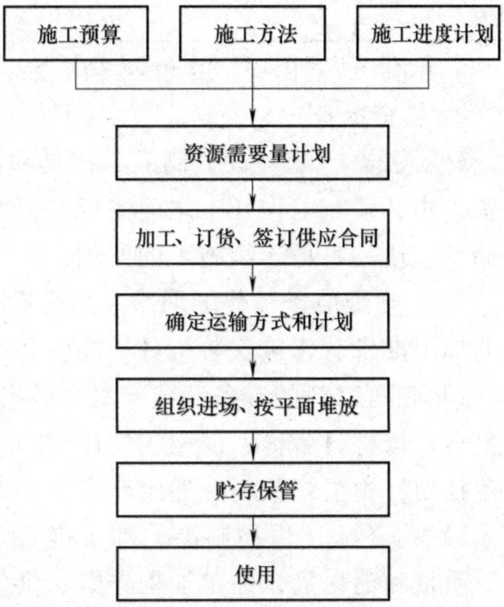

3. 劳动组织准备

劳动组织准备的范围既有整个建筑施工企业的劳动组织准备，又有大型综合的拟建建设项目的劳动组织准备，还有小型简单的拟建单位工程的劳动组织准备。这里仅以一个拟建单位工程项目为例说明其劳动组织准备工作的内容。

（1）建立拟建工程项目的现场组织机构。施工组织机构的建立应根据拟建工程项目的规模、结构特点和复杂程度，确定拟建工程项目组织机构人选和名额，坚持合理分工与密切协作相结合，把有施工经验、有创新精神、工作效率高的人安排到组织机构中，认真执行因事设职、因职安排人的原则。

（2）建立精干的施工队组。施工队组的建立要认真考虑专业、工种的配合，技工、普工的比例要满足合理的劳动组织，要符合流水施工组织方式的要求，确定建立施工队组（是专业施工队组，还是混合施工队组）要坚持合理、精干的原则，同时制订出改工程的劳动需要量计划。

图 3-2　物资准备工作程序

（3）集结施工力量、组织劳动力进场。工地的组织结构确定之后，按照开工日期和劳动力需要量计划，组织劳动力进场。同时要进行安全、防火和文明施工等方面的教育，并安排好职工生活。

（4）向施工队组、工人进行施工组织设计、计划和技术交底。施工组织设计、计划和技术交底的目的是把拟建工程的设计内容、施工计划和施工技术等要求详尽地向施工队组和工人讲解、交代，这是落实计划和技术责任制的好办法。

施工组织设计、计划和技术交底的时间应在单位工程或分部（项）工程开工前及时进行，以保证工程严格按照设计图、施工组织设计、安全操作规程和施工验收规范等要求进行施工。

施工组织设计、计划和技术交底的内容有：工程的施工进度计划、月（旬）作业计划；施工组织设计、施工工艺、质量标准、安全技术措施、降低成本措施和施工验收规范的要求；新结构、新材料、新技术和新工艺的实施方案和保证措施；图纸会审中所确定的有关部位的设计变更和技术核定等事项。交底工作应该按照管理系统逐级进行，由上而下直到工人队组。交底的方式有书面形式、口头形式和现场示范形式等。

施工队组、工人接受施工组织设计、计划和技术交底后，要组织其成员进行认真的研究分析，弄清关键部位、质量标准、安全措施和操作要领。必要时应该进行示范，并明确任务及做好分工协作，同时建立健全岗位责任制和保证措施。

（5）建立健全各项管理制度。工地的各项管理制度是否建立、健全，直接影响其各项施工活动的顺利进行。有章不循的后果是严重的，而无章可循是危险的。因此，必须建立、健全工地的各项管理制度，其内容包括：工程质量的检验与验收制度，工程技术档案管理制度，建筑材料（构件、配件、制品）的检查验收制度，技术责任制度，施工图学习与会审制度，技术交底制度，职工考勤、考核制度，工地及班组经济核算制度，材料出入库制度，安全操作制度，机具使用保养制度等。

4. 施工现场准备

施工现场是施工的全体参加者为夺取优质、高速、低耗的目标，而有节奏、均衡、连续地进行战术决策的活动空间。施工现场的准备工作，主要是为了给拟建工程的施工创造有利的施工条件和物质保证，其具体内容如下：

（1）做好施工场地的控制网测量。按照设计单位提供的建筑总平面及给定的永久性经纬坐标控制网和水准控制基桩，进行厂区施工测量，设置厂区的永久性经纬坐标桩、水准基桩和建立厂区工程测量控制网。

（2）搞好"三通一平"。"三通一平"是指通路、通水、通电和平整场地。

1）通路。施工现场的道路是组织物质运输的动脉。拟建工程开工前，必须按照施工总平面图的要求，修好施工现场的永久性道路（包括厂区铁路、公路）以及必要的临时性道路，形成畅通的运输网络，为建筑材料进场、堆放创造有利条件。

2）通水。水是施工现场的生产和生活不可缺少的条件。工程开工之前必须按照施工总平面图的要求接通施工用水和生活用水管线，使其尽可能与永久性的给水系统结合起来，还要做好地面排水系统，为施工创造良好的环境。

3）通电。电是施工现场的主要动力来源。拟建工程开工前，要按照施工组织设计的要求，接通电力和电信设备。还要做好其他能源（如蒸汽、压缩空气）的供应，确保施工现场动力设备和通信设备的正常使用。

4）平整场地。按照建筑施工总平面图的要求，首先拆除场地上妨碍施工的建筑物或构筑物，然后根据建筑平面图规定的标高和土方竖向设计图进行挖（填）土方的工程量计算，确定平整场地的施工方案，进行平整场地的工作。

（3）做好施工现场的补充勘探。对施工现场的补充勘探是为了进一步寻找枯井、防空洞、古墓、地下管道、暗沟和枯树根等隐蔽物，以便及时拟订处理隐蔽物的方案，为基础工程施工创造有利条件。

（4）建造临时设施。按照总平面图的布置建造临时设施，为正式开工准备好生产、办公、生活、居住和储存等临时用房。

（5）安装调试施工机具。按照施工机具需要量计划，组织施工机具进场，根据施工总平面图将施工机具安置在规定的地点及仓库。对固定的机具要进行就位、搭棚、接电源、保养和调试等工作，对所有施工机具都必须在开工之前进行检查和试运转。

（6）做好建筑构（配）件制品和材料的储存和堆放。按照建筑材料、构（配）件和制品的需要量计划组织进场，根据施工总平面图设计的地点和指定的方式进行储存和堆放。

（7）及时提供建筑材料的试验申请计划。按照建筑材料的需要量计划，及时提供建筑材料的试验申请计划。如钢材的机械性能和化学成分等试验、混凝土或砂浆的配合比和强度试验等。

（8）做好冬雨期施工安排。按照施工组织设计的要求，落实冬雨期施工的临时设施和技术措施。

（9）进行新技术项目的试制和试验。按照设计图和施工组织设计的要求，进行新技术项目的试制和试验。

（10）设计消防保安设施。按照施工组织设计的要求，根据施工总平面图的布置安排好消防、保安等设施，建立消防、保安等组织机构和有关的规章制度。

结合施工现场准备内容，完成施工现场准备计划表（见表3-18）。

表3-18　施工现场准备计划表

序号	工作内容	实施单位
1		
2		
3		

注：表中内容应根据工程具体情况设定。

5. 施工场外准备

施工准备除了施工现场内部的准备工作以外，还有施工现场外部的准备工作，其具体内容包括材料的加工和订货、做好分包工作和签订分包合同、向上级提交开工申请报告。

（1）材料的加工和订货。建筑材料、构（配）件和建筑制品大部分均需外购，工艺设备更是如此。如何与加工部门、生产单位联系，签订供货合同，搞好及时供应，对于施工企业的正常生产是非常重要的。对于协作项目也是如此，除了要签订议定书之外，还必须做大量有关方面的工作。

（2）做好分包工作和签订分包合同。由于施工单位本身的力量有限，有些专业工程的施工、安装和运输等，均需要向外单位委托或分包。根据工程量、完成日期、工程计量和工程造价等内容，与分包单位签订分包合同，保证按时实施。

（3）向上级提交开工申请报告。当材料的加工、订货和分包工作签订分包合同等施工场外的准备工作做好后，应该及时填写开工申请报告，并上报有关部门批准。

（三）完成施工准备工作计划表

为了落实各项施工准备工作，加强对其的检查和监督，必须根据各项施工准备工作的内容、时间和人员，最终编制出施工准备工作计划表（见表3-19）。

表3-19 施工准备工作计划表

序号	工作内容	负责单位	起止时间		备注
			月 日	月 日	

综上所述，各项施工准备工作不是孤立、分离的，而是互为补充、相互配合的。为了提高施工准备工作的质量，加快施工准备工作的速度，必须加强建设单位、设计单位、施工单位和监理单位之间的协调工作，建立健全施工准备工作的责任制度和检查制度，使施工准备工作有领导、有组织、有计划和分期分批的进行，贯穿施工全过程的始终。

任务二 劳动力计划的编制

一、任务要求

整个工程中需要对劳动力的种类以及需用量进行确定，尽量使劳动力需用量降低，达到节约资源的目的。

（1）结合"案例背景"完成劳动力工种确定以及需用量的确定。内容及顺序要求如下：

1）确定各分部工程中所需要的劳动力工种。

2）确定各分部工种在各工程中的需用量。

3）对各工种的需用量进行汇总并绘制成表。

（2）提交任务实施关键环节讨论的会议纪要。

二、任务基础过关问题

结合任务要求，思考以下问题：

问题1：建筑工程中各分部工程的划分依据是什么？常见的分部工程类型有哪些？

问题2：有哪些方法可以确定各工种劳动力需用量？不同方法的选择依据是什么？

三、任务实施依据

1）经过审批的建筑总平面图及单位工程全套施工图，地质、地形图，工艺设计图，设备及其基础图，所采用的各种标准图及技术资料。

2）施工条件、劳动力的供应条件。

3）施工组织设计劳动计划资料。

4）《建筑工程施工质量验收统一标准》（GB 50300—2013）。

5）《住建城乡建设行业职业工种目录》（建办人〔2017〕76 号）。

6）企业定额或根据《房屋建筑与装饰工程消耗量定额》（TY 01-31—2015）进行适当调整。

四、任务实施技术路线图

本任务的技术路线图如图 3-3 所示。

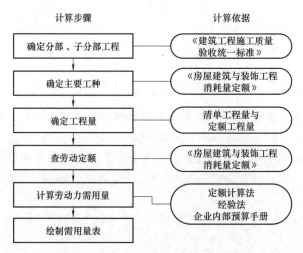

图 3-3　确定劳动力需用量技术路线图

五、任务实施内容

本任务的实施过程为确定各分部工程所需主要工种→选择计算劳动力需用量的方法→计算劳动力需用量→绘制劳动力需用量汇总表。通过完成上述实施过程，计算劳动力需用量，最终绘制劳动力需用量汇总表。

（一）确定施工阶段各子分部工程所需工种

对工种的划分以及汇总可以依据《建筑工程施工质量验收统一标准》（GB 50300—2013）中对分部工程的划分进行相关汇总，这样可以直观完整地对相关工种所涉及的分部工程进行整理，各工种的需用量可以依据定额计算法、经验法或者企业内部预算手册进行概算，最后对各工种劳动力需用量进行汇总。

依据规范划分至子分部工程，列出分部工程所涉及的主要工种，并编制出各子分部工程常用工种矩阵表，见表 3-20。

表 3-20　各子分部工程常用工种矩阵表

分部工程	子分部工程	工种												
		钢筋工	模板工	砌筑工	电工	焊工	木工	混凝土工	抹灰工	安装工	管工	机操工	技术人员	普工
地基与基础	地基						◎						√	√	√
	基础	√			√	√		√			◎	◎	√	√
	基坑支护	√	√				◎						√	√

（续）

分部工程	子分部工程	工种												
		钢筋工	模板工	砌筑工	电工	焊工	木工	混凝土工	抹灰工	安装工	管工	机操工	技术人员	普工
地基与基础	地下水控制										√		√	√
	土方											√	√	√
	边坡							√					√	√
	地下防水				◎		◎				√		√	√
主体结构	混凝土结构	√	√	√			√	√					√	√
	砌体结构			√			√	◎					√	√
	钢结构				√	√	◎			√			√	√
	合金结构				√	√				√			√	√
	木结构						√			√			√	√
装饰装修	建筑地面			◎			√		√				√	√
	抹灰								√				√	√
	外墙防水								√				√	√
	门窗						◎			√			√	√
	吊顶						◎			√			√	√
	轻质隔墙						◎			√			√	√
	饰面板、砖									√			√	√
	幕墙						◎			√			√	√
	涂饰								√				√	√
	细部						◎		√				√	√
屋面工程	基层与保护		√						√				√	√
	保温与隔热		√				√		√	√			√	√
	防水与密封		√				√		√				√	√
	瓦面与板面		√				√		√			◎	√	√
	细部构造						√		√			◎	√	√
建筑给水排水及供暖	给水排水管道			√			◎	◎		√	√		√	√
	卫生器具			√					◎	√			√	√
	辅助设备				√					√		√	√	√
	检测和控制				√					√				√
	仪表				√					√				√
建筑电气	—				√					√		√	√	√
通风与空调	—				√					√			√	√
智能建筑	—				√					√			√	√
电梯	—				√					√		√	√	√

注：本表中仅考虑了一般建筑工程所能用到的工种，具体工程所需工种可根据实际情况对工种进行调整，表中√表示确定用到的工种，◎表示可能用到的工种。

（二）劳动力需用量的计算

劳动力需用量的计算是对资源进行配置的重要环节，需要对不同工种的劳动力需用量进行计算。

1. 劳动力需用量的计算方法的选择

（1）待选择的计算方法。对劳动力需用量的计算方法有三种：定额计算法、经验法和企业内部预算手册（本书不做重点讲解）。三种计算方法各自具有不同特点以及适用情况，需要根据计算方法的选择依据和工程的实际情况来确定工程相关劳动力的需用量。

（2）选择依据。劳动力需用量的计算方法的选择依据包括：①建筑企业的施工经验；②企业定额；③房屋建筑与装饰工程消耗量定额；④各子分部工程的工程量清单。

结合不同工程实际情况选择计算方法，各计算方法的优、缺点及适用情况列于劳动力需用量计算方法选择表中，见表3-21。

表3-21　劳动力需用量计算方法选择表

计算方法	优点	缺点	适用情况
定额计算法	计算过程较为简单，计算结果较符合工程实际需要人数	计算全部劳动力消耗量所需时间较长，公式所需要参数较多	建筑企业有足够的计算时间 建筑企业的预算不是很充足 企业对工程有着完整的定额参数要求
经验法	计算分部分项工程所需劳动力时间较短	对企业施工经验要求较高，劳动力消耗量的计算结果可能会与实际需要差距较大	建筑企业的施工经验丰富 企业的预算较为充足 企业急需劳动力进行建筑作业
企业内部预算手册			建筑企业内部编制，适用于不同企业自身的定额，本书不做重点讲解

2. 劳动力需用量计算

根据实际工程特点选择计算方法后，按照计算步骤对劳动力需用量进行计算。

（1）统计计算法。按照定额工程量和查询相关定额后，按照公式对劳动力需用量进行计算。

1）定额计算法可以根据实际工程中使用的定额以及定额与定额之间的幅度差进行计算。

定额计算法公式

$$p = [(W_r \times q)/T_z] \times S_1 \times S_2 \times S_3 \times S_4$$

式中　　　　p——相关工程劳动力；

W_r——工程数量（当清单工程量与定额工程量相等时，可按工程量清单进行计算；当清单工程量与定额工程量不相等时，按照定额工程量进行计算，注意单位要与定额单位统一）；

q——工程劳动定额（查询《房屋建筑与装饰工程消耗量定额》）；

$S_1，S_2，S_3，S_4$——《房屋建筑与装饰工程消耗量定额》和企业定额之间的幅度差，比如《房屋建筑与装饰工程消耗量定额》与企业定额某项幅度差为$x\%$，那么在计算时要乘以（$1-x\%$），如果和企业定额与《房屋建筑与装饰工程消耗量定额》相同则$x\%$按照1计算；

S_1——不同定额之间的幅度差（比如概算定额与预算定额之间的幅度差）；

S_2——不同时间的定额幅度差（计算时与编制基期的幅度差）；

S_3——本企业当时当地定额与《房屋建筑与装饰工程消耗量定额》的幅度差；

S_4——不可预见因素修正系数；

T_z——日历施工期内的实际工作天数。

2）定额计算法中所需参数获取途径见表3-22。

表 3-22　参数获取途径（劳动力）

参数代号	含义	获取途径
W_r	工程量	当清单工程量与定额工程量相等时，可按工程量清单进行计算 当清单工程量与定额工程量不相等时，需要按照实际工程规定的计算规则进行计算
q	劳动定额	查询《房屋建筑与装饰工程消耗量定额》（TY 01-31—2015），在此给出部分子分部工程时间定额，见表3-9~表3-12
S_1	不同定额之间的幅度差	一般是根据企业定额与《房屋建筑与装饰工程消耗量定额》之间幅度差，查询企业自身的企业定额得知
S_2	不同时间的定额幅度差	
S_3	企业定额与《房屋建筑与装饰工程消耗量定额》的幅度差	按国家要求一般控制在5%之内
S_4	不可预见因素修正系数	一般按照工程实际情况具体考虑
T_z	实际施工工日	日历天数 T_e 乘以工作日系数0.7，除去星期日和国家法定假日，即 $(365-104-10)/12 \times 30 = 0.7$，再乘以气候影响系数 K、出勤率 c 及作业班次 n，所以 $T_z = 0.7 T_e Kcn$

① 本任务基础工程的部分时间定额见表3-23。

表 3-23　基础工程的部分时间定额

子分部工程	施工过程名称	内容	时间定额
地基	ϕ400mm 管桩施工		5.9 台班/1000m
	截桩头		0.143 工日/个
	桩头插钢筋		6.35 工日/t
土方	挖土机挖土		2.17 台班/1000m³
	自卸汽车运余土（5km）		0.44 台班/10m³
	平整场地		2.802 工日/100m²
	人工挖土方		0.280 工日/m³
	回填土		20.58 工日/100m³
基础	桩承垫层混凝土（C25）		3.53 工日/10m³
	桩承台混凝土（C30）	支模板	24.859 工日/100m²
		绑钢筋	6.55 工日/t
		浇混凝土	2.537 工日/10m³
	基础梁混凝土（C30）	支模板	1.771 工日/100m²
		绑钢筋	6.55 工日/t
		浇混凝土	8.83 工日/10m³

② 本任务主体工程所需的时间定额见表 3-24。

表 3-24 主体工程所需的时间定额

子分部工程名称	施工过程名称	内容	时间定额
钢筋工程	绑扎柱和剪力墙钢筋	钢筋切断机切断 $D20mm$ 以内的螺纹钢筋	4.98 工日/t
	绑梁、板钢筋	钢筋弯曲机弯曲 $D20mm$ 以内的螺纹钢筋	4.98 工日/t

③ 本任务屋面工程所需的时间定额见表 3-25。

表 3-25 屋面工程所需的时间定额

子分部工程名称	施工过程名称	内容	时间定额
防水与密封	屋面防水	空压机清理	0.348 工日/100m²
保温与隔热	保温隔热屋面	电焊机焊接	10.64 工日/100m²

④ 本任务装饰工程所需的时间定额见表 3-26。

表 3-26 装饰工程所需的时间定额

子分部工程名称	施工过程名称	内容	工程量	时间定额
抹灰	顶棚抹灰	顶棚抹灰	10121.93m²	0.677 工日/10m²
	内墙抹灰	内墙抹灰	15747.57m²	0.348 工日/10m²
建筑地面	平面砂浆找平	灰浆搅拌机 400L 调运砂浆，对混凝土或硬基层上厚 2cm 搅拌砂浆抹平、压实	1117.81m²	0.22 工日/m²
	300mm×300mm 地砖楼地面		768.58m²	0.228 工日/m²
	500mm×500mm 地砖楼地面		5034.45m²	0.203 工日/m²

3）清单工程量与定额工程量是有区别的，不论是哪个地区，定额工程量计算规则与清单工程量计算规则可能会存在一定的差异。定额工程量要考虑一定的施工工艺、施工方案和施工实际情况。对此，根据不同的计算规则可以总结出清单工程量与定额工程量会存在以下三种关系：

① 清单工程量等于定额工程量。对于这种情况，总结为两类：一类是体积及部分面积工程量，另一类是点式工程量。

② 清单工程量小于定额工程量。这种类型最常见的就是土石方工程量，挖基础土方清单工程量的计算规则是按设计图示尺寸以基础垫层底面面积乘以挖土深度计算的，而挖基础土方定额工程量的计算规则如下：

A. 挖一般土方石工程量按设计图示尺寸体积加放坡工程量计算。

B. 挖沟槽、基坑土方石工程量，按设计图示尺寸以基础或垫层底面面积乘以挖土深度加工作面及放坡工程量计算。

③ 清单工程量大于定额工程量。这种类型主要是排水管道敷设的工程量，计算规则如下：

A. 排水管道敷设的清单工程量计算规则是按设计图示中心线长度以延长米计算。不扣除附属构筑物、管件及阀门等所占长度。

B. 排水管道敷设的定额工程量计算规则是按设计井中至井中的中心线长度扣除井的长度计算。

（2）经验法。对于建筑工程来说，根据企业以往投标工程预算的经验数据进行总结。这种算法需要企业以往的施工经验丰富。此算法对大多工程的概算过程来说是较为简单的，但是对于分项工程划分过多的工程或者技术要求较烦琐的工程，由于考虑因素会比其他工程增多，所以会增加对劳动力消耗量概算的工作量，反而不一定比统计计算法简单。

（三）编制劳动力需用量汇总表

在对各分部工程的劳动力需用量进行计算后，需要对不同工种的劳动力需用量汇总并编制成表（见表3-27）。

表 3-27　劳动力需用量汇总表

工种	普工	混凝土工	木工	钢筋工	抹灰工	…
人数						

任务三　材料计划的编制

一、任务要求

不同建筑工程的工程特点不同，适用于不同工程特点的建筑材料也不尽相同。对材料的选购以及合理使用对建筑成本以及施工作业的质量有着重大的影响，因此需要对材料的种类以及需用量进行确定，使得材料的消耗量尽可能地降低，达到节约资源，减少成本的目的。

（1）结合"案例背景"完成工程材料的确定以及需用量的确定。内容及顺序要求如下：

1）确定各分部工程中所需要的主要材料种类。

2）确定主要材料在各分部工程中的需用量。

3）对主要材料的需用量进行汇总并绘制成表。

（2）提交任务实施关键环节讨论的会议纪要。

二、任务基础过关问题

结合任务要求，思考以下问题：

问题1：建筑工程中各子分部工程的划分依据是什么？

问题2：有哪些方法能确定各种材料需用量？确定材料需用量时不同方法的使用依据是什么？

三、任务实施依据

1）经过审批的建筑总平面图及单位工程全套施工图，地质、地形图，工艺设计图，设备及其基础图，所采用的各种标准图及技术资料。

2）施工条件，构件、材料的供应条件。

3）施工组织设计材料计划、材料质量保证措施资料。

4）《建筑工程施工质量验收统一标准》（GB 50300—2013）。

5）企业定额或根据《房屋建筑与装饰工程消耗量定额》（TY 01-31—2015）进行适当调整。

四、任务实施技术路线图

本任务的技术路线图如图 3-4 所示。

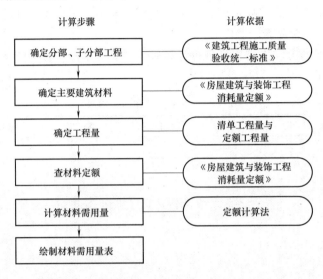

图 3-4　确定材料需用量技术路线图

五、任务实施内容

本任务的实施过程为：确定施工阶段各子分部工程所需主要材料→计算材料需用量→编制材料需用量汇总表。通过完成上述实施过程，计算材料需用量，最终绘制材料需用量汇总表。

（一）确定施工阶段各子分部工程所需主要材料

对材料的划分以及汇总可以依据《建筑工程施工质量验收统一标准》（GB 50300—2013）中对分部工程的划分进行相关汇总，这样可以直观完整地整理出各分子分部工程所消耗的材料，各材料的需用量依据定额计算法进行概算，最后对各材料需用量进行汇总。

依据规范划分至子分部工程，列出分部工程工程所使用的材料，并编制出各子分部工程常用主要材料矩阵表，见表 3-28。

（二）计算材料需用量

1. 材料需用量的计算方法

由于建筑材料大多数的需用量定额都已经有相应的规范，所以材料需用量的常用计算方法为定额计算法。

计算依据包括：①建筑企业的施工经验；②《房屋建筑与装饰工程消耗量定额》；③各子分部工程的工程量清单。

2. 材料需用量计算

1）材料需用量可按相关定额以及工程量进行计算确定。

表3-28　各子分部工程常用主要材料矩阵表

分部工程	子分部工程	主要材料																																				
		水泥	砂子	钢筋	木材	石子	砖	瓦	石灰	玻璃	油毡	粉煤灰	脚手架	模板	毛石	板材	阻燃防火保温草袋片	预拌混凝土	水泥砂浆	混合砂浆	铁钉	砌块	压型钢板	地板	镀锌铁丝	电焊条	焊丝	石膏板	沥青	防水卷材	防水涂料	砌筑砂浆	钢材	漆	防腐油	腻子	焊剂	铝合金
地基和基础	地基	√	√						√			√						√	√																			
	基础	√	√			√			√						√			√	√																			
	基坑支护	√	√				√							√							√																	
	土方	√							√					√					√		√					√												
	边坡		√	√														√							√													
	地下水控制																												√	√								
	地下防水																													√	√							
主体结构	混凝土结构	√	√	√									√	√	√	√	√	√	√	√	√	√	√			√												
	砌体结构	√	√				√		√									√	√	√	√	√										√						
	钢结构			√																			√			√	√						√	√				√
	合金结构									√															√	√	√							√			√	√
	木结构				√						√										√													√	√	√		

（续）

分部工程	子分部工程	主要材料																																			
		水泥	砂子	钢筋	木材	石子	砖	瓦	石灰	玻璃	油毡	粉煤灰	脚手架	模板	毛石	板材	阻燃防火保温草袋片	预拌混凝土	水泥砂浆	混合砂浆	铁钉	砌块	压型钢板	地板	镀锌铁丝	电焊条	电焊丝	石膏板	沥青	防水卷材	防水涂料	砌筑砂浆	钢材	钢漆	防腐油	腻子	焊剂	铝合金
装饰装修	建筑地面	√	√	√		√												√	√				√															
	抹灰		√						√			√							√	√	√														√			
	外墙防水											√																		√	√								
	门窗				√					√																								√				√
	吊顶				√											√													√										
	轻质隔墙	√							√			√				√		√					√						√				√					√	
	饰面板				√											√												√						√					
	饰面砖						√																																
	幕墙									√						√													√				√	√				√	
	涂饰		√						√										√						√	√									√	√	√	
	细部															√																							
屋面工程	基层与保护	√																	√																			
	保温与隔热	√		√					√																√											√		
	防水与密封	√		√																										√	√							
	瓦面与板面	√						√																													√		
	细部构造																								√	√											√		

注：本表中仅考虑了一般建筑工程所能用到的主要施工材料，具体工程可根据实际情况对材料进行调整，表中√表示确定用到的施工材料。

> **材料需用量计算公式**
> $$N = W_r \cdot Q$$
> 式中　N——相关子分部工程材料消耗量；
> 　　　W_r——工程量（定额工程量）；
> 　　　Q——材料定额（查询《房屋建筑与装饰工程消耗量定额》）。

2）材料需用量的定额计算法中各参数获取途径见表 3-29。

表 3-29　参数获取途径（材料）

参数代号	含义	获取途径
W_r	工程量	当清单工程量与定额工程量相等时，可按工程量清单进行计算 当清单工程量与定额工程量不相等时，按照定额工程量进行计算
Q	材料定额	查询《房屋建筑与装饰工程消耗量定额》，在此给出部分子分部工程材料定额，见表 3-30~表 3-33

① 本任务基础工程所需的材料定额见表 3-30。

表 3-30　基础工程所需的材料定额

施工内容	材料规格	材料定额
桩承台垫层厚 10cm	C25 混凝土	10.1m³/10m³
桩承台浇混凝土	C25 混凝土	10.1m³/10m³
桩承台绑钢筋	$D20$mm 钢筋	1.045t/t

② 本任务主体工程所需的材料定额见表 3-31。

表 3-31　主体工程所需的材料定额

施工内容	材料规格	材料定额
砌砖	空心砖 240mm×115mm×90mm	1.31 千块/10m³
	砌筑砂浆 M7.5	1.1m³/10m³
	加气混凝土砌块现场搅拌砂浆 M7.5	10.22m³/10m³
绑柱筋	$D20$mm 钢筋	1.045t/t

③ 本任务屋面工程所需的材料定额见表 3-32。

表 3-32　屋面工程所需的材料定额

施工内容	材料规格	材料定额
SBS 改性沥青屋面防水	防水卷材 3mm	115.635m²/100m²
	石油沥青 10 号	26.992kg/100m²
	汽油 90 号	30.128kg/100m²
CS-XWBJ 聚苯芯板屋面保温	CS 板 90mm 厚	102m²/100m²
	金属加强网片	29kg/100m²
	镀锌铁丝 $D0.7$mm	10.22kg/100m²
	钢筋 $D10$mm	0.085t/100m²

④ 本任务装饰工程所需的材料定额见表 3-33。

表 3-33　装饰工程所需的材料定额

施工内容	材料规格	材料定额
外墙抹灰	水泥砂浆 1∶2.5(中砂)	2.32m²/100m²
顶棚抹灰	水泥砂浆 1∶2(中砂)	1.13m²/100m²

（三）编制材料需用量汇总及进场计划表

在对各分部工程的材料需用量进行计算后，需要对不同的材料需用量汇总并结合进度计划编制成材料需用量汇总及进场计划表（见表 3-34）。

表 3-34　材料需用量汇总及进场计划表

材料	规格	需用量	进场时间
混凝土			
钢筋			
砖			
砌筑砂浆			
水泥砂浆			
…			

任务四　机械计划的编制

一、任务要求

根据施工组织设计和进度计划的要求，选用机械并确定施工机械需用量，分期、分批组织施工机械设备和工具，进度按规定地点和方式存放按进度要求合理使用，充分发挥效率。

（1）结合"案例背景"完成工程施工方案中"施工机械的配置"。内容及顺序要求如下：

1）确定施工各分部分项工程主要机械设备。

2）确定施工各分部分项工程主要机械需用量。

3）对施工各分部分项工程主要机械的需用量进行汇总并绘制成表。

（2）提交任务实施关键环节讨论的会议纪要。

二、任务基础过关问题

结合任务要求，思考以下问题：

问题 1：单位工程施工机械需用量计算一般采用定额计算法，计算公式是什么？计算依据是什么？

问题 2：什么是机械台班产量定额？什么是机械台班时间定额？两者之间有什么关系？

三、任务实施依据

1）经过审批的建筑总平面图及单位工程全套施工图，地质、地形图，工艺设计图，设备及其基础图，所采用的各种标准图及技术资料。

2）施工条件，机械设备的供应条件。

3）施工组织设计机械计划、设备质量保证措施资料。

4）《建筑工程施工质量验收统一标准》（GB 50300—2013）。

5）企业定额或根据《房屋建筑与装饰工程消耗量定额》（TY 01-31—2015）进行适当调整。

四、任务实施技术路线图

本任务的技术路线图如图 3-5 所示。

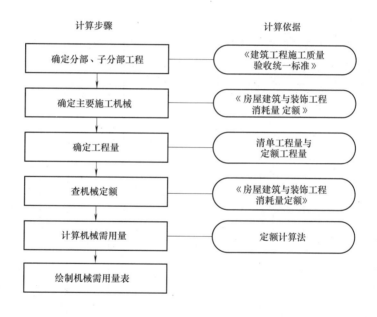

图 3-5　确定机械需用量技术路线图

五、任务实施内容

本任务的实施过程为：确定施工阶段各子分部工程所需主要机械→计算机械需用量→编制机械需用量汇总表。通过完成上述实施过程，计算机械需用量，最终绘制机械需用量汇总表。

（一）确定施工阶段各子分部工程所需主要机械

对施工机械的划分以及汇总可以依据《建筑工程施工质量验收统一标准》（GB 50300—2013）划分至子分部工程，列出子分部工程所涉及的主要施工机械，并编制出各子分部工程主要施工机械矩阵表，见表 3-35。

表 3-35　各子分部工程主要施工机械矩阵表

分部工程	子分部工程	混凝土搅拌机	铲运机	自卸汽车	装载机	拖拉机	卷扬机	起重机	挖掘机	推土机	振动器	载重汽车	打夯机	压路机	砂浆搅拌机	灰浆搅拌机	灰浆输送泵	泥浆泵	混凝土输送泵	钢筋切断机	钢筋弯曲机	钢筋调直机	钢筋点焊机	钢筋对焊机	电圆锯	磨光机	抛光机	冲击钻	切割机	空压机	喷枪	千斤顶	电焊机	钻孔机	电锤
地基与基础	地基	√			√	√				√			√																						
	基坑支护			√	√	√		√	√				√			√		√		√	√	√			√					√		√	√	√	
	土方		√	√	√	√		√	√	√			√	√		√	√	√		√	√	√								√					
	边坡			√	√	√		√	√	√			√	√		√	√	√		√	√	√								√		√		√	
	地下水控制			√	√	√		√				√		√				√		√	√	√													√
	地下防水																																		
主体结构	混凝土结构	√					√	√				√				√	√	√		√	√	√		√	√					√		√	√		√
	砌体结构						√	√								√	√								√	√				√					√
	钢结构							√																√				√	√				√	√	√
	合金结构							√				√																√	√	√					√
	木结构							√							√													√	√	√					√
装饰装修	建筑地面														√											√			√						√
	抹灰																								√	√	√		√	√					√
	外墙防水																													√					√
	门窗														√														√	√					√
	吊顶																																		√
	轻质隔墙															√									√	√	√	√	√	√					√
	饰面板														√											√	√	√	√	√					√
	饰面砖																											√	√		√				√
	幕墙																								√				√	√			√		√
	涂饰																														√				√
	细部																√												√	√			√		√
屋面工程	基层与保护														√																				√
	保温与隔热																													√					√
	防水与密封																													√					√
	瓦面与板面																																		√
	细部构造																																√		√

注：本表中仅考虑了一般建筑工程所能用到的主要施工机械，具体工程可能会根据实际情况对机械进行调整，表中√表示一般用到的施工机械。

（二）计算机械需用量

1. 机械需用量的计算方法

施工机械需用量的计算方法为定额计算法，根据施工过程的工程量，套用全国统一建筑工程基础定额，运用公式确定施工机械需用量。

计算依据包括：①建筑企业的施工经验；②《房屋建筑与装饰工程消耗量定额》或者企业内部规定使用的其他定额；③各子分部工程的工程量清单。

2. 机械需用量的综合计算

1）施工机械需用量可以根据相关定额、工期等参数进行计算。

施工机械需用量计算公式

$$N = \frac{QK}{TPm\varphi}$$

式中 N——施工机械需用数量（台）；

Q——分项工程工程量；

K——施工不均衡系数；

T——工作台班日数；

P——机械台班产量定额；

m——每天工作班数（大多数施工过程中，一般都是先按照一班制进行计算，若存在赶工期等情况时，考虑增加班组）；

φ——机械工作系数（包括完好率和利用率等）。

施工机械需用量计算可直接将各参数代入得到。

2）机械需用量的综合计算公式中各参数获取途径见表3-36。

表3-36 参数获取途径（机械）

参数代号	含义	获取途径
Q	分项工程工程量	当清单工程量与定额工程量相等时，可按工程量清单进行计算 当清单工程量与定额工程量不相等时，按照定额工程量进行计算
K	施工不均衡系数	具体可见表3-37
T	工作台班日数 （即有效作业天数）	根据施工合同、施工进度计划，查出计划中机械进出场时间，即得台班日数
P	机械台班产量定额	根据《房屋建筑与装饰工程消耗量定额》（TY 01-31—2015），进行计算，在此给出部分子分部工程机械时间定额，见表3-38～表3-41
m	每天工作班数	根据施工合同、施工进度计划，查出计划中每天工作班数
φ	机械工作系数（包括完好率和利用率等）	常用主要机械工作机械系数φ值可见表3-42，常用主要机械完好率、利用率可见表3-43

表3-37 施工不均衡系数

序号	项目名称	年度 K	季度 K	序号	项目名称	年度 K	季度 K
1	土方、砂浆、混凝土	1.5～1.8	1.2～1.4	5	机电设备安装	1.2～1.3	1.1～1.2
2	砌砖、钢筋、模板	1.5～1.6	1.2～1.3	6	电气、卫生、管道	1.3～1.4	1.1～1.2
3	吊装、屋面	1.3～1.4	1.1～1.2	7	公路运输	1.2～1.5	1.1～1.2
4	地坪、道路	1.5～1.6	1.1～1.2	8	铁路运输	1.5～2.0	1.3～1.5

① 本任务基础工程所需的机械时间定额见表 3-38。

表 3-38　基础工程所需的机械时间定额

子分部工程名称	施工过程/内容	机械规格	时间定额
地基	ϕ400mm 管桩施工	静压桩机 2000kN	5.7 台班/1000m
土方	挖土机挖土	履带式单斗液压挖掘机 1m³	2.2 台班/1000m³
	自卸汽车运余土（5km）	自卸汽车 15t	0.058 台班/10m³

② 本任务主体工程所需的机械时间定额见表 3-39。

表 3-39　主体工程所需的机械时间定额

子分部工程名称	施工过程名称	内容	机械规格	时间定额
钢筋工程	绑扎柱和剪力墙钢筋	钢筋切断机切断 D40mm 以内的带肋钢筋（HRB400 以内）	钢筋切断机 D40mm	0.09 台班/t
	绑梁、板钢筋	钢筋弯曲机弯曲 D40mm 以内的带肋钢筋（HRB400 以内）	钢筋弯曲机 D40mm	0.13 台班/t

③ 本任务屋面工程所需的机械时间定额见表 3-40。

表 3-40　屋面工程所需的机械时间定额

子分部工程名称	施工过程名称	内容	机械规格	时间定额
防水与密封	屋面防水	制作防水砂浆	灰浆搅拌机 200L	0.35 台班/100m²
保温与隔热	保温隔热屋面	清理表面	电动空气压缩机 6m³/min	0.29 台班/100m²

④ 本任务装饰工程所需的机械时间定额见表 3-41。

表 3-41　装饰工程所需的机械时间定额

子分部工程名称	施工过程名称	内容	机械规格	时间定额
建筑地面	首层地面	平面砂浆找平层	干混砂浆罐式搅拌机	0.34 台班/100m²

表 3-42　常用主要机械工作机械系数 φ 值

机械设备名称	系数 φ
≥6t/m² 各式起重机、≥1m³ 斗容量挖土机、≥5t 压路机、≥500L 的混凝土搅拌机	0.6~0.7
<1m³ 斗容量挖土机、多斗挖土机、≥0.75m³ 斗容量铲运机、<500L 混凝土及砂浆搅拌机、<6t/m³ 各式起重机、<5t 压路机、各式移动式空压机、卷扬机、各式汽车	0.5~0.6
<15t 以下压路机、打桩机、木工机床、移动式皮带运输机、各式水泵	0.4~0.5
绞车桅杆式起重机、砂浆泵、电焊机、电动工具、振动器、其他小型机械	0.3~0.4

表 3-43　常用主要机械完好率、利用率

机械名称	完好率(%)	利用率(%)	机械名称	完好率(%)	利用率(%)
单斗挖土机	80~95	55~75	自卸汽车	75~95	65~80
推土机	75~90	55~70	拖车车组	75~95	55~75
铲运机	70~95	50~75	拖拉机	75~95	50~70
压路机	75~95	50~65	装载机	75~95	60~90
履带式起重机	80~95	55~70	机动翻斗车	80~95	70~85
轮胎式起重机	85~95	60~80	混凝土搅拌机	80~95	60~80
汽车式起重机	80~95	60~80	空压机	75~90	50~65
塔式起重机	85~95	60~75	打桩机	80~95	70~85
卷扬机	85~95	60~75	综合	80~95	60~75
载重汽车	80~90	65~80			

注：1. 当遇到工期提前的情况时，如果施工工作面允许，可以适当增加机械数量，如果施工工作面不够，则需要延长机械工作时间。在工期紧张的情况下则需要同时增加机械数量和延长机械工作时间。
　　2. 当遇到工期延长的情况，可以适当减少施工机械数量。

（三）编制机械需用量汇总及进出场计划表

在对各分部工程的施工机械需用量进行计算后，需要对不同的施工机械需用量汇总并结合进度计划编制成机械需用量汇总及进出场计划表（见表 3-44）。

表 3-44　机械需用量汇总及进出场计划表

机械	规格	需用量(台)	进场时间	出场时间
静压桩机				
履带式单斗液压挖掘机				
自卸汽车				
钢筋切断机				
钢筋弯曲机				
灰浆搅拌机				
电动空气压缩机				
…				

项目四
单位工程施工平面图设计

单位工程施工平面图设计是对一个建筑物或构筑物施工现场的平面规划和空间布置，即一幢建筑物或构筑物的施工现场布置图，是施工组织设计的重要组成部分，是布置施工现场的依据，是施工准备工作的一项重要内容，也是实现有组织、有计划进行文明施工的先决条件。合理的施工平面布置不但可保障施工的顺利进行，而且对施工进度、工程质量、安全生产、工程成本和现场的文明施工都会产生直接的影响。

施工平面图主要分为基础施工平面图、主体施工平面图和装饰施工平面图。三类平面布置图的相同之处在于都具备建筑外轮廓图形、施工现场生活区布置图、施工现场材料堆放场地、施工现场大型机械位置、现场临时水电源及管路布置、现场消防设施布置等。不同之处是基础和主体施工平面图有钢筋加工场地、木材加工场地，而装饰施工平面图没有这两个作业场地；基础、主体施工平面图主要材料堆放场地包括水泥库、砂石堆放场地、钢架料堆放场地、砌体材料堆放场地，而装饰施工平面图主要材料堆放场地没有石子堆放场地、钢架料堆放场地、砌体材料堆放场地，而需要增设白灰堆放场地和淋灰池。相比而言，主体施工平面图的设计更全面，因此本项目主要以主体施工阶段平面图设计为主。此外，本项目将基于BIM软件进行单位工程施工平面图设计。

能力标准

通过本项目，主要培养学生在掌握单位工程施工平面图设计步骤的基础上绘制施工平面图的实际能力，主要包括以下两点：

1）合理布置垂直运输设施、临时性建筑设施、场内运输道路、水电管网和动力设施的能力。

2）基于BIM软件绘制施工平面图的能力。

项目分解

以能力为导向分解的单位工程施工平面图设计，可以划分为若干个任务，再将每一个任务分解成若干个任务要求以及需要提交的成果文件内容（见表4-1）。

表 4-1　单位工程施工平面图设计项目分解与任务要求

项目	任务	任务要求	成果文件
单位工程施工平面图设计	任务一：布置垂直运输设施	根据施工需要，合理布置垂直运输设施	1. 绘制施工平面图 2. 基于BIM软件绘制施工平面图
	任务二：布置临时性建筑设施	根据施工需要，合理布置仓库及材料堆场位置 合理布置搅拌站和加工厂位置 合理布置临时行政、生活用房位置	
	任务三：布置场内运输道路	根据施工需要，合理布置场内运输道路	
	任务四：布置水电管网和动力设施	根据施工需要，合理布置水电管网与动力设施	

案 例 背 景

　　某产学融合办公楼规划地块总占地面积约为 15000m²，施工现场使用面积为 12000m²，总建筑面积为 7845m²。该办公楼楼层层数为 6 层，层高为 3.75m，高度为 22.5m。办公楼长为 58.5m，宽为 19.3m，形式为框架剪力墙结构，地震设防烈度为 6 度，设计使用年限为 50年。该办公楼布局：一楼有展示厅、报告厅，二楼为教室，大小间均有，三楼均为小教室，四、五楼为办公及会议用，顶层为休息室，同时设有配电间、安防监控室、消防监控室、其他房间、洗手间、楼梯及安全消防走道等附属设施。该项目地理位置不属于闹市区，人流密集程度较低，为空旷场地，市区环境，建筑体量较小，场地无现场绿化率要求（最低绿化率）。

　　工程所用混凝土和砂浆均采用现场搅拌，日最大混凝土浇筑量为 400m³。现场拟分生产、生活、消防三路供水。施工人数为 300 人，施工现场高峰昼夜平均人数为 180 人，技职人员人数为 70 人。以某类工程材料为例，该材料储备天数为 15d，计划期内需用的该材料数量为 5500t，需用该项材料的施工天数为 90d。另外，钢结构构件的月最大储存量为 600t。

任务一　布置垂直运输设施

一、任务要求

　　垂直运输设施是指担负垂直运输材料和施工人员上下的机械设备和设施，其位置直接影响搅拌站、加工厂及各种材料、构件的堆场和仓库等位置的道路、临时设施及水电管网的布置等。

　　（1）结合"案例背景"完成垂直运输设施的确定。内容及顺序要求如下：

　　1）选择垂直运输设施类型。

　　2）确定垂直运输方案。

　　3）布置塔式起重机时，选择塔式起重机类型和平面布置位置。

　　（2）提交任务实施关键环节讨论的会议纪要。

二、任务基础过关问题

结合任务要求，思考以下问题：

问题1：常见的垂直运输设施有哪些？

问题2：垂直运输方案有哪些？各如何搭配？

问题3：塔式起重机型号应如何确定？布置塔式起重机的过程中需要确定哪些因素？布置外用电梯时应考虑哪些因素？

三、任务实施依据

1）建设项目建筑总平面图、地形地貌图、区域规划图、竖向布置图、项目范围内有关的已有和拟建的设施位置。

2）建设项目施工部署和主要建筑物施工方案。

3）建设项目施工总进度计划、施工总质量计划和施工总成本计划。

4）建设项目施工总资源计划和施工设施计划。

5）建设项目施工用地范围和水、电源位置，以及项目安全施工和防火标准。

6）《建设工程施工现场消防安全技术规范》（GB 50720—2011）。

7）《建筑施工安全检查标准》（JGJ 59—2011）。

8）《建设工程安全生产管理条例》。

9）《建设工程施工现场环境与卫生标准》（JGJ 146—2013）。

10）《建筑机械使用安全技术规程》（JGJ 33—2012）。

11）《建筑塔式起重机安全监控系统应用技术规程》（JGJ 332—2014）。

12）《塔式起重机安全规程》（GB 5144—2006）。

13）《建筑施工塔式起重机安装、使用、拆卸安全技术规程》（JGJ 196—2010）。

14）《起重机械安全规程　第1部分：总则》（GB 6067.1—2010）。

15）《建筑起重机械安全评估技术规程》（JGJ/T 189—2009）。

16）《塔式起重机设计规范》（GB/T 13752—2017）。

17）《施工升降机安全规程》（GB 10055—2007）。

18）《建筑施工升降机安装、使用、拆卸安全技术规程》（JGJ 215—2010）。

19）《吊笼有垂直导向的人货两用施工升降机》（GB 26557—2011）。

四、任务实施技术路线图

本任务的技术路线图如图4-1所示。

五、任务实施内容

确定垂直运输设施类型位置是施工现场全局的中心环节，其具体流程为：确定垂直运输设施类型→确定垂直运输方案→确定起重机械数量→塔式起重机的布置→施工升降机的布置→井字提升架和龙门提升架的布置→混凝土泵和泵车的布置。本任务要求学生完成单位工程施工平面图中垂直运输设施的绘制。请结合案例背景，遵循以下实施指南完成本任务要求。

（一）确定垂直运输设施类型

根据建筑物高度、特点、电梯机械性能等选择一次到顶或接力方式的运输方式。垂直运输设施有很多，例如，高层建筑物选择施工电梯，低层建筑物宜选择提升井架。

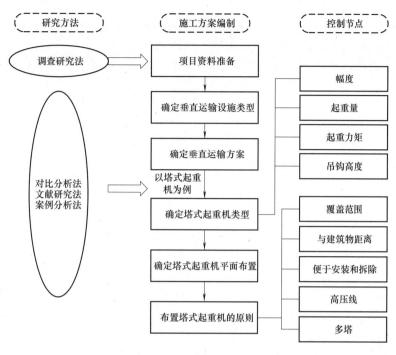

图 4-1　确定垂直运输设施技术路线图

（1）**垂直运输设施名称**。常见垂直运输设施有塔式起重机、井字提升架、龙门提升架、施工电梯、混凝土泵等。

（2）**选择依据**。垂直运输设施依据包括：安装方式、工作方式、设备和起重能力和提升高度。根据各垂直运输设施的适用环境，选择分析使用的设施类型（见表 4-2）。

表 4-2　垂直运输设施选择对比分析

设备（施）名称	形式	安装方式	工作方式	设备能力 起重能力	提升高度
塔式起重机	整装式	行走	在不同的回转半径内形成作业覆盖面	60~10000 kN/m	80m 内
		固定			
	自升式	附着			250m 内
	内爬式	装于天井道内、附着爬升		3500kN/m 内	一般在 300m 内
施工升降机（施工电梯）	单笼、双笼带斗	附着	吊笼升降	一般在 2t 以内，高者达 2.8t	一般 100m 内，最高已达 645m
井字提升架	定型钢管搭设	缆风绳固定	吊笼（盘升）升降	3t 以内	60m 内
	定型	附着			可达 200m 以上
	钢管搭设				100m 以内
龙门提升架	—	缆风绳固定	吊笼（盘升）升降	2t 以内	50m 内
		附着			100m 内

（续）

设备（施）名称	形式	安装方式	工作方式	设备能力 起重能力	提升高度
塔架	自升	附着	吊盘（斗）升降	2t 以内	100m 以内
独杆提升机	定型产品	缆风绳固定	吊盘（斗）升降	1t 以内	一般在 25m 内
墙头起重机	定型产品	固定在结构上	回转起吊	0.5t 以内	高度适配绳和吊物稳定而定
屋顶起重机	定型产品	固定式移动式	葫芦沿轨道移动	0.5t 以内	
自立式起重架	定型产品	移动式	同独杆提升机	1t 以内	40m 内
混凝土输送泵	固定式拖式	固定并设置输送管道	压力输送	输送能力为 30～50m³/h	垂直运输高度一般为 100m，可达 300m 以上
可倾斜塔式起重机	履带式	移动式	为履带式起重机和塔式起重机结合的产品，塔身可倾斜	—	50m 以内
	汽车式				
小型起重设备	—	—	配合垂直升降架使用	0.5～1.5t	高度适配绳和吊物稳定而定

（二）确定垂直运输方案

根据项目实际情况，选择合适的垂直运输方案，主要分为高层建筑和多层建筑中采用的垂直运输方案。

1. 高层建筑施工中采用的垂直运输方案

1）塔式起重机+施工电梯+井字提升架。

2）塔式起重机+施工电梯+混凝土泵。

3）塔式起重机+施工电梯+快速提升机。

2. 多层建筑施工中采用的垂直运输方案

塔式起重机+混凝土泵+井字提升架（龙门提升架）。

（三）确定起重机械数量

起重机械的数量应根据工程量的大小和工期的要求，考虑到起重机械的生产力，按经验公式确定。起重机械的作业生产率应满足施工进度的要求，其配合台数、安装位置应根据施工进度、施工流水段的划分及工程量和吊次确定。

起重机械数量的确定

起重机械数量可根据下式确定：

$$N = \frac{1}{TCK} \times \sum \frac{Q_i}{S_i}$$

式中　N——起重机械台数；

　　　T——工期（d）；

　　　C——每天工作班次；

　　　K——时间利用参数，一般取 0.7～0.8；

　　　Q_i——各构件（材料）的运输量；

　　　S_i——每台起重机械每班运输产量。

常用起重机械台班产量见表 4-3。

表 4-3 常用起重机械台班产量

起重机械名称	工作内容	台班产量
履带式起重机	构件综合吊装,按每吨起重能力计	5~10t
轮胎式起重机	构件综合吊装,按每吨起重能力计	7~14t
汽车式起重机	构件综合吊装,按每吨起重能力计	8~18t
塔式起重机	构件综合吊装	80~120 吊次
卷扬机	构件提升,按每吨牵引力计	30~50t
	构件提升,按提升次数计(4、5 层楼)	60~100 次

(四) 塔式起重机的布置

塔式起重机以其提升高度高、工作幅度大等特点,在工业和民用建筑施工中得到越来越广泛的应用。塔式起重机的选用要综合考虑建筑物的高度、建筑物的结构类型、构建的尺寸和重量、施工进度、施工流水段的划分和工程量、现场的平面布置和周围环境条件等各种情况,兼顾装、拆塔式起重机的场地和建筑结构满足塔架锚固、爬升的要求。

选用塔式起重机进行高层建筑结构施工时,首先应根据施工对象确定所要求的参数,然后根据塔式起重机的技术性能选定塔式起重机的型号,最后对数量和布置做出规定。具体流程为:确定塔式起重机类型→确定塔式起重机的平面布置→塔式起重机布置注意事项。

1. 确定塔式起重机类型

塔式起重机类型的确定参数为幅度、起重量、起重力矩、吊钩高度,可参照以下步骤进行逐一确定。

(1) 确定幅度。幅度又称回转半径或工作半径,是从塔式起重机回转中心线至吊钩中心线的水平距离,它包括最大幅度和最小幅度两个参数。选择塔式起重机时,首先应考虑该塔式起重机的最大幅度是否满足施工需要。

(2) 确定起重量。起重量包括最大幅度时的起重量和最大起重量两个参数。起重量包括重物、吊索及铁扁担或容器等的重量。

(3) 确定起重力矩。幅度和与之相应的起重量的乘积,称为起重力矩(单位为 kN/m)。塔式起重机的额定起重力矩是反映塔式起重机起重能力的一项首要指标。在进行塔式起重机选型时,初步确定起重量和幅度参数后,还必须根据塔式起重机技术说明书中给出的数据,核查是否超过额定起重力矩。

起重力矩的确定公式

公式如下:

$$M \geq M_{max} = \max\{R_i(Q_i + q)\}$$

式中　Q_i——某一预制构件或起重材料的自重;

　　　R_i——该预制构件或起重材料的安装位置至塔式起重机回转中心的距离;

　　　q——吊具、吊索的自重。

---

(4) 确定吊钩高度。自混凝土基础顶面至吊钩中心的垂直距离,其大小与塔身高度及臂架构造形式有关。选用时应根据建筑物的总高度、预制构件或部件的最大高度、脚手架构

造尺寸以及施工方法等确定。

塔式起重机高度计算

塔式起重机起重高度（见图 4-2）可按下式计算：

$$H = h_1 + h_2 + h_3 + h_4$$

式中　H——起重机的起重高度（m）；

　　　h_1——建筑物高度（m）；

　　　h_2——安全生产高度（m）；

　　　h_3——构件最大高度（m）；

　　　h_4——索具高度（m）。

　　　$10\text{m} \leqslant h_2 + h_3 + h_4 \leqslant 15\text{m}$

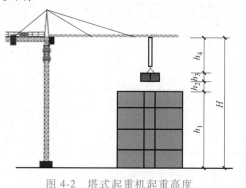

图 4-2　塔式起重机起重高度

2. 确定塔式起重机的平面布置

一般考虑布置在现场较宽的一面，因为这一面便于堆放材料和构件，以达到缩短运距的要求。布置固定式塔式起重机时，应考虑塔式起重机安装拆卸的场地。

塔式起重机可按行走方式、旋转方式等来分类，经计算得出塔式起重机每小时作业生产率，由此确定选用塔式起重机的类型。塔式起重机类型选择对比分析见表 4-4。

表 4-4　塔式起重机类型选择对比分析

塔式起重机分类形式			在建筑施工中的应用范围			
			多层	中高层	高层	超高层
轨道式	上回转（塔身固定不转）	俯仰变幅臂架		√	√	
		小车变幅臂架		√	√	
	下回转（塔身回转）	俯仰变幅臂架	√		√	
		小车变幅臂架	√	√		
固定式	附着式（上回转）	俯仰变幅臂架			√	√
		小车变幅臂架			√	√
	内爬式（上回转）	俯仰变幅臂架			√	√
		小车变幅臂架			√	√

塔式起重机每小时作业生产率

塔式起重机每小时作业生产率通常可按下式估算：

$$P = K_1 K_2 Q N$$

式中　P——塔式起重机每小时作业生产率（t/h）；

　　　Q——塔式起重机的最大起重量（t）；

　　　K_1——起重量利用系数，取 0.5~0.9；

　　　K_2——作业时间利用系数，取 0.4~0.7；

　　　N——每小时的吊次，$N = 60/T$ 吊，式中 T 为一吊次的延续时间（min）。

以轨道式塔式起重机为例，其一般布置在场地较宽的一侧设置，沿建筑物的长度方向设置。

（1）待选择方式。轨道式塔式起重机的有单侧布置、双侧布置、跨内单行布置和跨内环形布置。

（2）选择依据。轨道式塔式起重机的选择依据包括建筑物宽度、构件重量、起重半径确定，具体对比分析见表4-5。

表4-5　轨道式塔式起重机选择对比分析

布置方案	建筑物宽度	构件重量	起重半径 R
单侧布置	较小	不大	$R \geqslant B + A$
双侧布置	较大	较重	$R \geqslant A + B/2$
跨内单行布置	建筑物周围场地狭窄或宽度较大	较重	$R \geqslant B/2$
跨内环形布置	单行布置不能满足构件吊装要求	较重	$R \geqslant B/2$

注：表中 B——建筑物平面最大宽度（m）；A——建筑物外墙皮至塔轨中心线的距离。一般当无阳台时，$A=$安全网宽度+安全网外侧至轨道中心线距离；当有阳台时，$A=$阳台宽度+安全网宽度+安全网外侧至轨道中心线距离。

3. 塔式起重机布置注意事项

1）复核塔式起重机的工作参数。根据《建筑施工塔式起重机安装、使用、拆卸安全技术规程》（JGJ 196—2010）规定，将布置塔式起重机需考虑的因素进行总结。

① 覆盖范围。尽量消灭死角或者死角越小越好，控制在2m以内。

② 与建筑物距离。塔式起重机的尾部与周围建筑物及其外围施工设施之间的安全距离不小于0.6m。确定塔式起重机回转时与相邻建筑物、构造物及其他设施间的水平和垂直安全距离大于2m（见图4-3）。

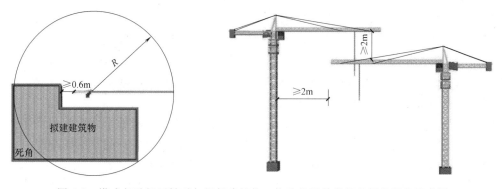

图4-3　塔式起重机回转时与相邻建筑物、构造物及其他设施间的距离示意图

③ 便于安装和拆除。塔式起重机布置应尽量使塔式起重机拆至地面。

④ 高压线。塔式起重机作业半径应与高压线满足最小的安全距离，实在无法避免时，可考虑搭设防护架的方法，塔式起重机和架空线边线的最小安全距离见表4-6。

⑤ 多塔。多台塔式起重机之间的最小架设距离应保证处于低位塔式起重机的起重臂端部与另一塔式起重机的塔身之间至少有2m的距离；位于高位塔式起重机的最低位置的部件（吊钩升至最高点或平衡重的最低部位）与低位塔式起重机中处于最高位置部件之间的垂直距离不应小于2m。

表 4-6　塔式起重机和架空线边线的最小安全距离

安全距离/m	电压/kV				
	<1	1~15	20~40	60~110	220
沿垂直方向	1.5	3.0	4.0	5.0	6.0
沿水平方向	1.5	2.0	3.5	4.0	6.0

2）绘出塔式起重机服务范围。以塔基中心为圆心，以最大工作幅度为半径画出一个圆形，该圆形所包围的部分即为塔式起重机的服务范围。具体要求可参阅"问题、成果与范例篇""项目四　单位工程施工平面图设计""任务一　布置垂直运输设施"问题3答案。

3）当采用两台或多台塔式起重机，或采用一台塔式起重机，一台井字提升架（或龙门提升架、施工电梯）时，必须明确规定各自的工作范围和二者之间的最小距离，并制定严格的切实可行的防止碰撞措施。

4）在高空有高压电线通过时，高压电线必须高出塔式起重机，并保证规定的安全距离，否则应采取安全防护措施。

5）固定式塔式起重机安装前应制订安装和拆除施工方案，塔式起重机位置应有较宽的空间，可以容纳两台汽车式起重机安装或拆除塔式起重机吊臂的工作需要。

（五）施工升降机的布置

施工升降机即施工电梯，是一种安装于建筑物外部，施工期间用于运送施工人员及建筑物器材的垂直运输设备，它是高层建筑物不可缺少的关键设备之一。采用施工电梯运送施工人员上下楼，可节省工时，减轻工人体力消耗，提高劳动利用率。参照《建筑机械使用安全技术规程》（JGJ 33—2012）规定，具体可参阅"问题、成果与范例篇""项目四　单位工程施工平面图设计""任务一　布置垂直运输设施"问题3答案。

（六）井字提升架和龙门提升架的布置

井字提升架和龙门提升架是固定式垂直运输机械，它们的稳定性好、运输量大，是施工中最常用的，也是最为简便的垂直运输机械，采用附着式可搭设超过100m的高度。井架内设吊盘（也可在吊盘下加设混凝土料斗），井架截面边长1.5~2.0m，可视需要设置拔杆，其起重量一般为0.5~1.5t，最高半径可达10m。

井字提升架和龙门提升架的布置，主要是根据机械性能，工程的平面形状和尺寸、流水段划分情况、材料来向和已有运输情况而定。布置的原则是充分发挥起重机械的能力，并使地面和楼面的水平运输最短。布置时应考虑以下几个方面的因素：

1）当建筑物呈长条形，层数、高度相同时，一般布置在流水段分界处，靠现场较宽的一面或长度方向居中位置。

2）当建筑物各部位高度不同时，如只设置一副井字提升架（龙门提升架），应布置在高低分界线较高部位一侧。

3）其布置位置以窗口处为宜，以避免砌墙留槎和减少井架拆除后的修补工作。

4）一般考虑布置在现场较宽的一面，因为这一面便于堆放材料和构建，以达到缩短运距的要求。

5）井架的高度应视拟建工程屋面高度和井架形式确定。一般不带悬臂拔杆的井架应高出屋面3~5m。

6）井架的方位一般与屋墙面平行，当有两条进楼运输道路时，井架也可按与墙面呈45°的方向布置。

7）井字提升架、龙门提升架的数量要根据施工进度、提升的材料和构件数量、排班工作效率等因素计算确定，其服务范围一般为50~60m。

8）卷扬机应设置安全作业棚，其位置不应距起重机械太近，以便操作人员的视线能看到整个升降过程，一般要求此距离大于建筑物高度，且最短距离不小于10m，水平距外脚手架3m以上（多层建筑不小于3m，高层建筑宜不小于6m）。

9）井架应与外墙有一定的距离，并立在外脚手架之外，最好以吊篮边靠近脚手架为宜，这样可以减少过道脚手架的搭设工作。

10）缆风绳设置，高度在15m以下设一道，15m以上每增高10m增设一道，宜用钢丝绳，与地面夹角30°~45°为宜，不得超过60°；当附着于建筑物时，可不设缆风绳。

（七）混凝土泵和泵车的布置

混凝土泵是在压力推动下沿管道输送混凝土的一种设备，它能一次连续完成水平运输和垂直运输，配以布料杆或布料机还可以有效地进行布料和浇筑。在泵送混凝土的施工中，混凝土泵和泵车的停放布置是关键，不仅影响混凝土输送管的布置，也影响到泵送混凝土的施工能否按质按量完成，其布置要求如下：

1）混凝土泵设计处的场地应平整坚实，具有重车行走条件，且有足够的场地、道路畅通，使供料调车方便。

2）混凝土泵应尽量靠近浇筑地点。

3）其停放位置靠近排水设施，供水、供电方便，便于泵车清洗。

4）混凝土泵作业范围内，不得有障碍物、高压电线，同时要有防范高空坠物的措施。

5）当高层建筑采用接力泵泵送混凝土时，其设置位置应是上、下泵的运输能力匹配，且验算其楼面结构部位的承载力，必要时采取加固措施。

六、BIM 应用步骤

建筑信息模型（Building Information Modeling，BIM）具有信息完备性、信息关联性、信息一致性、可视化、协调性、模拟性、优化性和可出图性的特点。本项目结合 BIM 技术，应用 Revit 软件进行单位工程施工平面图设计。

1. 导入 CAD 图

方式 1：新建工程时导入。

方式 2：进入软件后导入。

2. 建立地形

建立地形的顺序为地形地貌→地形设置（默认设置）→平面地形→选择绘制方式（矩形绘制）→绘制完成（三维查看）。Revit 建立地形示意图如图 4-4 所示。

3. 创建围墙

围墙绘制：

方式 1：选用 CAD 围墙线→识别围墙→选中围墙修改属性。

方式 2：单击"临建-围墙"→选用绘制方式直接绘制。Revit 创立围墙示意图如图 4-5 所示。

《建筑施工安全检查标准》（JGJ 59—2011）中规定，文明施工保证项目现场围挡的检查

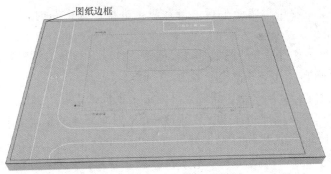

图 4-4 Revit 建立地形示意图

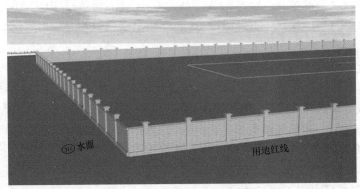

图 4-5 Revit 创立围墙示意图

评定应符合下列规定：

1）市区主要路段的工地应设置高度不小于 2.5m 的封闭围挡。

2）一般路段的工地应设置高度不小于 1.8m 的封闭围挡。

4. 创建施工大门

插入绘制：先绘制围墙→选择"临建主干道一侧"→点状插入"施工大门"→调整施工大门属性和朝向。Revit 创建施工大门示意图如图 4-6 所示。

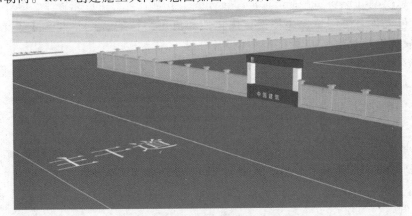

图 4-6 Revit 创建施工大门示意图

《建设工程施工现场消防安全技术规范》（GB 50720—2011）中规定，施工现场出入口的设置应满足消防车通行的要求，并宜设置在不同方向，其数量宜不少于 2 个。当确有困难只能设置 1 个出入口时，应在施工现场内设置满足消防车通行的环形道路。

《建设工程安全生产管理条例》第三十一条规定，施工单位应当在施工现场建立消防安全责任制度，确定消防安全责任人，制定用火、用电、使用易燃易爆材料等各项消防安全管理制度和操作规程，设置消防通道、消防水源，配备消防设施和灭火器材，并在施工现场入口处设置明显标志。

5. 创建拟建房屋、外架布置

（1）拟建房屋。

方式 1：选用 CAD 拟建房屋外轮廓线→识别拟建→选中拟建修改属性。

方式 2：单击"临建-拟建建筑"→选用绘制方式直接绘制。

（2）外架布置。

绘制方式：单击"措施-脚手架"→单击拟建房屋可进行自动捕捉布置。Revit 创建拟建房屋、外架布置如图 4-7 所示。

6. 创建塔式起重机

绘制方式：单击"机械-塔式起重机"→在指定位置进行点状插入绘制→切换到三维状态下选中塔式起重机调整对应属性。

调整属性主要包含：基础底标高、吊臂长度、塔身高度。在软件中创建塔式起重机示意图如图 4-8 所示。

7. 创建施工电梯

图 4-7　Revit 创建拟建房屋、外架布置示意图

绘制方式：单击"机械-施工电梯"→在指定位置通过捕捉外架进行绘制→切换到三维状态下选中施工电梯→调整对应属性（电梯层高、电梯层数），保持与拟建房屋一致。Revit 创建施工电梯示意图如图 4-9 所示。

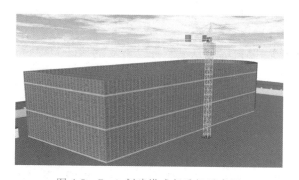

图 4-8　Revit 创建塔式起重机示意图

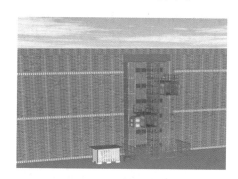

图 4-9　Revit 创建施工电梯示意图

任务二　布置临时性建筑设施

一、任务要求

（1）结合"案例背景"完成临时性建筑设施的布置。内容及顺序要求如下：

1）仓库和材料堆场的布置。包括选择不同运输方式的仓库和堆场布置、选择集中临时仓库和堆场的形式等。

2）搅拌站与加工厂的布置。包括明确布置类型、布置数量、布置方式等。

3）临时性房屋的布置。包括计算施工期间内使用这些临时性房屋的人数，确定临时性房屋的修建项目及其建筑面积等。

（2）提交任务实施关键环节讨论的会议纪要。

二、任务基础过关问题

结合任务要求，思考以下问题：

问题1：根据铁路、水路、公路三种运输方式的不同，仓库与材料堆场的布置各有什么要求？仓库与材料堆场的形式有哪些？具体计算和布置流程是怎样的？

问题2：常见搅拌站与加工厂有哪些？混凝土搅拌站、预制加工厂、钢筋加工厂、木材加工厂、砂浆搅拌站以及金属结构、锻工、电焊和机修等车间根据工程具体情况有哪些布置方式？

问题3：临时性房屋指什么？临时性房屋布置方法是什么？

三、任务实施依据

1）建设项目建筑总平面图、地形地貌图、区域规划图、竖向布置图、项目范围内有关的已有和拟建的设施位置。

2）建设项目施工部署和主要建筑物施工方案。

3）建设项目施工总进度计划、施工总质量计划和施工总成本计划。

4）建设项目施工总资源计划和施工设施计划。

5）建设项目施工用地范围和水、电源位置，以及项目安全施工和防火标准。

6）《建设工程施工现场环境与卫生标准》（JGJ 146—2013）。

7）《建筑施工安全检查标准》（JGJ 59—2011）。

8）《施工现场临时建筑物技术规范》（JGJ/T 188—2009）。

四、任务实施技术路线图

本任务的技术路线图如图4-10所示。

五、任务实施内容

临时性建筑设施包括仓库和材料堆场、搅拌站与加工厂、临时性房屋。具体流程为：仓库和材料堆场的布置→搅拌站与加工厂的布置→临时性房屋的布置。本任务要求学生完成单位工程施工平面图中临时性建筑设施的绘制。请结合案例背景，遵循以下实施指南完成本任务要求。

（一）仓库和材料堆场的布置

1. 明确不同材料设备和运输方式对设置仓库与材料堆场的要求

通常考虑设置在运输方便、位置适中、运距较短并且符合安全防火要求的地方，并应区别不同材料设备和运输方式来设置仓库与材料堆场。具体对比分析见表4-7。

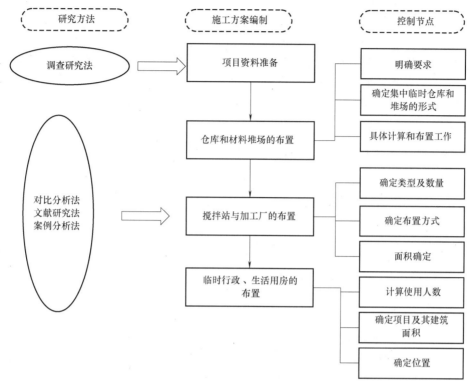

图 4-10　确定临时性建筑设施技术路线图

表 4-7　不同运输方式的仓库和堆场布置选择对比分析

运输方式	仓库和堆场布置
铁路运输	仓库通常沿铁路线布置；如果没有足够的装卸前线，必须在附近设置转运仓库
水路运输	在码头附近设置转运仓库
公路运输	仓库的布置较灵活，一般中心仓库布置在工地中央或靠近使用的地方，也可以布置在靠近于外部交通连接处 砂石、水泥、石灰、木材等仓库或堆场布置在搅拌厂、预制场和木材加工厂附近；砖、瓦和预制构件等直接使用的材料应该直接布置在施工对象附近，以免二次搬运

2. 确定集中临时仓库和堆场的形式

集中临时仓库和堆场的形式有转运仓库、中心仓库和工地仓库，其具体布置应与工程规模、场地施工条件和运输方式对应。

3. 临时仓库和堆场的具体计算和布置工作

确定临时仓库和堆场具体流程为：确定各种材料、设备的储存量→确定仓库与堆场的面积及外形尺寸→确定仓库和堆场的位置。

（1）确定各种材料、设备的储存量。材料、设备的储存量是确定仓库和堆场面积的基础，只有确定了材料设备的面积，才能进行下一步计算。

各种材料、设备储存量计算公式

储存量的计算公式如下：

$$P = T_c \frac{Q_i K_i}{T}$$

式中　P——材料的储备量（m³ 或 t 等）；

　　　T_c——储备期的定额（d）；

　　　Q_i——材料、半成品等总的需要量；

　　　T——有关项目的施工总工日；

　　　K_i——材料使用不均匀系数。

（2）确定仓库与堆场的面积及外形尺寸。仓库与堆场的面积及外形尺寸是由计算公式和相关规范规定确定的，具体面积及外形尺寸可由公式计算得出。

确定仓库与堆场的面积及外形尺寸公式

仓库与堆场的面积及外形尺寸由下式计算：

$$F = \frac{P}{qK}$$

式中　F——仓库总面积（m²）；

　　　P——仓库材料储备量；

　　　q——每平方米仓库面积存放材料、制品的数量；

　　　K——仓库面积利用系数（考虑人行道和车道所占面积）。

上述相关系数可从表 4-8 和表 4-9 查得。

表 4-8　计算仓库面积的有关系数

序号	材料及半成品	单位	储备定额天数 T_c/d	不均衡系数 K_i	每平方米储存定额 q	有效利用系数 K	仓库类别	备注
1	水泥	t	30~60	1.3~1.5	1.5~1.9	0.65	封闭式	堆高 10~12 袋
2	生石灰	t	30	1.4	1.7	0.7	棚	堆高 2m
3	砂子（人工堆放）	m³	15~30	1.4	1.5	0.7	露天	堆高 1~1.5m
4	砂子（机械堆放）	m³	15~30	1.4	2.5~3	0.8	露天	堆高 2.5~3m
5	石子（人工堆放）	m³	15~30	1.5	1.5	0.7	露天	堆高 1~1.5m
6	石子（机械堆放）	m³	15~30	1.5	2.5~3	0.8	露天	堆高 2.5~3m
7	块石	m³	15~30	1.5	10	0.7	露天	堆高 1.0m
8	预制钢筋混凝土槽型板	m³	30~60	1.3	0.26~0.3	0.6	露天	堆高 4 块
9	梁	m³	30~60	1.3	0.8	0.6	露天	堆高 1~1.5m
10	柱	m³	30~60	1.3	1.2	0.6	露天	堆高 1.2~1.5m
11	钢筋（直筋）	t	30~60	1.4	2.5	0.6	露天	占 80%堆高，0.5m
12	钢筋（盘条）	t	30~60	1.4	0.9	0.6	封闭库	占 20%堆高，1.0m
13	钢筋成品	t	10~20	1.5	0.07~0.1	0.6	露天	—
14	型钢	t	45	1.4	1.5	0.6	露天	堆高 0.5m

（续）

序号	材料及半成品	单位	储备定额天数 T_c/d	不均衡系数 K_i	每平方米储存定额 q	有效利用系数 K	仓库类别	备注
15	金属结构	t	30	1.4	0.2~0.3	0.6	露天	—
16	原木	m³	30~60	1.4	0.3~15	0.6	露天	堆高2m
17	成材	m³	30~45	1.4	0.7~0.8	0.5	露天	堆高1m
18	废木材	m³	15~20	1.2	0.3~0.4	0.5	露天	废木料占锯木量的10%~15%
19	木模板	m³	10~15	1.4	4~6	0.7	露天	—
20	模板整理	m³	10~15	1.2	1.5	0.65	露天	—
21	砖	千块	15~30	1.2	0.7~0.8	0.6	露天	堆高1.5~1.6m
22	泡沫混凝土制件	m³	30	1.2	1	0.7	露天	堆高1m

注：储备定额天数根据材料来源、供应季节、运输条件等确定。一般就地供应的材料表中取低值，外地供应采用铁路运输或水路运输者取高值，现场加工企业供应的成品、半成品的储备天数取低值，项目部的独立核算加工企业供应者取高值。

表4-9 按系数计算仓库面积

序号	名称	计算基数	单位	系数 a
1	仓库（综合）	按全员（工地）	m²/人	0.7~0.8
2	水泥库	按当年水泥用量的40%~50%	m²/t	0.7
3	其他仓库	按当年工作量	m²/万元	2~3
4	五金杂品库	按年建安工作量	m²/万元	0.2~0.3
		按在建建筑面积	m²/100m²	0.5~1
5	土建工具库	按高峰年（季）平均人数	m²/人	0.1~0.2
6	水暖器材库	按年在建建筑面积	m²/100m²	0.2~0.4
7	电器器材库	按年在建建筑面积	m²/100m²	0.3~0.5
8	化工油漆危险品库	按年建安工作量	m²/万元	0.1~0.15
9	三大工具库（脚手、跳板、模板）	按在建建筑面积	m²/100m²	1~2
		按年建安工作量	m²/万元	0.5~1

（3）确定仓库和堆场的位置。根据上述计算，结合具体项目情况，可确定仓库和堆场的位置。

（二）搅拌站与加工厂的布置

搅拌站与加工厂的布置具体流程为：确定需设置的搅拌站和加工厂类型及数量→确定布置方式→确定布置面积。

1. 确定需设置的搅拌站和加工厂类型及数量

（1）待考虑的搅拌站或加工厂类型。常见搅拌站或加工厂类型包括：混凝土搅拌站、预制加工厂、钢筋加工厂、木材加工厂、砂浆搅拌站、金属结构、锻工、电焊和机修等车间。

（2）确定类型和数量。各常见搅拌站与加工厂的布置类型不一，对比分析见表4-10。

表 4-10 搅拌站与加工厂的布置类型对比分析

类型	确定类型	确定位置	确定数量	注意事项
混凝土搅拌站	当现浇混凝土浇筑量大时，宜在工地设置混凝土搅拌站	与砂石堆场、水泥库一起考虑布置，既要相互靠近，又要便于材料运输和装卸	视混凝土需要量决定搅拌站的数量	所需面积约25m²
预制加工厂	可以根据实际情况酌情采用	一般设置在建设单位的空闲地带上，如材料堆场专用线转弯的扇形地带或场外临近处	视预制件需要量决定加工厂的数量	—
钢筋加工厂	可以根据实际情况酌情采用	建筑物四周	视钢筋需要量决定加工厂的数量	—
木材加工厂	一般情况有 6m×9m、6m×12m、9m×12m 等几种，可以根据实际情况酌情采用，也可自行设计长宽尺寸	一般原木、锯材堆场布置在铁路专用线、公路或水路沿线附近，木材加工场也应设置在这些地段附近	视木材加工的工作量、加工性质、种类决定临时加工棚的数量	锯木、成材、细木加工和成品堆放，应按工艺流程布置
砂浆搅拌站	搭设尺寸：单台安装 6m×4m×4m 高；计量台：底坑尺寸1.4m×0.9m×0.2m 深；称台盖板尺寸：1.35m × 0.85m ×0.15m；底坑应每班清理	应尽量靠近使用地点或在起重机能力范围内	视砂浆需要量决定搅拌站的数量	所需面积约15m²
金属结构、锻工、电焊和机修等车间	可以根据实际情况酌情采用	建筑物四周	视工程规模大小需要量决定车间的数量	—

2. 确定布置方式

根据具体情况，进行各搅拌站与加工厂的布置。各搅拌站与加工厂的布置方式可分为集中布置和分散布置。常见搅拌站与加工厂布置方式对比分析见表 4-11。

表 4-11 常见搅拌站与加工厂布置方式对比分析

类型	集中布置	分散布置
混凝土搅拌站	运输条件好时	运输条件较差时
预制加工厂	设置在空闲地带	
钢筋加工厂	对于需进行冷加工、对焊、电焊的钢筋和大片钢筋网,宜设置中心加工厂	对于小型加工件,利用简单机具成型的钢筋加工,可在靠近使用地点的分散的钢筋加工棚里进行
木材加工厂	设置在空闲地带	
砂浆搅拌站	对于工业建筑工地,由于砂浆使用量小且位置分散,可以分散设置在使用地点附近	
金属结构、锻工、电焊和机修等车间	由于它们在生产上联系密切,应尽可能布置在一起	

3. 确定布置面积

各搅拌站与加工厂的面积可通过公式计算和查表获得，具体可参见表 4-12。

搅拌站和加工厂的面积公式

上述搅拌站和加工厂的面积可按下式计算：

$$S = \frac{KQ}{TDa}$$

式中 S——所需确定的建筑面积（m^2）；

Q——加工总量（m^3 或 t），依加工需要量计划而定；

K——不均匀系数，取 1.3~1.5；

T——加工总工期（月）；

D——每平方米场地月平均产量定额；

a——场地或建筑面积利用系数，取 0.6~0.7。

现场搅拌站和加工作业棚面积是由规范来确定的，其大小可通过规范查得，本任务提取部分参考指标以供查阅，见表 4-12 和表 4-13。

表 4-12 临时加工厂的面积参考指标

序号	加工厂名称	年产量		单位产量所需建筑面积	占地总面积 /m²	备注
		单位	数量			
1	混凝土搅拌站	m³	3200	0.022（m²/m³）	按砂石堆场考虑	400L 搅拌机 2 台
		m³	4800	0.021（m²/m³）		400L 搅拌机 3 台
		m³	6400	0.020（m²/m³）		400L 搅拌机 4 台
2	临时混凝土预制厂	m³	1000	0.25（m²/m³）	2000	生产屋面板和中小型梁柱板等，配有蒸养设施
		m³	2000	0.20（m²/m³）	3000	
		m³	3000	0.15（m²/m³）	4000	
		m³	5000	0.125（m²/m³）	小于 6000	
3	半永久性混凝土预制厂	m³	3000	0.6（m²/m³）	9000~12000	—
		m³	5000	0.4（m²/m³）	12000~15000	
		m³	10000	0.3（m²/m³）	15000~20000	
4	木材加工厂	m³	15000	0.0244（m²/m³）	1800~3600	进行原木、木方加工
		m³	24000	0.0199（m²/m³）	2200~4800	
		m³	30000	0.0181（m²/m³）	3000~5500	
	综合木工加工厂	m³	200	0.3（m²/m³）	100	加工门窗、模板、地板、屋架等
		m³	500	0.25（m²/m³）	200	
		m³	1000	0.20（m²/m³）	300	
		m³	2000	0.15（m²/m³）	420	
	粗木加工厂	m³	5000	0.12（m²/m³）	1350	加工屋架、模板
		m³	10000	0.10（m²/m³）	2500	
		m³	15000	0.09（m²/m³）	3750	
		m³	20000	0.08（m²/m³）	4800	
	细木加工厂	万 m³	5	0.0140（m²/m³）	7000	加工门窗地板
		万 m³	10	0.0114（m²/m³）	10000	
		万 m³	15	0.0106（m²/m³）	14000	

表 4-13　现场作业棚占地面积参考指标

序号	名称	面积	堆场占地面积	序号	名称	面积	堆场占地面积
1	木作业棚	$2m^2$/人	棚的 3~4 倍	8	电工房	$15m^2$	—
2	电锯房	$40~80m^2$	—	9	钢筋对焊	$15~24m^2$	棚的 3~4 倍
3	钢筋作业棚	$3m^2$/人	棚的 3~4 倍	10	油漆工房	$20m^2$	—
4	搅拌棚	$10~18m^2$/台	—	11	机钳工修理	$20m^2$	—
5	卷扬机棚	$6~12m^2$/台	—	12	立式锅炉房	$5~10m^2$/台	—
6	烘炉房	$30~40m^2$	—	13	发电机房	$0.2~0.3m^2$/kW	—
7	焊工房	$20~40m^2$	—	14	水泵房	$3~8m^2$/台	—

（三）临时性房屋的布置

临时性房屋为现场施工和管理人员所用的行政管理和生活福利建筑物。临时性房屋的计算和布置包括使用人员人数、临时建筑物的结构形式等。具体流程为：计算施工期间内使用这些临时性房屋的人数→确定临时性房屋的修建项目及其建筑面积→确定临时性房屋的位置布置→文明施工公示标牌→围挡的设计布置。

1. 计算施工期间使用临时性房屋的人数

施工期间使用临时性房屋的人数需根据公式确定。

> **使用临时性房屋的人数计算公式**
>
> 计算施工期间使用临时性房屋的人数，公式如下：
>
> $$S = NP$$
>
> 式中　S——建筑面积（m^2）；
>
> 　　　N——人数；
>
> 　　　P——建筑面积指标（m^2/人）。

2. 确定临时性房屋的修建项目及其建筑面积

关于临时性房屋的修建项目及其建筑面积指标，很多省市均出台诸如建设工地职工宿舍安全使用与管理暂行规定等文件，不同文件规定在取值范围上可能会有细微差异，但对计算结果影响不大。可参考表 4-14 所列数值范围进行计算。

表 4-14　临时性房屋面积指标参考表

序号	行政、生活、福利建筑物名称	单位	取值范围
1	办公室	m^2/人	3~5（按技职人员人数 70% 计算）
2	宿舍	m^2/人	2.5~3.5
3	食堂	m^2/人	0.5~0.8（兼礼堂时最少取 0.9）
4	医务室	m^2/人	0.05~0.07（$\geqslant 30m^2$）
5	浴室	m^2/人	0.07~0.10
6	俱乐部	m^2/人	0.10

（续）

序号	行政、生活、福利建筑物名称	单位	取值范围
7	门卫室	m^2/间	6~8
8	厕所	m^2/人	0.02~0.07
9	工人休息室	m^2/人	≥0.15
10	开水房	m^2	10~40

3. 确定临时性房屋的位置布置

《建设工程施工现场环境与卫生标准》（JGJ 146—2013）中规定，宿舍内应保证必要的生活空间，室内净高不得小于 2.5m，通道宽度不得小于 0.9m，住宿人员不得小于 2.5m^2，每间宿舍居住人员不得超过 16 人。宿舍应有专人负责管理，床头宜设置姓名卡（宿舍内应设置单人铺，层铺的搭设不应超过 2 层）。《建设工程施工现场环境与卫生标准》中规定，施工现场应设置水冲式或移动式厕所，厕所地面应硬化，门窗齐全并通风良好。类似临时建筑不应超过 2 层，会议室、餐厅、仓库等人员较密集、荷载较大的用房应设在临时建筑的底层。

1）行政与生活临时设施包括办公室、停车场、宿舍、食堂、浴室、开水房、俱乐部、小卖部等。根据工地施工人数，可计算这些临时设施的建筑面积。

2）应尽量利用建设单位的生活基地或其他永久建筑，不足部分另行按计划建造。

3）一般按如下方法布置：

① 全现场性管理用房宜布置在现场入口处，以便加强对外联系，也可布置在中心地带，以便进行全现场管理。

② 职工宿舍，宜布置在现场外围或其边缘处，以利于工人休息和生活的安全。

③ 其他生活、文化福利用房屋最好布置在生活区，也可视条件设置在生产区与生活区之间。

4. 文明施工公示标牌

《建筑施工安全检查标准》（JGJ 59—2011）中规定，文明施工一般项目的检查评定公示标牌应符合下列规定：

1）大门口处应设置公示标牌，主要内容应包括：工程概况牌、消防保卫牌、安全生产牌、文明施工牌、管理人员名单及监督电话牌、施工现场总平面图。

2）标牌应规范、整齐、统一。

3）施工现场应有安全标语。

5. 围挡的设计布置

根据《施工现场临时建筑物技术规范》（JGJ/T 188—2009），工地现场的围挡设计应遵循以下规定：

1）围挡宜采用彩钢板、砌体等硬质材料搭设。禁止使用彩布条、竹笆、安全网等易变质材料，做到坚固、平整、整洁、美观。

2）围挡高度。

市区主要路段、闹市区　　　　　　　　$h \geqslant 2.5m$

市区一般路段　　　　　　　　　　　　$h \geqslant 2.0m$

市郊或靠近市郊　　　　　　　　　　　$h \geqslant 1.8m$

3）围挡的设置必须沿工地四周连续进行，不能留有缺口。

4）彩钢板围挡应符合下列规定。

① 围挡的高度不宜超过 2.5m。

② 围挡的高度超过 1.5m 时，宜设置斜撑，斜撑与水平地面夹角宜为 45°。

③ 立柱的间距不宜大于 3.6m。

5）砌体围挡不应采用空斗墙砌筑方式，墙厚度大于 200mm，并应在两端设置壁柱，柱距小于 5.0m，壁柱尺寸不宜小于 370mm×490mm，墙柱间设置拉结筋 $\phi6×500$mm，伸入两侧墙 $l \geqslant 1000$mm。

6）砌体围挡大于 30m 时，宜设置变形缝，变形缝两侧应设置端柱。

六、BIM 应用步骤

此部分应用 Revit 软件进行单位工程施工平面图设计，主要包括创建食堂、仓库、厕所、钢筋堆场、加工棚、宿舍楼、办公楼、五牌一图等。

1. 创建食堂、仓库、厕所

绘制方式 1：单击"临建-集装箱板房"→在指定位置进行（单击）绘制→选中模型在属性设置中单击"用途"修改为食堂、厕所、库房等。

绘制方式 2：单击"临建-封闭式临建"→在指定位置选择（矩形）绘制方式绘制进行绘制→选中模型在属性设置中单击"用途"修改为食堂、厕所、库房等。Revit 创建食堂、仓库、厕所示意图如图 4-11 所示。

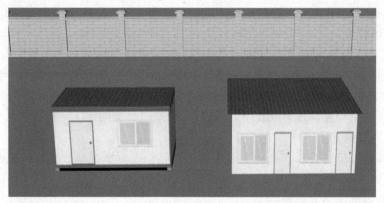

图 4-11　Revit 创建食堂、仓库、厕所示意图

2. 创建钢筋堆场

绘制方式：单击"材料-钢筋"→在指定位置选择（矩形）绘制方式绘制进行绘制→切换到三维状态下在绘制方式处可以通过"放置直筋"或"放置圆筋"补充钢筋堆放量。Revit 创建钢筋堆场示意图如图 4-12 所示。

3. 创建加工棚

绘制方式：单击"临建-防护棚"→在指定位置选择（矩形）绘制方式绘制进行绘制→选中模型在属性设置中单击"用途"修改为钢筋房或木工房。Revit 创建加工棚示意图如图 4-13 所示。

拓展：可以添加"机械-钢筋加工机械"以及"水电-配电箱"和"水电-消防箱"，补充完整。要说明钢筋棚大小的确定是通过前期资源峰值和材料类型确定的。

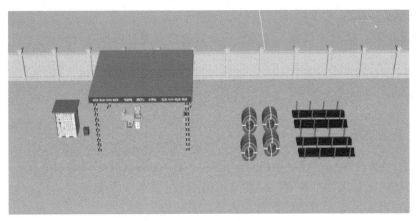

图 4-12　Revit 创建钢筋堆场示意图

图 4-13　Revit 创建加工棚示意图

4. 创建宿舍楼、办公楼

绘制方式：单击"临建-活动板房"→在指定位置进行拖拽绘制→选中模型在属性设置中单击"用途"修改为办公用房或宿舍。Revit 创建宿舍楼、办公楼示意图如图 4-14 所示。

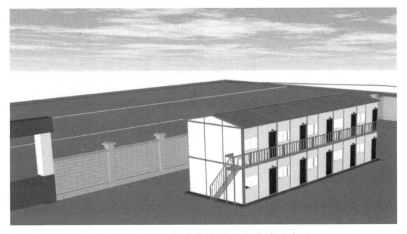

图 4-14　Revit 创建宿舍楼、办公楼示意图

5. 创建五牌一图

五牌一图布置：单击"措施-公告牌"→在指定位置通过拖拽进行绘制。

任务三　布置场内运输道路

一、任务要求

（1）结合"案例背景"确定场内运输道路位置。内容及顺序要求如下：

1）确定场内运输道路的位置时，确定道路的最小宽度和回转半径。

2）具体布置场内运输道路位置时，选择路面结构。

（2）提交任务实施关键环节讨论的会议纪要。

二、任务基础过关问题

结合任务要求，思考以下问题：

问题1：场内运输道路布置的依据是什么？

问题2：运输道路路面结构和道路宽度应如何确定？

三、任务实施依据

1）建设项目建筑总平面图、地形地貌图、区域规划图、竖向布置图、项目范围内有关的已有和拟建的设施位置。

2）建设项目施工部署和主要建筑物施工方案。

3）建设项目施工总进度计划、施工总质量计划和施工总成本计划。

4）建设项目施工总资源计划和施工设施计划。

5）建设项目施工用地范围和水、电源位置，以及项目安全施工和防火标准。

6）《建设工程施工现场消防安全技术规范》（GB 50720—2011）。

四、任务实施技术路线图

本任务的技术路线图如图4-15所示。

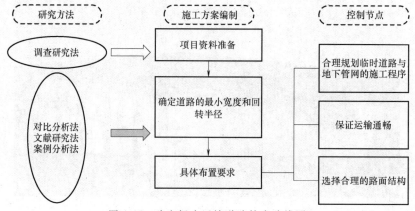

图4-15　确定场内运输道路技术路线图

五、任务实施内容

施工运输道路应按材料和构件运输的需要，沿着仓库和堆场进行布置，使之畅通无阻。在单位工程施工平面图设计中，只涉及场内运输道路位置的确定（在施工总平面图设计时，需考虑场外交通的引入）。确定场内运输道路的位置主要在于确定道路的最小宽度和回转半径，本任务要求学生据此完成单位工程施工平面图中场内运输道路的绘制。请结合案例背景，遵循以下实施指南完成本任务要求。

场外交通的引入

在设计施工总平面图时，必须从确定大宗材料、成品、半成品和生产工艺设备等运入施工现场的道路交通、材料仓库、附属企业、临时房屋、施工水电管线等做出合理的规划布置，从而正确处理全工地施工期间所需各项设施和永久建筑、拟建工程之间的空间关系。而在单位工程施工平面图设计中，不涉及场外交通的引入部分，此部分不过多展开。

场外交通的引入分为铁路运输、水路运输和公路运输，三种运输方式的选择依据包括布置位置、首先考虑问题和具体要求（见表 4-15）。

表 4-15　运输方式对比选择分析

运输方式	布置位置	首先考虑问题	具体要求
铁路运输	铁路的引入应靠近工地一侧或两侧	首先解决铁路由何处引入及如何布置问题	仅当大型工地分为若干个独立的公区进行施工时，铁路才可引入工地中央
水路运输	靠近码头	应充分利用原有码头的吞吐能力	当需增设码头时，卸货码头不应少于 2 个，且宽度应大于 2.5m，一般用石或钢筋混凝土结构建造
公路运输	布置灵活，考虑仓库、加工厂的位置	解决现场大型仓库、加工厂与公路之间的相互关系	一般先将仓库、加工厂等生产性临时设施布置在最经济合理的地方，在布置通向厂外的公路线

（一）确定道路的最小宽度和回转半径

架空线及管道下面的道路，其通行空间宽度应大于道路宽度 0.5m，空间高度应大于4.5m（见表 4-16）。道路最小回转半径可查表获得，见表 4-17。

表 4-16　施工现场道路最小宽度

车辆类别及要求	道路宽度/m
汽车单行道	≥3.0
汽车双行道	≥6.0
平板拖车单行道	≥4.0
平板拖车双行道	≥8.0

一般砂质土可采用碾压土路方法。当土质黏或泥泞、翻浆时，可采用加骨料碾压路面的方法，骨料应尽量就地取材，如碎砖、卵石、碎石及大石块等。

为了排除路面积水，保证正常运输，道路路面应高出自然地面 0.1~0.2m，雨量较大的地区，应高出 0.5m，道路两侧设置排水沟，一般沟深和底宽不小于 0.4m。

表 4-17 施工现场道路最小回转半径

通行车辆类别	路面内侧最小曲率半径/m		
	无拖车	有 1 辆拖车	有 2 辆拖车
小客车、三轮汽车	6		
二轴载重汽车 三轴载重汽车 重型载重汽车	单车道 9 双车道 7	12	15
公共汽车	12	15	18
超重型载重汽车	15	18	21

（二）具体布置要求

1. 合理规划临时道路与地下管网的施工程序

在规划临时道路时，应充分利用拟建的永久性道路，提前修建永久性道路或者先修路基并做简单路面，作为施工所需的道路，以达到节约投资的目的。若地下管网的图样尚未出全，必须采取先施工道路，后施工管网的顺序时，临时道路就不能完全建造在永久性道路的位置，而应尽量布置在无管网地区或扩建工程范围地段上，以免开挖管道口时破坏路面。

2. 保证运输通畅

《建设工程施工现场消防安全技术规范》（GB 50720—2011）中，3.3.2 规定临时消防车道的设置应符合下列规定：临时消防车道的净宽度和净高度均不应小于 4m。

施工运输道路的布置主要解决运输和消防两方面问题，布置的原则如下：

1）当道路无法设置环形道路时，应在道路的末端设置回车场。

2）道路主线路位置的选择应方便材料及构件的运输及卸料，当不能到达时，应尽可能设置支路线。

3）道路的宽度应根据现场条件及运输对象、运输流量确定，并满足消防要求；其主干道应设计为双车道，宽度不小于 6m，次要车道为单车道，宽度不小于 4m。

4）道路应有两个以上进出口，道路末端应设置回车场地，且尽量避免临时道路与铁路交叉。场内道路干线应采用环形布置，主要道路宜采用双车道，宽度不小于 6m，次要道路宜采用单车道，宽度不小于 3.5m。

3. 选择合理的路面结构

临时道路的路面结构类型，应当根据运输情况和运输工具的不同来确定。一般场区外与省、市公路相连的干线，因其以后会成为永久性道路，因此，一开始就建成混凝土路面；场区内的干线和施工机械行驶路线，最好采用碎石级配路面，以利修补。场内支线一般为土路或砂石路。具体临时道路路面种类和厚度表见表 4-18。

表 4-18 临时道路路面种类和厚度表

路面种类	特点及其适用条件	路基土	路面厚度/cm	材料配合比
混凝土路面	强度适宜同行各种车辆	一般土壤	10～15	强度等级≥C15

（续）

路面种类	特点及其适用条件	路基土	路面厚度/cm	材料配合比
级配砾石路面	雨天照常通车，可通行较多车辆，但材料级配要求严	砂质土	10~15	体积比：黏土：砂子：石子 = 1：0.7：3.5 重量比：面层：黏土 13%~15%，砂石料 85%~87% 底层：黏土 10%，砂石混合料 90%
		黏质土或黄土		
碎（砾）石路面	雨天照常通车，碎（砾）石本身含土较多，不加砂	砂质土	15~20	碎（砾）石 > 65%，当土地含量 ≤35%
		砂质土或黄土		
碎砖路面	可维持雨天通车，通行车辆较少	砂质土	10~18	垫层：砂或炉渣 4~5cm 底层：7~10cm 碎石 面层：2~5cm
		砂质土或黄土	15~20	
炉渣或矿渣路面	雨天可通车，通行车辆较少	一般土	10~15	炉渣或矿渣 75%，当地土 25%
		较松软土	15~30	
砂石路面	雨天停车，通行车少，附近不产石，只有砂	砂质土	15~20	粗砂 25%，细砂、砂粉和黏质土 50%
		黏质土	15~30	
风化石屑路面	雨天不通车，通行车少，附近有石料	一般土	10~15	石屑 90%，黏土 10%
石灰土路面	雨天停车，通行车少，附近产石灰	一般土	10~13	石灰 10%，当地土 90%

六、BIM 应用步骤

此部分应用 Revit 软件进行单位工程施工平面图设计，主要包括创建临时道路、洗车池。

绘制方式：单击"环境-线性道路"→设置属性→围绕拟建房屋布置环形道路→再次设置属性→再绘制进出场道路→单击"措施→洗车池"布置在出口道路右侧。Revit 创建临时道路、洗车池示意图如图 4-16 所示。

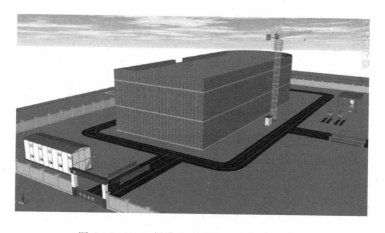

图 4-16　Revit 创建临时道路、洗车池示意图

任务四 布置水电管网和动力设施

一、任务要求

（1）结合"案例背景"确定水电管网和动力设施位置。内容及顺序要求如下：

1）布置临时用水时，确定用水量、确定水源选择和临时给水系统。

2）布置临时用电时，确定用电量、变压器确定和导线截面选择。

（2）提交任务实施关键环节讨论的会议纪要。

二、任务基础过关问题

结合任务要求，思考以下问题：

问题1：施工现场临时用水包括哪些部分？临时供水系统涉及水源的选择和给水系统的布置，其具体流程是什么？

问题2：临时供电系统具体布置流程是什么？计算用电量时应该考虑哪些因素？

问题3：单位工程施工平面图的技术经济评价指标有哪些？应如何确定？

三、任务实施依据

1）建设项目建筑总平面图、地形地貌图、区域规划图、竖向布置图、项目范围内有关的已有和拟建的设施位置。

2）建设项目施工部署和主要建筑物施工方案。

3）建设项目施工总进度计划、施工总质量计划和施工总成本计划。

4）建设项目施工总资源计划和施工设施计划。

5）建设项目施工用地范围和水、电源位置，以及项目安全施工和防火标准。

6）《施工现场临时用电安全技术规范》（JGJ 46—2005）。

四、任务实施技术路线图

本任务的技术路线图如图4-17所示。

五、任务实施内容

水电管网和动力设施的布置包括布置临时用水和用电。本任务要求学生完成单位工程施工平面图中用水和用电的设计。请结合案例背景，遵循以下实施指南完成本任务要求。

（一）布置临时供水

在建筑施工中，临时供水设施是必不可少的。临时供水包括生产用水（一般生产用水和施工机械用水）、生活用水（施工现场生活用水和生活区生活用水）和消防用水三个方面。为了满足生产、生活及消防用水的需要，要选择和布置适当的临时供水设施，包括计算用水量和确定水源选择及临时给水系统。

1. 确定用水量

建筑工地的用水包括生产、生活和消防用水三个方面。具体计算包括施工用水量计算、

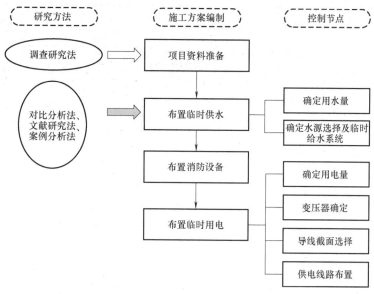

图 4-17 确定水电管网和动力设施位置技术路线图

施工机械用水量计算、施工现场生活用水量计算、生活区用水量计算和消防用水量计算。

需要提出的是，总用水量计算并不是所有用水量的总和，因为施工用水是间断的，生活用水时多时少，而消防用水是偶然的。

用水量计算公式

1. 施工用水量计算

$$q_1 = K_1 \sum \left(\frac{Q_1 N_1}{T_1 t} \times \frac{K_2}{8 \times 3600} \right)$$

式中 q_1——生产用水量（L/s）；

Q_1——最大年度工程量；

N_1——施工用水定额；

K_1——未预见的施工用水系数（1.05~1.15）；

T_1——年度有效工作日；

K_2——用水不均匀系数；

t——每日工作班数。

2. 施工机械用水量计算

$$q_2 = K_1 \sum \frac{Q_2 N_2 K_3}{8 \times 3600}$$

式中 q_2——机械用水量（L/s）；

Q_2——同一种机械台数（台）；

N_2——施工机械用水定额；

K_1——未预见的施工用水系数（1.05~1.15）；

K_3——施工机械用水不均匀系数。

3. 施工现场生活用水量计算

$$q_3 = \frac{P_1 N_3 K_4}{8 \times 3600 t}$$

式中　q_3——施工现场生活用水量（L/s）；

　　　P_1——施工现场高峰昼夜人数；

　　　N_3——施工现场生活用水定额，取 20~60L/（人·d）；

　　　K_4——施工现场用水不均匀系数；

　　　t——每日工作班数。

4. 生活区用水量计算

$$q_4 = \frac{P_2 N_4 K_5}{24 \times 3600}$$

式中　q_4——生活区用水量（L/s）；

　　　P_2——生活区居住人数；

　　　N_4——生活区生活用水定额；

　　　K_5——生活区用水不均匀系数。

5. 消防用水量计算

消防用水量（q_5）主要是满足发生火灾时消防栓用水的要求。施工现场在 25hm² 以内时，每次火灾发生时消防用水量为 10~15L/s；每增加 25hm²，每次火灾递增消防用水量为 5L/s。

6. 总用水量计算（Q）

当（$q_1+q_2+q_3+q_4$）$\leq q_5$ 时，则 $Q = q_5 + \frac{1}{2}(q_1+q_2+q_3+q_4)$。

当（$q_1+q_2+q_3+q_4$）$> q_5$ 时，则 $Q = q_1+q_2+q_3+q_4$。

当工地面积小于 5hm²，且（$q_1+q_2+q_3+q_4$）$< q_5$ 时，则 $Q = q_5$。

最后计算出的总用水量，还应增加 10% 以补偿不可避免的水管漏水损失。

即　　　　　　　　　　　　$Q_总 = 1.1Q$

施工用水不均匀系数可查表 4-19 获得。

表 4-19　施工用水不均匀系数

不均匀系数名称	用水名称	系数
K_2	现场施工用水	1.5
	附属生产企业用水	1.25
K_3	施工机械、运输机械用水	2.00
	动力设备用水	1.05~1.10
K_4	施工现场生活用水	1.30~1.50
K_5	生活区生活用水	2.00~2.50

2. 确定水源选择及临时给水系统

临时供水系统涉及水源的选择和给水系统的布置，具体流程为：选择供水水源→确定临时给水系统→管径的选择→管材的选择→水泵的选择。

（1）选择供水水源。建筑工程的临时供水水源有如下几种形式：已有的城市或工业供水系统、自然水域（如江、河、湖、蓄水库等）、地下水（如泉水、井水等）、利用运输器具（如供水运输车）。

水源的确定应首先利用已有的供水系统，并注意其供水量能否满足工程用水需要。减少或不建临时供水系统，在新建区域若没有现成的供水系统，应尽量先建好永久性的给水系统，至少是能使该系统满足工程用水及部分生产用水的需要。当前述条件不能实现或因工程要求（如工期、技术经济条件）无必要先建永久性给水系统时，应设立临时性给水系统，即利用天然水源，但其给水系统的设计应注意与永久性给水系统相适应，如供水管网的布置。

选择水源应考虑下列因素：水量要能满足最大用水量的需要，生活饮用水质应符合国家及当地的卫生标准，其他生活用水及施工用水中的有害及侵蚀性物质的含量不得超过有关规定的限制，否则，必须经软化及其他处理后，方可使用；与农业、水利工程综合利用；蓄水、取水、输水、净水、储水设施要安全经济；施工、运转、管理、维修应方便。

（2）确定临时给水系统。临时给水系统包括取水设施、净水设施、储水构筑物（水池、水塔、水箱）、配水管网。

1）地面水源取水设施。取水设施一般由进水装置、进水管及水泵组成。取水口距离河底（或井底）不得小于0.2m，与冰层下缘的距离也不得小于0.25m。给水工程所用的水泵有离心泵、隔膜泵及活塞泵三种。所用的水泵要有足够的抽水能力和扬程。

水泵扬程计算公式

水泵应具有的扬程按下列公式计算：

$$H_p = (Z_t - Z_p) + H_t + a + h + h_s$$

式中　H_p——水泵所需的扬程（m）；

Z_t——水塔所处的地面标高（m）；

Z_p——水泵中心的标高（m）；

H_t——水塔高度（m）；

a——水塔的水箱高度（m）；

h——从水泵到水塔间的水头损失（m）；

h_s——水泵的吸水高度（m）。

水头损失可按下式计算：

$$h = h_1 + h_2$$

式中　h_1——沿程水头损失（m），$h_1 = iL$；

h_2——局部水头损失（m）；

i——单位管长水头损失（mm/m）；

L——计算管段长度（km）。

实际工程中，局部水头损失一般不做详细计算，按沿程水头损失的15%～20%估计即可，即 $h = (1.15 \sim 1.2)h_1 = (1.15 \sim 1.2)iL$。

将水直接送到用户时的扬程：

$$H_p = (Z_y - Z_p) + H_y + h + h_s$$

式中　Z_y——供水对象（即用户）最不利处的标高（m）；

　　　H_y——供水对象最不利处的自由水头，一般为 $8 \sim 10m$。

2）净水设施。自然界中未经过净化的水含有许多杂质，需要进行净化处理后才可用作生产、生活用水。在这个过程中，要经过使水软化、去杂质（如水中含有的盐、酸、石灰质等）、沉淀、过滤和消毒等工程。

生活饮用水必须经过消毒后方可使用。消毒可通过氯化，在临时供水设施中加入漂白粉使水氯化，氯化时间夏季 0.5h，冬季 1~2h。消毒用漂白粉及漂白液用量参考见表 4-20。

表 4-20　消毒用漂白粉及漂白液用量参考

水源及水质	不同消毒剂的用量	
	漂白粉（含 25% 的有效氯）/（kg/L）	1% 漂白粉液/（L/m³）
自流井水、清净的水	—	—
河水、大河过滤水	4~6	0.4~0.6
河、湖的天然水	8~12	0.6~1.2
透明井水和小河过滤水	6~8	0.6~0.8
浑浊净水和池水	12~20	1.2~2.0

3）储水构筑物。储水构筑物是指水池、水塔和水箱。在临时供水中，只有在水泵非昼夜工作时才设置水塔。水箱的容量以每个小时消防用水量决定，但容量一般不小于 $10m^3$。

水塔高度与供水范围、供水对象及水塔本身的位置关系有关，可用下式确定：

$$H_t = (Z_y - Z_t) + H_y + h$$

4）配水管网设置。临时供水管网布置一般有三种方式，即环状管网、枝状管网和混合式管网。

环状管网能保证供水的可靠性，当管网某处发生故障时，水仍能由其他管路供应，但其管线长、造价高、管材消耗大，适用于要求供水可靠的建设项目和建筑群工程。枝状管网由干管及支管组成，管线短、造价低，但其供水可靠性差，若在管网中某一处发生故障时，会造成断水，适用于一般中小型工程。混合式管网可兼有上述两种管网的优点，总管采用环状、支管采用支状，一般适用于大型工程。

管网的敷设可采用明管和暗管。一般宜优先采用暗敷，以避免妨碍施工，影响运输。在冬季施工中，水管宜埋设在冰冻线下或采取防冻措施。供水管网的布置要求具体包括：

① 应尽量提前修建，并充分利用拟建的永久性供水管网作为工地临时供水系统，节约修建费用；在保证供水要求的前提下，新建供水管网的长度越短越好，并应适当采用胶皮管、塑料管作为支管，使其具有可移动性，以便施工。

② 供水管网的敷设要与土方平整规划协调一致，以防重复开挖；管网的布置要避开拟建工程和室外管沟的位置，以免二次拆迁改建。

③ 有高层建筑的施工工地，一般要设置水塔、蓄水池或高压水泵，以便满足高空施工与消防用水的要求，临时水塔或蓄水池应设置在地势较高处。

④ 供水管网应按防火布置要求布置室外消防栓。室外消防栓应靠近十字路口、工地出

入口，并沿道路布置，据路边应不大于 2m，距建筑物的外墙应不小于 5m，为兼顾拟建工程防护而设置的室外消防栓与拟建工程的距离也不应大于 25m，消防栓的间距不应超过 120m；工地室外消防栓必须设有明显标志，消防栓周围 3m 范围内不许堆放建筑材料、停放机具和搭设临时房屋等；消防栓供水干管的直径不得小于 100mm。

（3）管径的选择。

1）计算法。用计算法确定管径的公式如下：

$$d = \sqrt{\frac{4Q \times 1000}{\pi \times u}}$$

式中　d——配水管直径（mm）；

Q——管段的用水量（L/s）；

u——管网中的水流速度（m/s），临时水管经济流速参考见表 4-21 所示，一般生活
　　 及施工用水取 1.5m/s，消防用水取 2.5m/s。

表 4-21　临时水管经济流速参考

管径 d/mm	流速/（m/s）	
	正常时间	消防时间
<100	0.5~1.2	—
100~300	1.0~1.6	2.5~3.0
>300	1.5~2.5	2.5~3.0

2）查表法。为了减少工作，只要确定管段流量和流速范围，可直接查《房屋建筑与装饰工程消耗量定额》（TY 01-31—2015）中临时水管经济流速参考表、临时给水铸铁管计算表、临时给水钢管计算表，选取管径。

3）经验法。单位工程施工供水也可以根据经验进行安排，一般建筑面积为 5000~10000m² 的建筑物，施工用水的总管管径为 50mm，支管管径为 40mm 和 25mm。消防用水一般采用城市或建设单位的永久消防设施。当需在工地范围设置室外消防栓时，消防栓干管的公称直径不得小于 DN100。

（4）管材的选择。

1）工地输水主干管常用铸铁管和钢管；一般露出地面用钢管，埋入地下用铸铁管；支管采用钢管。

2）为了保证水的供给，必须配备各种直径的给水管。施工常用管材见表 4-22。

硬聚氯乙烯管、铝塑复合管、聚乙烯管、镀锌钢管的公称尺寸数值为 DN15、DN20、DN25、DN30、DN40、DN50、DN65、DN80、DN100 的管使用比较普遍。铸铁管有 DN125、DN150、DN200、DN250、DN300。

（5）水泵的选择。根据管段用水量 Q 和前文计算得出的总扬程 H_p，从相关水泵工作性能手册中查出所需要的水泵型号。

3. 布置消防设备

《建设工程施工现场消防安全技术规范》（GB 50720—2011）中规定，在建工程及临时用房应配置灭火器的场所，消防栓可布置在如下场所：

1）易燃易爆危险品存放及使用场所。

表 4-22　施工常用管材

管材	介绍参数		使用范围
	最大工作压力/MPa	温度/℃	
硬聚氯乙烯管 铝塑复合管	0.25~0.6	-15~60	给水
聚乙烯管	0.25~1.0	40~60	室、内外给水
镀锌钢管	≤1	<100	室、内外给水

2）动火作业场所。

3）可燃材料存放、加工及使用场所。

4）厨房操作间、锅炉房、发电机房、变配电房、设备用房、办公用房、宿舍等临时用房。

5）其他具有火灾危险的场所。

6）施工现场灭火器配置：每个场所不少于2具。

（二）布置临时用电

施工现场安全用电的管理是安全生产文明施工的重要组成部分，临时用电施工组织设计也是施工组织设计的组成部分。

具体流程为：确定用电量→变压器确定→导线截面选择→供电线路布置。

1. 确定用电量

用电量包括施工用电和照明用电，需要通过计算得出。

用电量计算公式

用电量计算公式如下：

$$P = K\left(K_1 \sum \frac{P_1}{\cos\varphi_1} + K_2 \sum P_2 + K_3 \sum P_3 + K_4 \sum P_4\right)$$

式中　　　　　P——计算用电量（kVA）；

K_1、K_2、K_3、K_4——需要系数；电动机数量在 3~10 台时，$K_1 = 0.7$；电动机数量在 11~30 台时，$K_1 = 0.6$；电动机数量在 30 台以上时，$K_1 = 0.5$；电焊机在 3~10 台时，$K_2 = 0.6$；电焊机在 10 台以上时，$K_2 = 0.5$；室内照明 $K_3 = 0.8$；室外照明 $K_4 = 1.0$。

K——用电不均衡系数，取 1.05~1.1；

P_1——施工用电设备中电动机额定容量（kW）；

P_2——施工用电设备中电焊机额定容量（kW）；

P_3——室内照明设备额定容量（kW）；

P_4——室外照明设备额定容量（kW）；

$\cos\varphi$——电动机的平均功率因数（在施工现场最高为 0.75~0.78，一般为 0.65~0.75）。

计算用电量时，可考虑以下几点：

1）在施工进度计划中施工高峰期同时用电机械设备的最高数量。

2）各种机械设备在施工过程中的使用情况。

3）现场施工机械设备及照明灯具的数量。

另外，由于照明用电量所占比重较动力用电量少很多，因此在估算总用电量时可以简化，只要在动力用电量之外再加10%作为照明用电量即可。

2. 变压器确定

（1）变压器功率计算。根据计算所得的容量以及高压电源电压和工地用电电压，可以从变压器产品目录中选用相近的变压器。

工地附近有10kV或6kV高压电源时，一般多采取在工地设小型临时变电所，装设变压器将二次电源降至380V/220V，有效供电半径一般在500m以内。大型工地可在几处设变压器（变电所）。

变压器功率计算公式

变压器的功率可按下式计算：

$$W = \frac{KP}{\cos\varphi} = 1.4P_{计}$$

式中　W——变压器的容量（kVA）；

$\quad\quad K$——功率损失系数；计算变电所容量时，$K=1.05$；计算临时发电站时，$K=1.1$；

$\quad\quad P$——变压器服务范围内的总用电量（kW）；

$\quad\quad \cos\varphi$——功率因数，一般采用0.75。

（2）变压器的选择与布置要求。扩建的单位工程施工时，一般只计算出在施工期间内的用电总数，提供给建设单位解决，往往不另设变压器。只有独立的单位工程施工时，计算出现场用量后，才选用变压器。变压器的选择与布置要求如下：

1）当施工现场只需设置一台变压器时，供电线路可按枝状布置，变压器应设置在引入电源的安全区域内。

2）当工地较大，需要设置多台变压器时，应先用一台主降压变压器，将工地附近的110kV或35kV的高压电网上的电压降至10kV或6kV，然后通过若干个分变压器将电压降至380V/220V。主变压器与各分变压器之间采用环状连接布置；每个分变压器到该变压器负担的各用电点的线路可采用枝状布置，分变压器应设置在用电设备集中、用电量大的地方或该变压器所负担区域的中心地带，以尽量缩短供电线路的长短；低压变电器的有效供电半径为400～500m。

实际工程中，单位工程的临时供电系统一般采用枝状布置，并尽量利用原有的高压电网和已有的变压器。

3. 导线截面选择

（1）按电流强度进行选择。保证导线能持续通过最大的负荷电流，配电导线必须能承受负荷电流长时间通过产生的温变，而其最高温度不超过规定值。

求出线路电流后，可根据导线持续允许电流，按表4-24初选导线截面，使导线中通过的电流控制在允许范围内。

电流强度计算公式

1）三相四线制线路上的电流强度，可按下式计算：

$$I = \frac{1000P}{\sqrt{3}\, U_{线}\cos\varphi}$$

式中　I——某一段线路上的电流强度（A）；

P——该段线路上的总用电量（kW）；

$U_{线}$——线路工作电压值（V），三相四线低压时，$U_{线}=380V$；

$\cos\varphi$——功率因数，临时电路系统时，取 $\cos\varphi=0.7\sim0.75$（一般取 0.75）。

将三相四线低压线时，$U_{线}=380V$，上式可简化为 $I_p=2P$

即表示 1kW 耗电量等于 2A 电流。

2）二线制线路上的电流可按下式计算：

$$I=\frac{1000P}{U\cos\varphi}$$

式中　U——线路工作电压值（V），二相制低压时，$U=220V$。

（2）根据允许电压降选择。配电导线上的电压降必须限制在一定限度之内，否则距离变压器较远的机械设备会因电压不足而难以启动，或经常停机而无法正常使用；即使能够使用，也会由于电动机长期处在低压运转状态，造成电动机电流过大、升温过高而过早地损坏或烧毁。

按导线允许电压降选择配电导线截面的计算公式

按导线允许电压降选择配电导线截面的计算公式如下：

$$S=\frac{\sum(PL)}{C[\varepsilon]}=\frac{\sum M}{C[\varepsilon]}$$

式中　S——配电导线的截面积（mm^2）；

P——线路上所负荷的电功率（即电动机额定功率之和）或线路上所输送的电功率（即用电量）（kW）；

L——用电负荷至电源（变压器）之间的送电线路长度（m）；

M——每一次用电设备的负荷距（kW·m）；

$[\varepsilon]$——配电线路上允许的相对电压降（即以线路的百分数表示允许电压降），一般为 2.5%～5%。

C——系数，是由导线材料、线路电压和输电方式等因素决定的输电系数，见表 4-23。

表 4-23　按允许电压降计算的 C 值

线路额定电压/V	线路系统及电流种类	系统 C 值	
		铜线	铝线
380/220	三相四线	77	46.3
380/220	二相三线	34	20.5
220		12.8	7.75
110		3.2	1.9
36	单线或直流	0.34	0.21
24		0.153	0.092
12		0.38	0.023

（3）按机械强度要求选择。配电导线必须具有足够的机械强度，以防止受拉或机械损伤时折断。在不同的敷设方式下，导线按机械强度要求所必须达到的最小截面面积应符合表4-24的规定。

表 4-24　导线按机械强度要求所必须达到的最小截面面积

导线用途		导线最小截面面积/mm²	
		铜线	铝线
照明装置用导线	户内用	0.5	2.5
	户外用	1.0	2.5
双芯软电线	用于吊灯	0.35	—
	用于移动式生产用电设备	0.5	—
多芯软电线及软电缆	用于移动式生产用电设备	1.0	—
绝缘导线:固定架设在户内支持架上,其间距为	2m 及以下	1.0	2.5
	6m 及以下	2.5	4
	25m 及以下	4	10
裸导线	户内用	2.5	4
	户外用	6	16
绝缘导线	穿在管内	1.0	2.5
	设在木槽板内	1.0	2.5
绝缘导线	户外沿墙敷设	2.5	4
	户外其他方式敷设	4	10

通过以上计算或查表所选择的配电导线截面面积，必须同时满足以上三项要求，并以求得的三个导线截面面积最大者为准，作为最后确定选择的配电导线的截面面积。

实际上，配电导线截面面积计算与选择的通常方法是：若线路上的负荷比较大，当配电线路比较长时，往往以允许电压损失为主确定导线截面面积；当配电线路比较短时，往往以允许电流强度为主确定导线截面面积；若配电线路上的负荷比较小，往往以导线机械强度要求为主选择导线截面面积。当然，不论以哪一种为主选择导线截面，都要同时符合其他两种要求，以求无误。

根据实践，一般工地配电线路较短，导线截面面积可由允许电流选定；而在道路工程和给水排水工程，工地作业线比较长，导线截面面积由电压损失确定。

4. 供电线路布置

《施工现场临时用电安全技术规范》（JGJ 46—2005）中规定，配电系统应设置配电柜或总配电箱、分配电箱、开关箱，实行三级配电；总配电箱以下可设若干分配电箱；分配电箱以下可设若干开关箱。

1）工地上 3kV、6kV 或 10kV 的高压线路，可采用架空裸线，其电杆距离为 40~60m；也可采用地下电缆；户外 380V 或 220V 的低电压线路，可采用架空裸线，与建筑物、脚手架等距离相近时，必须采用绝缘架空线，其电杆距离为 25~40m；分支线或引入线必须从电线杆处连接，不得从两杆之间的线路上直接连接。电杆一般采用钢筋混凝土电杆，低压线路也可采用木杆。

2）为了维修方便施工，现场一般采用架空配电线路，并尽量使其线路最短。要求现场架空线与施工建筑物水平距离不小于 1m，线与地面距离不小于 4m，跨越建筑物或临时设施时，垂直距离不小于 2.5m，线间距不小于 0.3m。

3）各用电点必须配备与用电设备功率相匹配的、由闸刀开关、熔断保险、漏电保护器和插座等组成的配电器，其高度与安装位置应以操作方便、安全为准；每台用电机械和设备均应分设闸刀开关和熔断器，实行单机单闸，严禁一闸多机。

4）设置在室外的配电箱应有防雨措施，严防漏电、短路及触电事故的发生。

5）线路应布置在起重机的回转半径之外。否则应搭设防护栏，且高度要超过线路 2m，机械运转时还应采取相应措施。以确保安全。现场机械较多时，可采用埋地电缆，以减少相互干扰。

6）新建变压器应远离交通要道出入口处，布置在现场边缘高压线接入处，离地高度应大于 3m，四周设有高度大于 1.7m 的铁丝网防护栏，并设置明显标志。

六、BIM 应用步骤

此部分应用 Revit 软件进行单位工程施工平面图设计，主要包括创建临时用电和创建消防设备。

1. 创建临时用电

临电布置：场外电源→变电站→配电室（一级）→配电箱（二级）→配电箱（三级）

总配电箱（配电室）应设在靠近电源的地方，分配电箱［配电箱（二级）］应装设在用电设备或负荷相对集中的地区。分配电箱与开关箱［配电箱（三级）］的距离不得超过 30m，开关箱与其控制的固定式用电设备的水平距离不宜超过 3m。电缆直接埋地敷设的深度不应小于 0.7m。Revit 创建临时用电示意图如图 4-18 所示。

图 4-18 Revit 创建临时用电示意图

2. 创建消防设备

消防栓布置：消防栓设置数量应满足消防要求。消防栓距离建筑物距离不小于 5m，也不应大于 25m，距离路边不大于 2m。Revit 创建消防设备示意图如图 4-19 和图 4-20 所示。

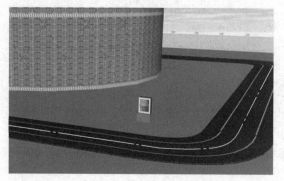

图 4-19 Revit 创建消防设备示意图 1

图 4-20 Revit 创建消防设备示意图 2

项目五
土石方工程施工方案编制

在建筑工程建设过程中，土石方工程是整个建设工程施工过程中的第一道工序，也是最关键的基础工作，其施工质量直接影响整个工程的质量。土石方工程具有施工条件复杂、工期长、投资大、影响面广的特点。

能力标准

通过本项目，主要培养学生在具备基础知识的基础上编制土石方工程施工方案的实际能力，主要包括以下几点：

1）土石方工程施工方案中施工方法和施工机械的选择能力。

2）土石方工程施工方案中关键质量控制点的识别能力。

项目分解

以能力为导向分解的土石方工程施工方案编制，可以划分为若干个任务，再将每一个任务分解成若干个任务要求以及需要提交的成果文件内容（见表5-1）。

表 5-1　土石方工程施工方案编制项目分解与任务要求

项目	任务	任务要求	成果文件
土石方工程施工方案编制	任务一：场地平整方案编制	确定场地平整方案的施工准备工作 场地平整土方量计算 土方调配	编制土石方工程施工方案
	任务二：基坑开挖与支护方案编制	基坑开挖方式的选择 若选择无支护开挖，选择施工机械，若选择有支护开挖，选择支护结构和基坑类型	
	任务三：基坑（槽）降水方案编制	基坑降水方式的选择 若采用轻型井点降水，选择后续施工节点	
	任务四：基坑回填方案编制	基坑填料选择 压实方法选择 施工机械选择	

任务一　场地平整方案编制

一、任务要求

大型工程项目通常都要确定场地设计平面，进行场地平整。场地平整是通过挖高填低，将原始地面改造成满足人们生产、生活需要的场地平面。场地设计标高应满足规划、生产工艺及运输、排水及最高洪水位等的要求，并力求使场地内土方挖填平衡且土方量最小。

案 例 背 景

工程地点处于平原地区，地形平坦。基底上有垃圾和杂物，本工程填土范围内多为壕沟，场地填土施工前应先清除场区内植被、树木等杂物及表层根植层，平均清基深度按10cm，局部清基深度应根据表层耕植层的深度来确定。建筑场地方格网方格尺寸为20m×20m，建筑场地填方区边坡坡度系数为1.0，挖方区边坡坡度系数为0.5。建筑场地方格网图如图5-1所示。图中共12个角点，每个角点左、右两个数字分别代表自然标高和地面设计标高。

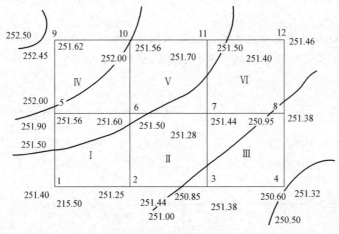

图 5-1　建筑场地方格网图

（1）结合"案例背景"完成土石方施工方案中场地平整方案编写。内容应包括如下方面：

1）确定场地平整方案的施工准备工作，主要包括选择场地平整施工方式和土方机械。

2）场地平整土方量计算，主要包括基坑（槽）和边坡土方量计算。

（2）提交任务实施关键环节讨论的会议纪要。

二、任务基础过关问题

结合任务要求，思考以下问题：

问题1：场地平整土方量计算步骤有哪些？其中土方量计算方法有哪些？如何选择？

问题2：土方调配的原则有哪些？土方调配图表应如何编制？

三、任务实施依据

1)《建筑地基处理技术规范》（JGJ 79—2012）。

2)《建筑地基检测技术规范》（JGJ 340—2015）。

四、任务实施技术路线图

本任务的技术路线图如图 5-2 所示。

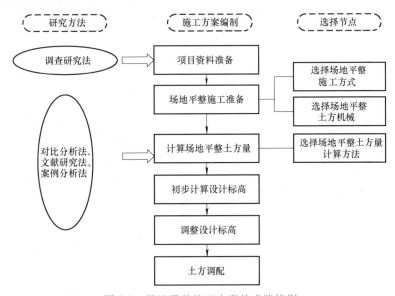

图 5-2　场地平整施工方案技术路线图

五、任务实施内容

在场地平整前，必须确定场地的设计标高（一般均在设计文件上有规定）、计算挖填方的工程量、确定挖方和填方的平衡调配，并合理选择土方机械，拟定施工方案。场地平整方案具体流程为：场地平整施工准备→场地平整土方量计算→土方调配。本任务要求学生完成场地平整方案的编制。请结合案例背景，遵循以下实施指南完成本任务要求。

（一）场地平整施工准备

确定场地平整施工方案前，需对场地平整施工方式和土方机械做出选择。

1. 选择场地平整施工方式

（1）待选择方式。场地平整的方式有三种，分别是先平整后开挖、先开挖后平整和边平整边开挖。

（2）选择依据。场地平整方式选择的依据包括：挖填土方量、适用工期和适用地形。根据该场区地质条件，结合工程挖填土方量，确定场地平整施工方式。具体对比选择分析见表 5-2。

2. 选择场地平整土方机械

场地平整土方施工机械主要为推土机、铲运机，有时也会用挖掘机。

场地平整土方机械的选择依据包括：机械特点、适用运距和机械功能，具体选择可根据表 5-3 确定。

表 5-2　场地平整施工方式对比选择分析

施工方式	挖填土方量	适用工期	适用地形
先平整整个场地，后开挖建筑物或构筑物基坑（槽）	较大	工期长	地形复杂
先开挖建筑物或构筑物基坑（槽），后平整场地	减少重复挖填土方	可加快施工速度	地形平坦
边平整场地，边开挖基坑（槽）	需要提前平衡调配	工期紧迫	地形复杂

表 5-3　施工机械对比选择分析

施工机械	特点	适用运距	功能
推土机	操作灵活，运转方便，所需工作面较小，行驶速度快，易于转移	经济运距在 100m 以内，效率最高运距为 60m	切土、推运土方
铲运机	操作简单，不受地形限制，能独立工作，行驶速度快，生产效率高	适用运距为 600~1500m，效率最高运距为 200~350m	挖土、装土、运土、卸土、平土
挖掘机	平整场地有土堆或土丘时，需有运土汽车配合	—	向上挖掘、填筑土方

3. 选择土方量计算方法

在土方工程施工前，通常要计算土方的工程量，然后根据土方工程量的大小拟定土方施工的方案，组织土方工程的施工。但土方工程的地形往往复杂、不规则，进行精确计算比较困难。通常是将其假设或划分为一定的几何形状，并采用具有一定精度又与实际情况相近似的方法进行计算。编制土方工程施工方案及检查验收实际土方工程数量等，都需要进行土方量的计算。

（1）计算方法。场地土方量计算的方法，通常有方网格法和断面法两种。

（2）选择依据。对场地土方量的计算方法的选择，依据为适用地形和控制形态。土方量计算方法选择对比分析见表 5-4。

表 5-4　土方量计算方法选择对比分析

土方量计算方法	适用场景	原则	控制形态
方网格法	地形较为平坦	挖填土方量相等	用方格网控制整个场地，方格边长一般为 10~40m，通常采用 20m
断面法	地形起伏变化较大	挖填土方量平衡和总土方量最小两个条件	沿场地取若干个相互平行的断面，将所取的每个断面划分成若干个三角形或梯形

（二）场地平整土方量计算

对于较大的场地平整，正确选择设计标高非常重要。选择设计标高时，应考虑以下因素：满足生产工艺和运输的要求；尽量利用地形，以减少挖方数量；场地以内的挖方与填方能达到相互平衡（面积大、地形又复杂时除外），以降低土方运输费用；要有一定的泄水坡度（≥2‰，能满足排水要求），考虑最高洪水位的要求。

通常情况下，对于小型场地平整，如原地形比较平坦，对场地设计标高无特殊要求时，用方格网法计算土方量，本任务以方格网法展开土方量计算。

当设计文件上对场地标高无特定要求时，场地的设计标高可按下述步骤和方法确定：初步计算场地设计标高→调整设计标高→计算场地平整土方量。

1. 初步计算场地设计标高

将地形图划分方格，每个方格的角点标高，一般根据地形图上相邻两等高线的标高，用插入法求得；在无地形图的情况下，也可在地面上用木桩打好方格网，然后用仪器直接测出。

一般来说，场地设计标高的确定原则应该是使场地内的土方在平整前和平整后相等而达到挖方和填方的平衡。计算时需要的因素有方格数和角点的标高。

场地设计标高计算公式

场地设计标高计算公式如下：

$$H_0 = \frac{1}{4n} \sum_{i=1}^{n} \left(H_{i1} + H_{i2} + H_{i3} + H_{i4} \right)$$

式中　　　　H_0——所计算场地的设计标高（m），满足挖填方平衡的平均高度；

　　　　　　n——方格数；

H_{i1}、H_{i2}、H_{i3}、H_{i4}——第 i 个方格四个角点的原地形标高（m）。

上式也可改写成

$$H_0 = \frac{1}{4n} \left(\sum H_1 + 2\sum H_2 + 3\sum H_3 + 4\sum H_4 \right)$$

式中　　　H_0——所计算场地的设计标高（m）；

　　　　　n——方格数；

　　　　　H_1——一个方格独有的角点标高（m）；

H_2、H_3、H_4——二、三、四个方格所共有的角点标高（m）。

---

2. 调整设计标高

上述公式所计算的设计标高纯为理论值，实际上还需结合以下因素进行调整：

1）由于土具有可松性，必要时应相应地提高设计标高。

2）场内挖方、填方对设计标高的影响。

3）考虑施工经济的影响。

4）考虑泄水坡度对设计标高的影响。

泄水坡度计算公式

泄水坡度计算公式如下：

$$H'_i = H_0 \pm l_x i_x \pm l_y i_y$$

式中　　H_0——场地中心的标高（m）；

　　　　H'_i——考虑泄水坡度角点的设计标高（m）；

l_x、l_y——计算点沿 x、y 方向与场地中心点的距离；

i_x、i_y——场地在 x、y 方向的泄水坡度。

由场地中心点沿方向指向计算点时，同向取"–"号，反向取"+"号。设计无要求时，泄水坡度 ≥ 0.002。

---

3. 计算场地平整土方量

场地平整土方量的计算包括零点的确定和土方量的计算。

（1）零点的确定。零点是指方格边界上施工高度为
0 的点（在相邻角点施工高度为一挖一填的方格边线上，
用插入法求出零点的位置）。零线即为零点所连成的线。

零点示意图如图 5-3 所示。

（2）场地平整边坡土方量计算。零线确定后，便可
进行土方量的计算。方格中土方量的计算有两种办法：
四棱柱体法和三角棱柱体法。场地平整边坡计算方法选
择对比分析见表 5-5。

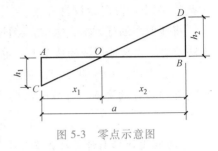

图 5-3　零点示意图

表 5-5　场地平整边坡计算方法选择对比分析

方法	内容	计算公式
四棱柱体法	方格四个角点全部为填（或挖）	$V = \dfrac{a^2}{4}(h_1 + h_2 + h_3 + h_4)$
	方格的相邻两角点为挖，另两个角点为填	$V_{挖} = V_{1,2} = \dfrac{a^2}{4}\left(\dfrac{h_1^2}{h_1 + h_4} + \dfrac{h_2^2}{h_2 + h_3}\right)$ $V_{填} = V_{3,4} = \dfrac{a^2}{4}\left(\dfrac{h_3^2}{h_2 + h_3} + \dfrac{h_4^2}{h_1 + h_4}\right)$
	方格的三个角点为挖，另一个角点为填（或相反）	$V_{填} = V_4 = \dfrac{a^2}{6} \cdot \dfrac{h_4^3}{(h_1 + h_4) \cdot (h_3 + h_4)}$ $V_{挖} = V_{1,2,3} = \dfrac{a^2}{6}(2h_1 + h_2 + 2h_3 - h_4) + V_{填}$
三角棱柱体法	三角形的三个角全部为挖或全部为填	$V = \dfrac{a^2}{6}(h_1 + h_2 + h_3)$

注：h_1、h_2、h_3、h_4 为各角点的施工高度，以绝对值代入。

（3）基坑（槽）土方量的计算。基坑是指长宽比 ≤3 的矩形土体，其土方量可按立体
几何中棱柱体（由两个平行的平面作底的一种多面体）的体积计算公式。基槽的土方量可
以沿长度方向分段后，再使用同样的方法计算。

基槽的土方量计算公式

1）基坑：指在基础设计位置按基底标高和基础平面尺寸说开挖的土坑。

土方量计算公式如下：

$$V = \frac{H}{6}(A_1 + 4A_0 + A_2)$$

式中　V——土方工程量（m^3）；

　　　H——基坑深度（m）；

　A_1、A_2——基坑上、下底面积（m^2）；

　　　A_0——基坑中截面面积（m^2）。

2）基槽：指仅沿条形基础的基底开挖的施工工程。

土方量计算公式如下：

$$V_1 = \frac{L_1}{6}(A_1 + 4A_0 + A_2)$$

式中 V_1——第一段的工程量（m^3）；

L_1——第一段的长度（m）。

总土方量则为各段总和，即

$$V = V_1 + V_2 + \cdots + V_n$$

式中 V_1、V_2、$\cdots$、V_n——各段的土方量（m^3）。

（三）土方调配

土方工程量计算完成后，即可着手土方的调配。土方调配，就是对挖土的利用、堆弃和填土三者之间的关系进行综合协调的处理。好的土方调配方案应该既能使土方运输费用达到最小，又能方便施工。

1. 确定土方调配原则

进行土方调配，必须根据现场的具体情况、有关技术资料、进度要求、土方施工方法与运输方法，综合考虑原则（可参照"问题、成果与范例篇"本任务问题1答案），并经过计算比较，选择出经济合理的调配方案。

2. 土方调配图表的编制

场地土方调配，需做成相应的土方调配图表，以便施工中使用。其编制方法如下：

（1）划分调配区。在场地平面图上画出挖、填区的界线（即前述的零线），根据地形及地理等条件，可在挖方区和填方区适当地分别划分出若干调配区（其大小应满足土方机械的操作要求），并计算出各调配区的土方量，在图上标明。

（2）求出每对调配区之间的平均运距。平均运距即挖方区土方中心至填方区土方中心的距离。因此，求平均运距，需先求出各调配区土方的重心。

各调配区土方的重心计算

各调配区土方的重心计算方法如下：

取场地或方网格中的纵横两边为坐标轴，分别求出各区土方的中心位置，即

$$\overline{X} = \frac{\sum vx}{\sum v} \qquad \overline{Y} = \frac{\sum vy}{\sum v}$$

式中 $\overline{X}$、$\overline{Y}$——挖方调配区或填方调配区重心坐标；

v——每个方格的土方量；

x、y——每个方格的中心坐标。

为了简化 x、y 的计算，可假定每个方格上的土方是各自均匀分布的，从而用图解法求出形心位置以代替重心位置。重心求出后，标注在相应的调配区图上，然后用比例尺量出每对调配区之间的平均运距。

1）画出土方调配图。根据上文计算得出的土方量和平均运距即可绘制土方调配图，在图上标出调配方向，土方数量以及平均运距。

2）列出土方量平衡表。将土方调配计算结果列入土方量平衡表中，具体应根据计算列明挖填土方量。

任务二　基坑开挖与支护方案编制

一、任务要求

在建造埋置深度较大的基础或地下工程时，需要进行较深的土方开挖，由此形成的地下空间称为基坑。基坑工程包括围护体系的设置和土方开挖两个方面。土方的开挖方式、步骤和速度对主体结构桩基础位移、围护结构变形有着直接的关系，也会引起基坑周围土体应力场的和地下水位的变化，从而导致周围土体发生位移，对基坑周边环境将产生不利的影响。在土木工程中，有较深的地下管线、地下室或其他建（构）筑物时，在结构施工时一般都需要进行基坑开挖，为确保基坑开挖顺利，在施工前需要进行基坑土壁稳定验算或支护结构的设计与施工。

案例背景

本工程基坑开挖按 1:0.4 放坡，地基土的构成及岩性特征，自上而下分为六层：

① 杂填土：层底埋深 0.8~2.1m，平均厚度为 1.45m，土的颜色为褐、褐黄，以粉土为主。

② 粉土：层底埋深 2.9~5.8m，分布厚度为 1.8~4.5m，平均厚度为 3.15m，场地在该层底为一层厚度为 0.9~1.7m 的粉质黏土层，场地西面在埋深 1.9~3.2m 处为一层厚度为 1.6m 左右粉质黏土，向南变薄，直至为零，在埋深 3.5~5.3m 内含细砂。

③ 细砂、中砂：层底埋深 6.9~8.0m，分布厚度为 1.2~4.2m，平均厚度为 2.7m，场地东为细砂、中砂互层，以细砂为主，含有粉质黏土和中砂，场地西面以中砂为主，夹有粉砂、粗砂，粗砂中含有大量的卵石。

④ 粉土：层底埋深 10.0~11.5m，分布厚度为 2.0~3.6m，平均厚度为 1.9m。

⑤ 粉质黏土：层底埋深 12.5~14.0m，分布厚度为 1.4~4.0m，平均厚度为 2.7m。

⑥ 粉土：本次勘察未穿透该层，该层顶部为一厚度为 1.3m 左右的细砂层。

（1）结合"案例背景"完成土石方施工方案中基坑开挖与支护施工方案编写。内容应包括如下方面：

1）选择基坑开挖方式。

2）若选择无支护开挖，选择施工机械。

3）若选择有支护开挖，选择支护结构和基坑类型。

（2）提交任务实施关键环节讨论的会议纪要。

二、任务基础过关问题

结合任务要求，思考以下问题：

问题 1：基坑开挖类型分为哪几类？不同的开挖类别适用建筑类型是什么？

问题 2：放坡开挖的具体流程是什么？基坑开挖形式有哪些？各适用于何种情况？

问题 3：有支护开挖中，支护结构分为哪几类？不同安全等级的基坑应采用的支护方式是什么？

三、任务实施依据

1）基坑边坡支护工程施工图。

2）《建筑基桩监测技术规范》（JGJ 106—2014）。

3）《建筑深基坑工程施工安全技术规范》（JGJ 311—2013）。

4）《建筑基坑支护技术规程》（JGJ 120—2012）。

5）《建筑地基基础设计规范》（GB 50007—2011）。

6）《基坑土钉支护技术规程》（CECS 96：97）。

7）《复合土钉墙基坑支护技术规范》（GB 50739—2011）。

四、任务实施技术路线图

本任务的技术路线图如图 5-4 所示。

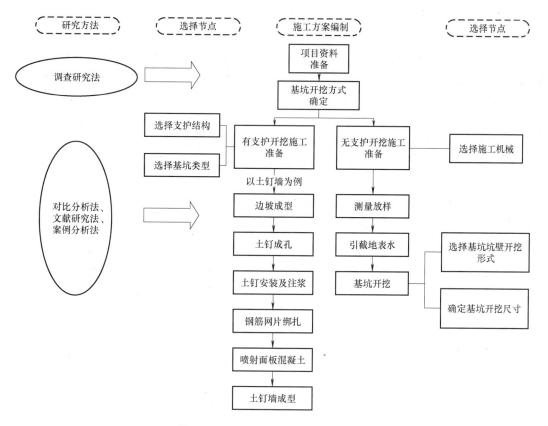

图 5-4　基坑开挖施工方案技术路线图

五、任务实施内容

基坑开挖部分主要包括基坑开挖方式的选择及两种开挖形式的后续施工质量控制点的确定。本任务要求学生完成基坑开挖与支护方案的编制。请结合案例背景，遵循以下实施指南完成本任务要求。

（一）基坑开挖方式选择

1. 基坑开挖形式

基坑开挖根据其实现形式，大致分为无支护开挖和有支护开挖。

2. 选择依据

基坑开挖形式的确定依据包括：适用建筑类型、工程规模、施工工期、施工难度和工程造价。根据工程建筑类型及施工要求，确定基坑开挖方案。基坑开挖方式选择对比分析见表5-6。

表 5-6　基坑开挖方式选择对比分析

基坑开挖方式	适用建筑类型	工程规模	施工工期	施工难度	工程造价
无支护开挖（放坡开挖）	民用与工业建筑	小	较短	问题较少	较低
有支护开挖	高层建筑地下部分	深度多在 5~15m，宽度在 20m 以上	较长	常遇地下水及软土，问题较多	较高

（二）放坡开挖

当基坑所处的场地较大，而且周边环境较简单，基坑开挖可以采用放坡开挖形式，这样比较经济，而且施工简单。在放坡开挖中，具体流程为：选择施工机械→测量放样→引截地表水→放坡开挖施工。

1. 选择施工机械

在土方开挖时，首先要确定土方开挖机械类型。

（1）待选择机械类型。常用土方开挖机械类型包括：推土机、铲运机、正铲挖土机、反铲挖土机、拉铲挖土机、抓铲挖土机。

（2）选择依据。土方开挖机械选择依据包括：作业特点与条件、机械适用范围和辅助与配备机械。具体选择对比分析见表5-7。

表 5-7　基坑开挖机械选择对比分析

机械名称	作业特点与条件	适用范围	辅助与配备机械
推土机	推平 运距 100m 以内的推土 助铲 牵引	找平表面、场地 短距离挖运 拖羊足碾	—
铲运机	找平 运距 1500m 以内的挖运土 填筑堤坝	场地平整 运距 100~1500m 距离最小 100m	开挖坚硬土时需要推土机助铲
正铲挖土机	开挖停机面以上的土方 在地下水位以上 填方高度 1.5m 以上 装车外运	大型基坑开挖 工程量大的土方作业	外运应配备自卸汽车 工作面应由推土机配合
反铲挖土机	开挖停机面以上的土方 挖土深度随装置决定 可装土和甩土两用	基坑、管沟 独立基坑	外运应配备自卸汽车 工作面应由推土机配合

（续）

机械名称	作业特点与条件	适用范围	辅助与配备机械
拉铲挖土机	开挖停机面以上的土方 由于铲斗悬挂在钢丝绳上,开挖断面误差较大 可装车,也可以甩土	基坑、管沟 大量的外借土方 排水不良也能开挖	配备推土机创造施工条件 外运应配备自卸汽车
抓铲挖土机	可直接开挖直井或在开口沉井内挖土 可装车,也可以甩土 钢丝绳牵拉,效率不高 液压式的深度有限	基坑、基槽 排水不良也能开挖	外运应配备自卸汽车

2. 测量放样

根据《建筑基坑工程监测技术标准》（GB 50497—2019）规定,首先利用控制测量网通过全站仪器或 GPS 仪器定出墩、台基础的中心位置以及轮廓尺寸,并打上木桩作为标志,桩标必须位于基坑开挖范围以外的可靠地点。

按十字线测设基坑开挖边线,定出边线在十字线上及交角处的桩点,以确定基坑开挖范围。

3. 引截地表水

基坑开挖之前,应做好地表排水系统,在基坑顶外缘四周应向外设置排水坡或设置排水梁,在适当距离设置截水沟,应采取防止水沟渗水的措施,避免影响坑壁稳定。

4. 放坡开挖施工

（1）基坑底开挖尺寸的确定。在旱季无地下水的情况下,采用坑壁垂直方法施工时,可按基础地面尺寸,直接利用垂直坑壁作起初混凝土浇筑的外模,需进行基坑排水或安装基础模板时,应按基础底面四周各加宽 50~100cm 进行设计,具体应结合模板安装和排水沟、集水坑的设置方式、基底放样布桩形式和基坑土质情况等因素计算确定。

（2）基坑开挖形式的确定。

1）基坑开挖形式有直角边坡、不同深度折线边坡、不同土层折线边坡和阶梯边坡。

2）选择依据包括:适用土层和边坡坡度。根据该场区地质条件,结合基坑结构特点,确定放坡形式。具体选择对比分析见表 5-8。

表 5-8 放坡形式选择对比分析

放坡形式	适用土层	坡度
直角边坡	土质较均匀的,上下层状态一致,无明显分层	相同坡度
不同深度折线边坡	土质较均匀的,上下层状态一致	—
不同土层折线边坡	无明显分层,但其自稳性不够,且坡高太大	两种坡度的折线边坡（上部坡度应更平缓）
阶梯边坡	岩质或自稳性强	坡高太大

放坡形式示意图如图 5-5 所示。

坡度系数 m 代表放坡大小,其可用下式表示:

$$m = B/H$$

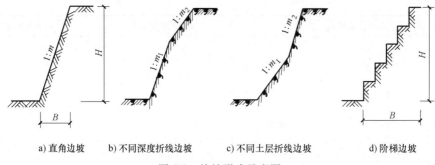

a) 直角边坡　　　b) 不同深度折线边坡　　　c) 不同土层折线边坡　　　d) 阶梯边坡

图 5-5　放坡形式示意图

注：阶梯边坡半坡宜设马道，形成阶梯形。自阶脚线起，上部也可做较平缓的坡。

（三）有支护开挖

开挖基坑（槽）时，如果地质条件和周围环境许可，采用放坡开挖是比较经济的。但在建筑稠密地区施工，或有地下水渗入基坑（槽）时，往往不可能按要求的坡度放坡开挖，这就需要进行基坑（槽）支护，以保证施工的顺利和安全，并减少对相邻建筑物、管线等的不利影响。有支护开挖主要涉及深基坑，一般深基坑是指开挖深度超过 5m（含 5m）或地下室 3 层以上（含 3 层），或深度虽未超过 5m，但地质条件和周围环境及地下管线特别复杂的工程。有支护开挖方案具体流程为：基坑类型的确定→支护结构的确定→具体支护结构的施工。

1. 基坑类型的确定

（1）待选择方式。常见基坑类型有一级基坑、二级基坑、三级基坑。

（2）选择依据。基坑类型选择依据包括：基坑深度和适用地质等特殊需求。根据该场区地质条件，结合基坑结构特点，确定基坑类型。具体选择对比分析见表 5-9。

表 5-9　基坑类型选择对比分析表

基坑类型	基坑深度	适用地质等特殊需求
一级基坑	开挖深度>10m	针对重要工程,支护结构与基础结构合一工程
二级基坑	不属于一级或三级的其他基坑	—
三级基坑	开挖深度<7m	无特别要求

2. 支护结构的确定

（1）市政工程基槽支护结构。

1）开挖较窄的沟槽多用横撑式土壁支撑。

2）横撑式土壁支撑根据挡土板的不同，分为水平挡土板及垂直挡土板两类。前者挡土板的布置又分为间断式和连续式两种。湿度小的黏性土挖土深度<3m 时，可用间断式水平挡土板支撑。

（2）安全等级一、二级的深基坑。根据《建筑基桩监测技术规范》（JGJ 106—2014）对基坑类型分类，针对安全等级一、二级的深基坑，其适用土质、适用深度、造价见表 5-10。

（3）安全等级三级、深度不大的基坑。针对安全等级三级，深度不大的基坑，其主要结构和适用基坑情况，见表 5-11。

表 5-10　安全等级一、二级的深基坑对比选择分析

支护结构体系			适用土质	适用深度	造价
水泥挡土墙		深层搅拌水泥土桩墙	淤泥、黏土、粉土等基坑截水和支护	不宜用于太深的基坑在软土地区适用 4~6m 深的基坑,最大可达 7~8m	较低
		高压喷射注浆桩墙			
		粉体喷射注浆桩墙			
排桩与板墙	排桩式	钻孔灌注桩	不允许放坡、邻近有建(构)筑物的基坑支护	适于开挖面积大、深度 6~10m	施工方便、安全度好、费用低
		挖孔灌注桩			
		钢管桩			
	板桩式	钢板桩			
		型钢横挡板			
	板墙式	现浇地下连续墙			
	组合式				
边坡稳定式	土钉墙	加筋水泥土围护墙	—	用于深>12m 的二、三级非软土基坑。地下水位较高时,应采取降水或截水措施	较高
		灌注桩与水泥土桩结合			
	锚杆支护		适于较硬土层或破碎岩石中开挖较大较深基坑,邻近有建筑物须保证边坡稳定时采用	—	
	拟作拱墙式		淤泥和淤泥质土地不宜使用	基坑深不宜大于 12m	较低

表 5-11　安全等级三级、深度不大的基坑对比选择分析

支护方式	主要结构	适用基坑情况
短柱横隔板支撑	短柱、横隔板、填土	仅适用于部分地段放坡不够、宽度较大的基坑使用
临时挡土墙支撑	编织袋或草袋装土、装砂;或干砌、浆砌毛石	仅适用于部分地段放坡不够、宽度较大的基坑使用
斜柱支撑	先沿基坑边缘打设柱桩,在柱桩内侧支设挡土板并用斜撑支顶,挡土板内侧填土夯实	适用于深度不大的大型基坑使用
锚拉支撑	先沿基坑边缘打设柱桩,在柱桩内侧支设挡土板,柱桩上端用拉杆拉紧,挡土板内侧填土夯实	适用于深度不大、不能安设横(斜)撑的大型基坑使用

　　土钉墙支护的技术原理是利用岩土介质的自承能力,借助土钉与周围土体的摩擦力和黏聚力,将不稳定土体和深部稳定土层连在一起形成稳定的组合体,土钉一端与钢筋网连接,喷射混凝土使土钉与土体形成复合体,提高了边坡整体稳定和承受坡顶超载能力,增强土体破坏延性,改变边坡突然坍方性质。有利于安全施工,由于该技术具有施工简便、灵活机动、适用性强、隔水防渗等优点,近年来在我国的应用日益广泛,在《中国建筑技术政策2013 版》中,其被列为积极开发的支护技术。

　　3. 具体支护结构的施工

　　本任务主要介绍土钉墙支护形式的具体施工流程。具体流程为:边坡成型→土钉成孔→

土钉安装及注浆→钢筋网片绑扎→喷射面板混凝土→土钉墙成型。

基于施工流程，提炼出质量控制点（见表 5-12）。具体施工过程可见"问题、成果与范例篇"本任务成果与范例中案例分析。

表 5-12 土钉支护质量控制点提取表

施工流程	质量控制点	控制点确定依据
边坡成型	对坡度、坡面进行控制	《建筑基坑支护技术规程》（JGJ 120—2012）《基坑土钉支护技术规程》（CECS 96:97）《建筑深基坑工程施工安全技术规范》（JGJ 311—2013）
土钉成孔	成孔方式、成孔角度	《建筑基坑支护技术规程》（JGJ 120—2012）《基坑土钉支护技术规程》（CECS 96:97）《建筑深基坑工程施工安全技术规范》（JGJ 311—2013）
土钉安装及注浆	钢筋土钉的插入时间、现场水泥浆的浇筑时间	《建筑基坑支护技术规程》（JGJ 120—2012）《基坑土钉支护技术规程》（CECS 96:97）
钢筋网片绑扎	钢筋规格、接头连接方式、保护层厚度	《建筑基坑支护技术规程》（JGJ 120—2012）《基坑土钉支护技术规程》（CECS 96:97）《建筑深基坑工程施工安全技术规范》（JGJ 311—2013）
喷射面板混凝土	喷射混凝土规格及厚度	《建筑基坑支护技术规程》（JGJ 120—2012）《基坑土钉支护技术规程》（CECS 96:97）
土钉墙成型	坡面、接缝、阴阳角质量	《建筑基坑支护技术规程》（JGJ 120—2012）《基坑土钉支护技术规程》（CECS 96:97）

任务三 基坑（槽）降水方案编制

一、任务要求

在基坑施工过程中，降水是基坑工程的重要环节，方案设计不当易导致基坑发生渗透破坏、地面差异沉降过大等现象。不同的地层岩性特征和水文地质条件是影响基坑降水的关键性因素。

案 例 背 景

主要结构类型：办公楼长为 58.5m，宽为 19.3m，为框架剪力墙结构。

基坑开挖尺寸：考虑到基坑开挖工作面，基坑底面积近似假设为 60m×21m，基坑边坡为 1:0.4，基坑深为 3.80m。

水文地质条件：地下水位在地面以下 1m，不透水层为地面以下 9m，地下水为无压水；天然地面以下为 1m 厚杂填土，其下为 8m 厚的黏质砂土含水层，土层渗透系数为 18m/d。

（1）结合"案例背景"完成基坑降水方案编写。内容应包括如下方面：

1）选择基坑降水方式。

2）若选择轻型井点降水，试进行井点系统的布置和计算。

（2）提交任务实施关键环节讨论的会议纪要。

二、任务基础过关问题

结合任务要求，思考以下问题：

问题1：基坑（槽）的降水方法分为哪几类？不同的降水方法适用施工情况是什么？

问题2：影响轻型井点布置的因素有哪些？轻型井点应如何布置？

三、任务实施依据

1)《建筑基坑支护技术规程》（JGJ 120—2012）。

2)《基坑工程技术规范》（YB 9258—1997）。

3)《建筑与市政工程地下水控制技术规范》（JGJ 111—2016）。

4)《地下工程防水技术规范》（GB 50108—2008）。

5)《管井技术规范》（GB 50296—2014）。

6) 基坑轻型井点降水平面布置图、降水剖面图。

7)《建筑基坑工程监测技术标准》（GB 50497—2019）。

四、任务实施技术路线图

本任务的技术路线图如图5-6所示。

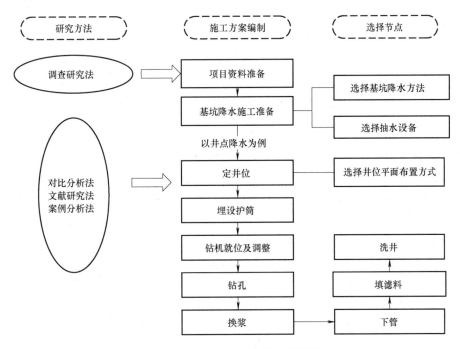

图5-6　基坑降水施工方案技术路线图

五、任务实施内容

在土方开挖过程中，当基坑（槽）地面低于地下水位以下时，土的含水层被切断，地下水会不断地渗入基坑。雨期施工时，地面水也会流入基坑，为了保证施工安全，需要进行基坑降水。基坑降水施工方案中，主要包括基坑降水方式的选择与选定方式的施工工艺。本任务要求学生完成基坑降水方案的编制。请结合案例背景，遵循以下实施指南完成本任务要求。

(一) 基坑降水方式的选择

基坑降水是保障基础质量的重要步骤，常见的基坑降水方法有很多。

1. 待选择方式

常见的基坑降水方法可分为重力降水和强制降水。

2. 选择依据

基坑降水方式依据包括：适用土层类型、适用土的渗透系数、适用的施工设备和需要降水的深度。根据场区水文地质条件，结合工程各单体结构特点，确定基坑降水方案。降水方式选择分析见表 5-13。

表 5-13 降水方式选择分析

降水方法		适用土层类型	渗透系数/(cm/s)	施工设备	降水深度/m
重力降水	明沟排水	含薄层粉砂的粉质黏土、黏质粉土、砂质粉土、粉细砂	$1 \times 10^{-7} \sim 2 \times 10^{-4}$	离心泵、潜水泵、软轴水泵	<5
	集水井				
强制降水	轻型井点			管路系统：滤管、井点管、弯联管及总管 抽水设备：真空泵、离心泵和集水箱	<6 多级轻型井点 6~10
	喷射井点				8~20
	电渗井点	黏土、淤泥质黏土、粉质黏土	$<1 \times 10^{-7}$		根据选定的井点确定
	管井(深井)	含薄层粉砂的粉质黏土、砂质粉土、砂土、砂砾、卵石	$>1 \times 10^{-6}$		>6

(二) 轻型井点降水

轻型井点降水可减少基坑开挖边坡坡率，降低基坑开挖土方量。轻型井点机具简单、易于操作、便于管理，开挖好的基坑施工环境好，各项工序施工方便，大大提高了基坑施工工序。开挖好的基坑内无水，相应地提高了基底的承载力。在软土路基，地下水较为丰富的地段应用，有明显的施工效果。本文将以此降水方式为例展开分析，其他方式不再过多描述，其具体施工步骤为：施工准备→布置井点→井点管施工。

轻型井点是沿基坑四周将井点管埋入蓄水层内，利用抽水设备将地下水从井点管内不断抽出，将地下水位降至基坑底以下。若降水深度为 3~6m，则布置为单级轻型井点；若降水深度为 6~12m，则布置为多级轻型井点。

1. 施工准备

在轻型井点施工前，需要考虑抽水设备的选择和施工机具的规格选择。

(1) 明确抽水设备类型及数量。施工前涉及抽水设备的选择，主要考虑抽水设备的抽水能力。

1) 待选择方式。可选择的抽水设备主要为潜水泵、真空泵等。

2) 选择依据。根据水泵流量和水泵吸水扬程，水泵的设置深度应小于水泵扬程。

(2) 明确施工机具规格。根据经济性与安全性的原则，明确井点管、连接管、集水总管、滤料的规格。具体详见《基坑工程技术规范》中规定。

2. 布置井点

确定轻型井点位置时，需要对轻型井点的平面布置、高程布置、井点管数量和井距等做出规定。

（1）确定平面布置。此部分涉及轻型井点的平面布置方式的选择。

1）待选择方式。轻型井点的平面布置方式有单排布置、双排布置、环形布置和 U 形布置。

2）选择依据。轻型井点的平面布置方式选择依据包括基坑深度及类型、降水深度和特殊需要。具体对比选择分析见表 5-14。

表 5-14 轻型井点平面布置方式对比选择分析

平面布置方式	基坑深度及类型	降水深度	特殊需要
单排布置	$B<6m$	降水<5m	井点管在地下水上游
双排布置	$B>6m$	—	土质不良
环形布置	大面积基坑	—	—
U 形布置	井间距小	井管不封闭的一段应在地下水下游方向	当土方施工机械需进出时

轻型井点平面布置示意图如图 5-7 所示。

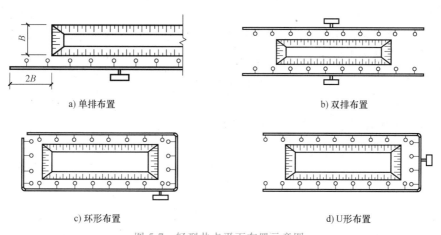

a) 单排布置   b) 双排布置

c) 环形布置   d) U形布置

图 5-7 轻型井点平面布置示意图

（2）确定高程布置。高程布置是指井点管的埋置深度，主要由井点管埋设面至坑底面的距离、降低后的地下水位至基坑中心底面的距离、水力坡度和井点管至基坑中心的水平距离确定。

轻型井点高程布置计算

轻型井点高程布置计算公式如下：

$$h \geq h_1 + \Delta h + iL$$

式中　h——井点管埋设深度（m）；

h_1——井点管埋设面至坑底面的距离（m）；

Δh——降低后的地下水位至基坑中心底面的距离，一般为 $0.5 \sim 1m$；

　i——水力坡度，单排井点 $1/4 \sim 1/5$、双排井点 $1/7$、环形井点 $1/10$；

　L——井点管至基坑中心的水平距离（m）。

环形布置时，取短边方向的长度。H 还应小于抽水设备的抽吸深度，若不满足，降低总管埋设面或设多级井点。

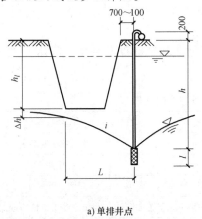

图 5-8　轻型井点高程布置

（3）确定井点管数量与井距。在确定井点管的数量与井距时，需要通过涌水量的计算得出井点系统的涌水量，与单根井点管的出水量得出所需井点管数量与井距。涌水量需根据井点类型计算，其分为无压完整井、无压非完整井、承压完整井和承压非完整井。

涌水量计算公式

1. 涌水量计算

此处以无压井为例，列出群井涌水量的计算公式。

1) 无压完整群井计算公式：

$$Q = 1.366K \frac{(2H-S)S}{\lg(R+x_0) - \lg x_0}$$

$$R = 2S\sqrt{HK}$$

式中　Q——井点系统的涌水量（m^3/d）；

　　　K——土壤的渗透系数（m/d）；

　　　H——含水层厚度（m）；

　　　S——井点管处水位的降落高度（m）（注：图 5-8b 图中标识的 S' 为基坑中心水位下降高度，如果仅计算单井涌水量则使用 S'）；

　　　R——单井的降水影响半径（m）；

　　　x_0——井点管围成的水井的假想半径（m）。

2) 无压非完整群井计算公式：

$$Q = 1.366K \frac{(2H_0 - S)S}{\lg(R+x_0) - \lg x_0}$$

式中　H_0——有效含水深度（m），抽水时在 H_0 范围内受到抽水影响，而假想在 H_0 以下
的水不受抽水影响，因而也可以将 H_0 视为抽水影响的深度。H_0 可按照
表 5-15 中计算。当算得的 H_0 大于实际含水层的厚度 H 时，取 $H_0 = H$。

对于矩形基坑，当长宽比小于或等于 5 时可按下式计算：

$$x_0 = \sqrt{\frac{F}{\pi}}$$

式中　F——环形井点包围的面积（m^2）。

表 5-15　H_0 的计算

$S/(S+l)$	0.2	0.3	0.5	0.8
H_0	$1.3(S+l)$	$1.5(S+l)$	$1.7(S+l)$	$1.84(S+l)$

注：$S/(S+l)$ 的中间值可采用插入法求 H_0。

2. 井点管数量与井距的计算

1）单根井点管出水量确定公式：

$$q = 65\pi dl^3\sqrt{K}$$

式中　d——滤管直径（m）；
　　　l——滤管长度（m）。

2）井点管数量确定公式：

$$n \geqslant 1.1\frac{Q}{q}$$

式中　Q——总涌水量（m^3/d）；
　　　q——单井出水量（m^3/d）。

3）井点管间距确定公式：

$$D' = \frac{L}{n}$$

式中　L——总管长度（m）。

实际采用的井点管间距 D 应当与总管上接头尺寸相适应，即尽可能采用 0.8m、
1.2m、1.6m 或 2.0m 等，且 $D<D'$（如果 $D'<D$ 但非常接近，算出的井点管数量也能满足
1.1 倍的最少井点管数量的要求，此时 D 也是允许的）。

按井点降水布置图图示位置（可见"问题、成果与范例篇""项目五　土石方工程施工
方案编制""任务三　基坑（槽）降水方案编制"成果与范例中井点降水布置图）先挖沟
槽，在沟槽内插入井点管，井点管通过软胶皮管与集水总管连接，集水总管与抽水调配连
接，每个独立的降水单元连接完成，就可以开始运行。

3. 井点管施工

轻型井点具体施工过程为：放线定位→敷设总管→冲孔→安装井点管、真砂砾滤料、上部填黏土密封→用弯联管将井点管与总管接通→安装集水箱→开动水泵抽水→测量观测井中地下水位变化。在此过程中，需明确挖土前降水时间与降水系统停止时间。基于施工流程，提炼出质量控制点（见表 5-16）。具体施工过程可见"问题、成果与范例篇""项目五　土石方工程施工方案编制""任务三　基坑（槽）降水方案编制"成果与范例中案例分析。

表 5-16　轻型井点施工流程及质量控制点汇总

施工流程	施工时质量控制点	确定依据
1）定位	对井点布置方位做出规定	井点降水平面布置图及施工现场情况
2）开沟	对沟槽宽度、填土材料做出规定	《基坑工程技术规范》（YB 9258—1997） 《建筑与市政工程地下水控制技术规范》（JGJ 111—2016）
3）冲孔	对孔径、孔深超过支管（过滤头）长度做出规定	《基坑工程技术规范》（YB 9258—1997） 《建筑与市政工程地下水控制技术规范》（JGJ 111—2016）
4）置管	成孔后迅速放入支管	《基坑工程技术规范》（YB 9258—1997） 《建筑与市政工程地下水控制技术规范》（JGJ 111—2016）
5）填砂	对填砂规格做出规定	《基坑工程技术规范》（YB 9258—1997） 《建筑与市政工程地下水控制技术规范》（JGJ 111—2016）
6）安装	对支管和总管的连接、总管和机组连接形式做出规定	《基坑工程技术规范》（YB 9258—1997） 《建筑与市政工程地下水控制技术规范》（JGJ 111—2016）
7）敷设排水管道	—	《基坑工程技术规范》（YB 9258—1997） 《建筑与市政工程地下水控制技术规范》（JGJ 111—2016）
8）开机抽水	对井点抽水真空泵真空度做出规定	《基坑工程技术规范》（YB 9258—1997） 《地下工程防水技术规范》（GB 50108—2008） 《建筑与市政工程地下水控制技术规范》（JGJ 111—2016）
9）基坑降水坑内水位观测	根据井点降水长度设置降水观测孔	《基坑工程技术规范》（YB 9258—1997） 《建筑地基基础工程施工质量验收标准》（GB 50202—2018）； 《建筑与市政工程地下水控制技术规范》（JGJ 111—2016）
10）井点管拆除	确定降水系统停止降水时间为地下室结构施工结束、回填土之前	《基坑工程技术规范》（YB 9258—1997）

任务四　基坑回填方案编制

一、任务要求

建筑工程的回填土主要有地基、基坑（槽）、室内地坪、室外场地、管沟、散水等，回填土是一项很重要的工作，要求回填土具有一定的密实性，避免使回填土土层产生较大沉陷。在实际施工中，一些建筑物沉降过大、室内地坪和散水产生大面积严重开裂，主要原因之一就是回填土的密实度没有达到设计规范的要求。

案 例 背 景

某工程地下结构外墙距离护坡围护墙1400mm，在地下外墙、地下防水层、保护层、防白蚁工程及各预埋水、电管道等检查完毕，办好隐蔽验收手续，且结构已达到规定强度后进行土方回填施工。在回填土施工过程中应严格执行环境保护措施，对堆放土方进行覆盖，施工道路定期进行洒水湿润，防止扬尘及施工机械噪声。

（1）结合"案例背景"完成土石方施工方案中基坑回填方案编写。内容应包括如下方面：

1）选择压实方式和碾压机械。

2）选择基坑回填土料。

3）选择碾压方法。

（2）提交任务实施关键环节讨论的会议纪要。

二、任务基础过关问题

结合任务要求，思考以下问题：

问题1：基坑填方土料的选择规定有哪些？

问题2：基坑填土压实的方法有哪些？影响填土压实的因素有哪些？

三、任务实施依据

1）结构施工图、施工主合同、工程地质勘探报告。

2）《土方与爆破工程施工及验收规范》（GB 50201—2012）。

3）《建筑基坑工程监测技术标准》（GB 50497—2019）。

4）《建筑地基检测技术规范》（JGJ 340—2015）。

5）《建筑地基基础工程施工质量验收标准》（GB 50202—2018）。

6）《建筑地基处理技术规范》（JGJ 79—2012）。

四、任务实施技术路线图

本任务的技术路线图如图5-9所示。

五、任务实施内容

建筑基坑回填施工的过程，应合理地使用基坑回填施工的方法。基坑回填的具体施工流程为：清理基坑→填料准备→压实→回填验收。

（一）清理基坑

基坑回填前，若基坑中存有积水，首先对存水排除，然后对基坑中不适合回填的杂物进行彻底清理。

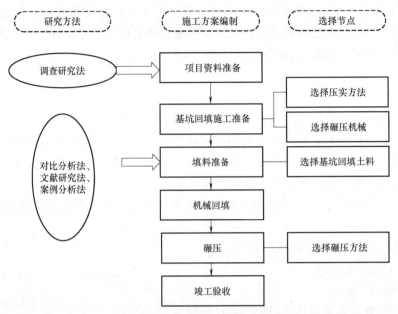

图 5-9　基坑回填施工方案技术路线图

（二）填料准备

建筑工程的回填土涉及地基、基坑（槽）、室内地坪、室外场地、管沟、散水等，回填土土料的选择和处理尤为重要。

1. 土料的选择

根据《土方与爆破工程施工及验收规范》（GB 50201—2012）规定，填土及压实的一般要求：

1）填土应尽量采用同类土填筑；当采用不同的土填筑时，应按土类有规则地分层铺填，将透水性大的土层置于透水性较小的土层之下。

可用土包括：碎石类土、砂土和爆破石渣（粒径不大于每层铺土厚的 2/3），可用于表层下的填料；含水量符合压实要求的黏性土，可作各层填料；淤泥和淤泥质土，一般不能作填料，但在软土地区，经过处理，含水量符合压实要求的，可用于填方中的次要部位。

不可用土包括：含有大量有机物的土壤、石膏或水溶性硫酸盐含量大于 2% 的土壤，冻结或液化状态的泥炭、黏土或粉状砂质黏土。

2）填土应从最低处开始，由下向上整个宽度分层铺填碾压或夯实。

3）在地形起伏之处，应做好接茬。

4）填土应预留一定的下沉高度，以备在行车、堆重或干湿交替等自然因素作用下，土体逐渐沉落密实。

2. 土料的处理

1）含水量过大，采取翻松、晾干、风干、换土回填、掺入干土或其他吸水性材料等措施。

2）土料过干，应预先洒水润湿；采取增加压实遍数或使用大功率压实机械等措施。

3）气候干燥时，采取加速挖土、运土、平土和碾压过程，以减少土的水分散失。

4）当填料为碎石类土。

（三）压实

土方填筑和压实涉及填土方法的选择和压实方法的选择，也包括各自所需的施工机械的选择。

1. 填土方法的选择

（1）待选择方式。填土方法分为两种：人工填土和机械填土。

（2）选择依据。填土方法的选择依据包括：运土形式、填土形式和铺填方式。根据人工填土和机械填土方式适用条件的不同，将其进行对比分析，见表5-17。

表5-17 填土方法选择对比分析

填土方法	运土形式	填土形式	铺填方式
人工填土	手推车运土	用锹、耙、锄进行填筑	从最低部分开始，由一端向另一端自下而上分层铺填
机械填土	推土机、自卸汽车运土	推土机、铲运机填筑	用自卸汽车填土，推土机推开推平，利用行驶的机械进行部分压实

2. 压实方法的选择

（1）待选择方式。可选择的压实方法有碾压法、夯实法和振动压实法。

（2）选择依据。压实方法的选择依据包括适用工程土质类型和配套机械，具体选择分析见表5-18。

表5-18 压实方法选择对比分析表

压实方法	适用工程土质类型	配套机械
碾压法	大面积填土工程	平碾（压路机）、羊足碾、气胎碾
夯实法	小面积填土，可以夯实黏性土或非黏性土	夯锤、内燃夯土机、蛙式夯土机
振动压实法	压实非黏性土	振动压路机、平板振动器

碾压法是利用机械滚轮的压力压实土壤，使之达到所需的密实度。松土碾压宜先用轻碾压实，再用重碾压实，效果较好。碾压机械压实填方时，行驶速度不宜过快，一般平碾不应超过2km/h；羊足碾不应超过3km/h。夯实法是利用夯锤自由下落的冲击力来夯实土壤，使土体中孔隙被压缩，土粒排列得更加紧密。振动压实法是将振动压实机放在土层表面，在压实振动作用下，土颗粒发生相对位移，而达到紧密状态。在正常条件下，对于砂性土的压实效果，振动式效果较好。

填方机械的铺土厚度和压实遍数

填方机械的铺土厚度和压实遍数见表5-19。

表5-19 填方机械的铺土厚度和压实遍数

压实机具	每层铺土厚度/mm	每层压实遍数（遍）
平碾	200~300	6~8
羊足碾	200~350	8~16
蛙式打夯机	200~250	3~4
人工打夯	≤200	3~4

（四）回填验收

基坑回填的竣工验收主要是填土压实的质量检查。

回填土实行各层的夯实处理后，应结合相关的规范实行环刀取样工作。再对干土的干密度进行测量，若能够满足范围的要求，可实行上层的铺土施工。待完成全部的回填工作后，应做好表面拉线找平处理，观察到相关位置高出标准高程的时候，需结合平线做好铲平处理工作。低标准的高程位置，可实行补土、找平夯实处理。

土的最大干密度

土的最大干密度 ρ_{dmax} 由实验室击实试验确定，当无试验资料时，可按下式计算：

$$\rho_{dmax} = \eta \frac{\rho_w d_s}{1 + 0.01 w_{op} d_s}$$

式中　η——经验系数，对于黏土取 0.95，粉质黏土取 0.96，粉土取 0.97；

　　　ρ_w——土的密度（g/cm³）；

　　　d_s——土粒相对密度；

　　　w_{op}——土的最佳含水率（%），可按当地经验或取 $w_p + 2$，w_p 为土的塑限。

桩基础是一种承载能力高、适用范围广的基础形式，按照施工方式可分为预制桩和灌注桩。预制桩是在工厂或施工现场制成的各种材料、各种形式的桩（如木桩、混凝土方桩、预应力混凝土管桩、钢桩等），用沉桩设备将桩打入、压入或振入土中；采用较多的预制桩主要是混凝土预制桩和钢桩两大类。灌注桩是直接在所设计的桩位上开孔，成孔后在孔内加放钢筋笼、灌注混凝土而成；根据成孔工艺的不同，灌注桩可分为干作业成孔灌注桩、泥浆护壁成孔灌注桩和人工挖孔灌注桩等，也可以采用锤击沉管法成孔。

能力标准

桩基础是一种承载能力高、适用范围广的基础形式。通过本项目学习，培养学生能够编制桩基础施工方案的实际能力，主要内容如下：

1）预制桩或灌注桩施工方案中成桩方法和施工机械的选择能力。

2）预制桩或灌注桩施工方案中关键质量控制点的识别能力。

项目分解

以能力标准为导向分解桩基础工程施工方案项目，可以划分为若干个任务，任务分解与任务要求见表6-1。

表 6-1　项目任务分解与任务要求

项目	任务分解	任务要求	项目成果文件
桩基础工程施工方案编制	任务一：预制桩施工方案编制	预制桩施工过程沉桩方法及施工机械选择 识别预制桩施工过程中质量控制的关键点	提交一份基于案例背景的预制桩工程施工方案
	任务二：灌注桩施工方案编制	灌注桩施工过程成孔方法与施工机械选择 识别灌注桩施工过程中质量控制的关键点	提交一份基于案例背景的灌注桩工程施工方案

桩基础类型的选择过程

在设计工作中如何选择正确的桩基础类型，是桩基设计的基础。根据水文地质条件、工程特点、荷载性质和大小、施工周边的环境、施工安全、造价与工期等因素综合分析比选，选择确定桩基础的类型。

1. 桩基础类型初选

在桩基础类型选择过程中依据法规、施工环境和地质条件进行桩基础类型的初步选择。

（1）地方行政法规。不同地区对桩基础施工都有特定的要求，在选择桩基类型时应当熟知地方规定中桩基础使用要求，把禁用桩种都排除掉。

（2）施工现场周边环境。根据现场环境，判断是否有足够宽度的施工机具进退场道路，是否有足够的四邻距离供施工机具施工，进而将无法进退场机具或无法正常施工的桩基础类型方案排除。

（3）地质状况。地质状况是桩基础类型初选要考虑的重要因素。各种桩基础类型均有其一定的适用条件，应根据地质条件、预制桩和灌注桩的适用条件、预制桩和灌注桩的成桩特点等进行选择。

2. 桩基础类型优选

桩基础类型优选是基于桩基础类型初选过程中确定的待选桩基础类型方案，进一步依据建筑结构特点、环境、造价、工期和安全因素进行桩基础类型优化选择的工作。

（1）建（构）筑物结构特点。桩基础类型优选首先要考虑的是结构特点，结构特点包括结构体系形式、传递方式、荷载大小等。

1）结构体系形式、传递方式与桩基础类型匹配的原则。集中传力的结构体系宜选用高承载力桩基础类型，分散传力的结构体系宜选用低承载力桩基础类型。此外，不同的结构形式和具有不同的刚度、完整性和对地基变形的适应性。

2）荷载大小与承载力匹配的原则。既要避免"小材大用"，即小承载力的桩承受过大荷载以至桩数过多，布桩过密，增加施工工作量，使投资增加。又要避免"大材小用"，即大承载力桩承受小荷载的情况，使用效率降低，造成不必要的资金浪费。

3）当在预制桩成桩方式上选择时，若可选打入式成桩的（因打入式成桩穿透力强，实现可靠嵌固比较有保证），则不选静压法成桩。

（2）施工工期。在工期紧迫、环境允许的情况下，打入预制桩施工速度快，可采用预制桩；施工条件适宜时，由于桩基础工程施工作业面大，施工速度快，也可采用人工挖孔桩。在桩基础类型的选择过程中根据不同桩基础类型的施工特点以及建设单位的要求，选择合适的桩基础类型。

（3）桩基（概算）费用。桩基概算是一个较为直观的数值，是综合造价的一个重要指标，但桩基概算值不是一个独立的参数。它首先受桩基础类型在该地区成熟程度因素的制约，在某个特定地区，桩基础类型使用越成熟，使用该桩基础类型所需支付的单位工程的造价将会越低。其次，桩基概算值受桩基结构特点因素制约，传力合理的桩基体系偏于经济。因此，采用的桩基础类型成本应相对较低。

任务一　预制桩施工方案编制

一、任务要求

预制桩的施工过程中经常出现的质量通病主要包括桩身断裂、桩顶碎裂、桩身倾斜、桩顶位移、沉桩达不到设计要求、接桩处松脱、开裂。预制桩施工属于地下隐蔽工程，因此在制订预制桩施工方案的时候要选择适当的沉桩方法，还要遵循相应规范要求，有针对性地对施工过程中关键施工节点进行控制，这样才可以避免施工质量问题的出现。

案 例 背 景

某产学融合办公楼位于非闹市区，人流密集程度较低，且建筑体量较小，且该地区场地平坦，土质地质较软。自然地面标高约为 1.21～2.3m。地质土层概述：本工程地质土层各层的岩性分述如下：

1）杂填土：层底埋深为 0.8～2.1m，平均厚度为 1.45m，土的颜色为褐、褐黄，以粉土为主。

2）粉土：层底埋深为 2.9～5.8m，分布厚度为 1.8～4.5m，平均厚度为 3.15m，场地在该层底为一层厚度为 0.9～1.7m 的粉质黏土层，场地西面在埋深 1.9～3.2m 处为一层厚度为 1.6m 左右粉质黏土，向南变薄，直至为零，在埋深 3.5～5.3m 内含细砂。

3）细砂、中砂：层底埋深 6.9～8.0m，分布厚度为 1.2～4.2m，平均厚度 2.7m，场地东为细砂、中砂互层，以细砂为主，含有粉质黏土和中砂，场地西面以中砂为主，夹有粉砂、粗砂，粗砂中含有大量的卵石。

4）粉土：层底埋深 10.0～11.5m，分布厚度为 2.0～3.6m，平均厚度 1.9m。

5）粉质黏土：层底埋深 12.5～14.0m，分布厚度为 1.4～4.0m，平均厚度 2.7m。

6）粉土：本次勘察未穿透该层，该层顶部为一厚度为 1.3m 左右的细砂层。

本工程抗浮设计水位绝对标高为 0.7m，该地下水对混凝土结构及钢筋混凝土结构中的钢筋具有微腐蚀性，工程施工时严禁采用地下水。基坑底标高（相对标高）为 -7.5～-6.2m，基坑开挖深度为 4.23～6.45m，降水深度为 4.73～6.95m，水位下降高度为 2.35～3.64m。地基土层无液化土层存在，场地无不良地质作用、场地稳定性较高，适宜建设。

根据地质勘查报告，场地浅部土层较软弱，力学性质较差，不适合作为拟建工程的基础持力层，需进行地基加固处理或选择深基础。根据场地工程条件和拟建工程特点，选用预应力钢筋混凝土管桩基础，以强风化基岩作为桩端持力层。该工程设计预应力管桩的外径 500mm，混凝土有效预应力为 7.56MPa，抗裂弯矩为 144kN/m，单位重量为 0.327t/m，单桩结构允许承载力为 2460kN，单节长度为 10m。

（1）结合"案例背景"完成预制桩施工方案的编制。内容应包括如下方面：

1）分析施工地质条件，依据沉桩的特点和施工要求，选择合适的沉桩方法。

2）选择沉桩施工机械。

3）确定桩基施工流程与质量控制主要内容。

（2）提交任务实施关键环节讨论的会议纪要。

二、任务基础过关问题

结合任务要求，思考以下问题：

问题 1：预制混凝土桩的制作、起吊、运输和堆放有哪些基本要求？

问题 2：预制桩的沉桩方法和沉桩特点是什么？

问题 3：预制桩施工顺序应注意哪些问题？

问题 4：锤击沉桩法施工停锤的规定是什么？

问题 5：预制桩施工中常见的质量问题有哪些？如何避免？

三、任务实施依据

1）工程项目的设计、施工图等资料。

2）国家现行法规标准规范强制条文及地方相关规章，如《建筑桩基技术规范》（JGJ94—2008）。

3）施工现场的地质、水文条件以及周边环境。

4）施工单位的生产能力和施工经验。

四、任务实施技术路线图

本任务的技术路线图如图 6-1 所示。

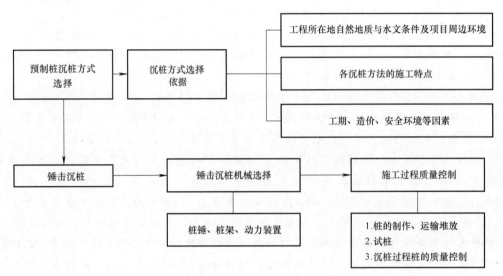

图 6-1　预制桩施工方案编制技术路线图

五、任务实施内容

基于预制桩方案编制顺序先进行预制桩施工沉桩方式选择，再以锤击沉管灌注桩为例进行施工机械的选择以及识别在施工过程中关键质量控制的内容。结合案例背景，遵循下面的实施指南完成该任务要求。

（一）预制桩沉桩方式选择

1. 待选择的沉桩方式

沉桩方式主要有三种，分别为：锤击沉桩、静力压桩以及振动沉桩。

2. 选择依据

1）工程地质（穿越土层、桩端持力层岩土特性）、水文条件以及施工周边环境。

2）各种沉桩施工方法的特征（如施工的速度、施工的难易程度）等。

3）环境、造价、工期以及安全等选择标准要求。

3. 选择步骤

（1）选择沉桩方式应结合地质条件。地基土层的性质是确定基础类型的重要条件之一，在选择沉桩施工工艺时应当对不同地质条件进行分析，根据不同的土层分布特征选择适宜的沉桩工艺。常见的预制桩沉桩方法适用地质条件参考混凝土沉桩方法的适用范围及特点，见表6-2。

（2）选择沉桩方式应结合不同施工工艺特点。不同的施工工艺都有各自的特点和适用范围，在选择沉桩方法时，应当考虑场地环境和其他条件。分析比较，扬长避短，充分发挥其有利的一面，使施工方法的选择更为合理。常见的预制桩沉桩施工特点见表6-2。

表6-2 混凝土沉桩方法的适用范围及特点

沉桩类别	地质条件	施工优点	施工缺点
锤击沉桩	松软土地质条件和空旷的地区	施工速度快、机械化程度高,适用范围广	产生较大的振动、挤土和噪声,在城区和夜间施工有所限制 引起邻近建筑物或地下管线的附加沉降或隆起
静力压桩	持力层上覆盖为松软地层、无坚硬夹层 水下桩基工程	持力层表面起伏变化不大,桩长易于控制 沉桩速度快、可提高施工质量 桩顶不易损坏,不易产生偏心沉桩,节约制桩材料和降低工程成本 施工无噪声、无振动、无污染,对周围环境干扰小	具有挤土效应对周围建筑环境及地下管线有一定影响 对施工场地的地耐力要求较高,在新填土、淤泥土及积水浸泡过的场地施工易陷机 过大的压桩力(夹持力)易将管桩桩身夹破,使管桩出现纵向裂缝 在地下障碍物或孤石较多的场地施工,容易出现斜桩甚至断桩
振动沉桩	砂土地基,尤其是在地下水位以下的砂土。不适用于一般黏土地基	操作简便,沉桩效率高 沉桩时,桩横向位移和变形均较小、不宜损坏桩体 施工时产生噪声较低、振动小、管理方便、施工适应性强	振动机械复杂、费用较高 地基受振动影响大,遇到硬夹层时穿透困难,仍有沉桩挤土公害

（3）选择沉桩方式应结合费用、工期等要求确定。在施工过程中，应考虑业主对工程施工的要求，以及费用、工期、安全等因素，结合不同的施工工艺特点，选择最优的沉桩方式。

在目前的预制桩施工中，大多数采用锤击沉桩法。基于此，请以锤击沉桩法为例完成沉桩机械的选择过程。

（二）锤击沉桩法施工机械选择

沉桩机械选择是桩基础工程施工质量与成败的关键，应根据土质、工程量、桩的种类、规格、尺寸、施工期限、现场水电供应等条件选择。锤击沉桩的施工机械设备主要包括桩锤、桩架及动力装置。

1. 桩锤的选择

（1）依据桩基础类型特点和条件选择。桩锤有落锤、汽锤、柴油锤、振动桩锤等类型，常用沉桩机具适用条件及特点见表6-3。在实际施工中应当根据施工条件选择桩锤类型。

表 6-3　常用沉桩机具适用条件及特点

桩锤类别	适用条件	优缺点
落锤	适宜打细长尺寸的混凝土桩 黏土、含砾石砂层的土和一般土层均可使用	构造简单、使用方便、冲击力大、能随意调整落距，但锤打速度慢（每分钟 6~20 次）、效率较低
单动汽锤	适于打各种桩 最适于套管法打就地灌注混凝土桩	构造简单、落距小，对设备和桩头不宜损坏 打桩速度及冲击力较落锤大，效率较高
双动汽锤	适宜打各种桩，便于打斜桩 使用压缩空气时可在水下打桩 可用于拔桩，吊锤打桩	冲击次数多、冲击力大、工作效率高，可不用桩架打桩，但需锅炉或空压机，设备笨重，移动较困难
柴油锤	最适宜用于打木桩、钢板桩 不适宜于在过硬或过软的土中打桩 在软弱地基打 12m 以下的混凝土桩	附有桩架、动力等设备，机架轻、移动便利、打桩快、燃料消耗少，有重量轻和不需要外部能源等
振动桩锤	适宜于打钢板桩、钢管桩、钢筋混凝土和土桩 宜用于砂土、塑性黏土及松软砂黏土 在卵石夹砂及紧密黏土中效果较差 不适宜打斜桩	沉桩速度快、适应性强，施工操作简易安全

（2）选择桩锤的锤重。锤重可根据工程地质条件、桩的类型、结构、密集程度及现场施工条件选择，若选锤不当，将造成打不下桩或损坏桩的现象。锤重选择主要方式有：①依据桩重与锤重的比例关系选择锤重；②根据相应的公式进行计算。

1）依据桩重与锤重的比例关系选择锤重。桩重与锤重的比例关系一般是根据土质沉桩难易程度来确定，可依据表 6-4 选用。一般锤重为桩重的 2.5~3 倍时效果较为理想（桩重大于 2t 时，可采用比桩轻的锤，但不宜小于桩重的 75%）。

表 6-4　桩重与锤重的比值表

	锤类	单动气锤		双动气锤		柴油气锤		坠锤	
	土状态	硬土	软土	硬土	软土	硬土	软土	硬土	软土
预制桩类别	钢筋混凝土	1.4	0.4	1.8	0.6	1.5	1.0	1.5	0.35
	木桩	3.0	2.0	2.5	1.5	3.5	2.5	4.0	2.0
	钢桩	2.0	0.7	2.5	1.5	2.5	2.0	2.0	1.0

注：锤重指锤体总重，桩重指桩体和桩帽的重量；桩的长度一般不超过 20m。

2）选择锤重的计算。桩锤的锤重选择根据相应的公式进行计算。

锤重选择计算

① 按桩锤冲击能选择：$E \geqslant 25P$

② 按桩重量复核：$K = \dfrac{M+C}{E}$

式中　E——锤的一次冲击能（kM/m）；

　　　P——桩的设计荷载（kN）；

　　　K——适用系数，双动气锤、柴油锤 $K \leqslant 5$；

　　　M——锤重（kN）；

　　　C——桩重（kN）。

---

2. 桩架选择

桩架是支撑桩身和桩锤，在打桩过程中引导桩的方向的设备。选用桩架可依据桩架的特点和桩架的高度等因素进行选择。

（1）依据桩架的特点选择。在施工中常用桩架类型及特点见表6-5。

表6-5 常用桩架类型及特点

桩架类型	桩架特点
滚筒式桩架	结构比较简单，制作容易，成本低，平面转向不灵活，操作复杂
轨道式桩架	仅限于沿轨道开行，机动性能较差，施工不方便
步履式桩架	不需铺设轨道，移动就位方便，打桩效率高
履带式桩架	垂直度调节灵活，稳定性好，装拆方便，行走迅速，适应性强，施工效率高，适用于各种导杆和各类桩锤，可施打各类桩，也可打斜桩

（2）依据桩架的高度选择。桩架的高度是选择桩架的关键。

桩架的高度=桩长+滑轮组高+桩锤高度+桩帽高度+起锤位移高度（取1~2m）。

（3）选择桩架的其他要求。

1）使用方便，安全可靠，移动灵活，便于装拆。

2）锤击准确，保持桩身稳定，生产效率高，能适应各种垂直和倾斜角的需要。

3. 动力装置的选择

动力装置和辅助设备的选择主要取决于桩锤的类型。柴油锤、液压锤、振动锤等自带动力装置；如果用蒸汽锤，需配备蒸汽锅炉等；如果用气锤，需要配置空气压缩机、内燃机等。

（三）预制桩施工过程质量控制

混凝土预制桩的质量影响到建筑物的使用及安全性，因此在施工阶段对于桩基施工质量的控制十分重要。锤击沉桩法是预制桩最常用的沉桩方法，因此本任务以锤击沉桩施工工艺为例说明如何对预制桩施工过程进行质量控制。

1. 明确锤击沉桩施工流程

锤击沉桩施工流程如图6-2所示。

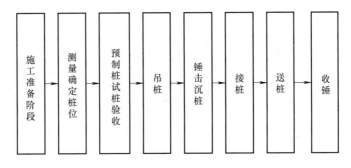

图6-2 锤击沉桩施工流程

2. 识别锤击沉桩施工过程中的关键质量控制点

锤击沉桩施工流程中关键质量控制点见表6-6。

表 6-6 锤击沉桩施工流程中关键质量控制点

施工过程		质量控制内容	规范依据
施工准备		进行图纸会审和技术交底工作 审核施工单位编制的桩基础施工组织设计 检查施工单位的资质,质量管理体系,管理人员等是否满足施工要求 检查三通一平是否满足要求 轴线、桩位的报验复核 审核施工设备报验单和报验材料	《建筑地基基础工程施工质量验收标准》(GB 50202—2018)
过程控制	桩准备工作	桩的制作根据规范实施 吊运时保持平稳且吊点应按照实际情况确定 堆放按照桩的规格和类型进行堆放	《〈先张法预应力混凝土管桩〉国家标准第1号修改单》(GB 13476—2009 XG1—2014) 《预应力混凝土空心方桩》(JG/T 197—2018)
	试桩	试桩签证后,桩尖持力层与地质资料要基本相符	《建筑桩基技术规范》(JGJ 94—2008)
	桩身质量控制	打桩初始桩锤的选择及桩身垂直度和贯入度 打桩过程中贯彻重锤低击原则 打桩顺序依据地质情况确定 打桩的时间依据土壤的类型确定	《钢结构焊接规范》(GB 50661—2011)
		接桩要求 焊接冷却时间	《钢筋焊接及验收规程》(JGJ 18—2012)
		停锤	《建筑桩基技术规范》(JGJ 94—2008)

任务二 灌注桩施工方案编制

一、任务要求

混凝土灌注桩的施工过程中经常出现的质量问题包括混凝土卡管、导管拔断、浮起笼或抛笼、出现废桩等。混凝土灌注桩施工属于地下隐蔽工程,因此在制订桩基础施工方案的时候要确定合适的成孔方法,还要遵循相应规范要求,有针对性地对施工过程中关键施工节点进行控制,这样才可以避免施工质量问题的出现。

案例背景

某工程建筑面积为126504.3万 m²,地上27层,地下2层,钢筋混凝土剪力墙结构,建筑抗震设防类别为丙类,建筑物抗震设防烈度为7度。建筑结构的安全等级为二级,建筑物场地类别为Ⅲ类,场地地震基本烈度为7度,主楼桩基为钻孔灌注桩桩径 $D=1000$mm,桩长55m,共865根,桩端持力层为黏性土、粉质黏土、含少量砾石、卵石土。砂层单桩竖向承载力设计值为 5200kN。场地地下水属于潜水类型，不具有承压性，对混凝土结构及钢筋无侵蚀性。

（1）结合"案例背景"提交一份灌注桩施工方案，具体要求如下：

1）分析施工地质条件，依据成孔方式的特点和施工要求，选择合适的成孔方法。

2）选择满足施工要求的施工机械。

3）确定施工工艺过程及质量控制内容。

（2）提交任务实施关键环节讨论的会议纪要。

二、任务基础过关问题

结合任务要求，思考以下问题：

问题 1：混凝土灌注桩施工常用的成孔机械方法的种类、适用范围和特点有哪些？

问题 2：泥浆护壁钻孔灌注桩的施工流程、泥浆循环的方式类别与效果是什么？

问题 3：沉管灌注桩的施工流程是什么？

问题 4：灌注桩施工质量控制有哪些基本要求？应当如何控制？

三、任务实施依据

1）工程项目的地质勘查报告、设计图、施工场地周边环境等资料。

2）与施工相关的施工规范、试验规程、工程质量评定、验收标准。

3）项目管理组织的施工管理经验，施工现场调查报告等。

四、任务实施技术路线图

本节任务实施技术路线如图 6-3 所示。

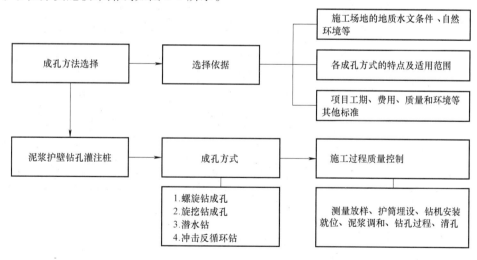

图 6-3　灌注桩施工技术任务路线图

五、任务实施内容

本任务基于灌注桩施工方案编制顺序先选择灌注桩成孔方法，再以泥浆护壁钻孔灌注桩为例选择成孔机械以及施工过程质量控制的关键内容。结合"案例背景",遵循下面的实施指南完成该任务要求。

（一）灌注桩成孔方式选择

对于灌注桩的成桩而言,最主要的就是其桩的成孔。为了确保选择合理的沉桩成孔方式,对施工现场的地质以及环境的分析工作必须做好,从而确保桩基础工程的质量达到要求的标准。

1. 待选择的成孔方式

灌注桩的成孔方式主要包括干作业成孔、泥浆护壁成孔、套管成孔和人工挖孔。

2. 选择依据

1）施工场地的地质条件、自然环境。

2）各种成孔方法的适用范围和施工特点。

3）基于项目的实际情况依据工期、费用等指标要求。

3. 选择成孔方式

灌注桩是直接在桩位上就地成孔,然后在孔内安放钢筋笼、灌注混凝土而成的。常见的灌注桩成孔方式及适用范围见表6-7。

表 6-7　常见的灌注桩成孔方式及适用范围

成孔方式		适用土质条件
干作业成孔	长螺旋钻孔	天然水位以上的人工杂填土、黏性类土、各种砂土、较强风化岩土及不密实的杂石类土
	钻孔扩底	天然水位以上的硬塑土、较硬黏性土和中等密实以上的砂化岩土层
泥浆护壁成孔	正循环回旋钻	软岩、黏土、砂土以及含少量砾石、卵石含量<20%的土
	反循环回旋钻	黏性土、砂土、卵/砂石含量<20%的土
	冲击钻	砂土、黏性土、粉土、杂填土、碎石类土及各种强度风化岩层
	旋挖潜水钻	淤泥质土、黏性类土、淤泥和砂土
套管成孔	振动沉管成孔	适用于一般黏性土、粉土、淤泥、淤泥质土、砂土及回填土层
	锤击沉管成孔	适用于在黏性土、淤泥、淤泥质土及杂填土层中使用
	夯扩	桩端持力层为埋深<20m的易压缩黏性类土、碎石类土、粉土、砂类土
人工挖孔		适用于地下水位较高,有承压水的砂土层,对安全的要求较高（无有害气体、易燃气体、孔内气体稀薄等不能适用）滞水层厚度较大的高压缩性淤泥层和流塑淤泥质土层,不适于砂土、碎石土和较厚的淤泥质土层等

本任务以泥浆护壁成孔方式为例说明具体施工步骤。

（二）泥浆护壁钻孔灌注桩成孔方法的选择

在泥浆护壁钻孔灌注桩的施工过程中,关键环节是成孔,因此选择合适的成孔钻机对后续施工尤为重要。在选择钻机时,要综合考虑各种因素,例如因钻机施工场地条件和技术对钻机的选择要考虑钻架设立的难易程度,钻机的运输条件及钻机安装场地的水文、地质、钻机钻进反力等情况,力求所选钻机结构简单、工作可靠,使用及运输方便。因进度、费用要素对钻机的选择需要考虑其生产率符合工程进度的要求,在保证工程质量和工作进度的前提下,生产率不宜过高。生产率过高的钻机费用高,工程造价高。对于多台钻机的选用,当一个工程队如要配置两台以上钻机时，应尽可能统一其型号和规格，便于管理。根据施工需要也可配备不同型号的种类的钻机，力求经济实用。常用的泥浆护壁成孔方法适用范围与特点见表6-8。

表6-8 常用的泥浆护壁成孔方法适用范围与特点

成孔方法	适用土层	地下水位	优点	缺点
螺旋钻成孔	填土层、黏性土层、粉土层、砂土层和粒径不大的砾石层	适用于地下水位以上	振动小、噪声低、钻进速度快、无泥浆挖污染、造价低、设备简单、施工方便、混凝土灌注质量高	承载力较低、适用范围限制较大
旋挖成孔	填土层、黏土层、粉土层、淤泥层、砂土层及短螺旋不易钻进的含有部分卵石、碎石的土层	不受限制	振动小、噪声低，适宜于硬质黏土中干钻，机械安装简单、成孔速度快、造价低	当卵石粒径超过100mm时，钻进困难，施工不当会造成塌孔，沉渣处理较困难
潜水钻孔	填土层、淤泥、黏土、粉土、砂土等地层，也可在强风化基岩使用，但不易用于碎石土层	适用于地下水位以下，但地下水位以上也可以采用	设备简单、施工转移方便；振动小、噪声低；如果循环泥浆不间断，孔壁不易塌陷	需泥浆护壁，废浆排放量大；桩径易扩大，灌注混凝土过量
冲击反循环钻孔	黏性土、砂土、碎石土和各种岩层，对厚砂层软塑-流塑状态的淤泥及淤泥质土慎用	适用于地下水位以下，但地下水位以上也可以采用	成孔速度快、效率高、孔形较规则、孔内事故少	采用泥浆护壁，废浆排放量大，钻头磨损较大，且有较大振动和噪声
冲击正循环钻孔	黏性土、粉砂、细中粗砂（含少量砾石）、卵石含量<20%的土、软岩	适用于地下水位以下，但地下水位以上也可以采用	钻机结构相对简单、造价低	施工时产生较大的振动和噪声、排渣速度慢、岩土重复破碎现象严重、效率低

（三）泥浆护壁钻孔灌注桩施工过程质量控制

钻孔灌注桩应用范围较广，钻孔灌注桩在施工过程时成孔和成桩的环节较多、施工工艺复杂，容易出现桩位偏差大、桩体混凝土断桩或夹泥等问题。因此，在施工过程中应当制订合理的施工质量控制方案和措施以规避不良现象发生的概率。

泥浆护壁钻孔灌注桩是最为常见的桩基础形式之一。泥浆护壁钻孔灌注桩是在泥浆护壁条件下，利用机械钻进形成桩孔，采用导管法灌注水下混凝土的施工方法。在泥浆护壁钻孔灌注桩施工过程中应明确其关键质量控制点。

1. 明确泥浆护壁钻孔灌注桩的施工流程

泥浆护壁钻孔灌注桩的施工流程如图 6-4 所示。

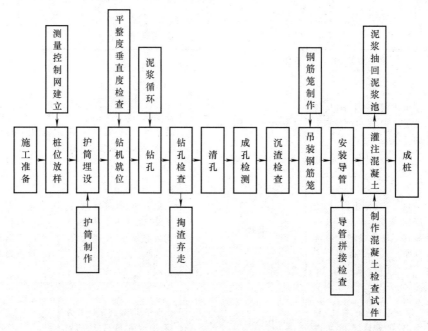

图 6-4　泥浆护壁钻孔灌注桩的施工流程

2. 识别泥浆护壁钻孔灌注桩施工过程中关键质量控制点

依据施工工艺，泥浆护壁钻孔灌注桩的施工过程质量控制阶段可以分为施工前准备阶段和施工过程中的质量控制。泥浆护壁钻孔灌注桩施工质量控制要点与内容见表 6-9。

表 6-9　泥浆护壁钻孔灌注桩施工质量控制要点与内容

施工流程		质量控制内容	规范依据
施工准备		审查施工组织设计、各项现场准备工作和材料准备情况分包单位资质、施工方案 审查进场原材料,编制质量控制实施细则,明确桩基质量控制关键点	《建筑地基基础工程施工质量验收标准》(GB 50202—2018)
主要施工过程	测量放样	桩位复核	《建筑桩基技术规范》(JGJ 94—2008)
	护筒埋设	控制护筒平面位置偏差不超过规范要求 检查护筒低端埋置深度是否符合规范要求 检查护筒顶端高度能否确保钻孔时孔内水位处于合理高度,同时能满足凿桩头后桩顶标高达到设计值 若使用钢筋混凝土护筒,应检查护筒之间预埋钢板间焊接质量,以确保护筒不渗水	
	钻机就位	所钻桩位在大地平面位置控制,对拟施工桩位进行放样并复核 钻机安装的基本要求是水平、稳固、三点(天车、转盘、护筒中心)一垂线,安装后用水平尺和测锤校验	经验做法

（续）

施工流程		质量控制内容	规范依据
主要施工过程	泥浆的调制和使用	泥浆应当按适当的比例配置而成,在施工的过程中应注意检测泥浆的各项指标	《建筑桩基技术规范》(JGJ 94—2008)
	钻孔过程	在初期钻进过程中要充分控制速度 钻进过程中泥浆的循环量应根据地层和钻进速度加以调整 在钻孔排渣、提钻头除土或因故停钻时,应保持孔内具有规定水位和要求的泥浆相对密度和黏度。处理孔内事故或因故停钻,必须将钻头提出孔外 终孔时,需对桩孔的孔深、孔径、倾斜度进行检测,符合要求才能终孔,否则需继续	
	清孔	通常用两次清孔来达到规定的混凝土灌注前的泥浆比重 在清孔过程中必须注意保持孔内水位,防止坍孔。清孔完毕后,应从孔底取出泥浆样品,进行性能指标试验 需特别注意不得用加深钻孔深度的方式来替代清孔	
	钢筋笼制作、吊运	对钢筋笼制作中需要的钢筋、焊条设备的型号参数进行严格的控制,确保钢筋笼的质量符合规范标准。钢筋笼在吊运过程中防止变形	《建筑桩基技术规范》(JGJ 94—2008)
	安装导管	导管的内壁应光滑圆顺,导管在使用前应进行水密承压和桩接头抗拉拔试验。导管的轴线偏差不宜超过孔深的 0.5%,且不宜大于 10cm	
	水下灌注混凝土	保证混凝土的质量满足规范要求 注意施工过程中第一次和最后一次灌注混凝土的量 注意导管的升降机拆卸	

7

项目七
砌体工程施工方案编制

砌体工程是利用砂浆将普通黏土砖、承重黏土空心砖、蒸压灰砂砖、粉煤灰砖、各种中小型砌块和石材等其他材料砌筑成设计要求的构筑物或建筑物的施工过程，包括砌筑材料的选择要求、组砌工艺、质量要求及质量控制措施等。

能力标准

通过本项目的学习培养学生编制砌体工程施工方案的能力，主要包括以下两点：
1) 砌体工程施工方案中施工方法和施工机械的选择能力。
2) 砌体工程施工方案中关键质量控制点的识别能力。

项目分解

以能力标准为导向分解砌体工程施工方案项目，可以划分为若干个任务，项目的任务分解与任务要求见表 7-1。

表 7-1　项目的任务分解与任务要求

项目	任务	任务要求	成果文件
砌体工程施工方案编制	任务一:砖砌体工程施工方案编制	明确砖砌体的施工工艺流程和关键施工质量控制点	—
	任务二:砌块砌体工程施工方案编制	明确砌块砌体填充墙的施工工艺流程和关键施工质量控制点	依据案例资料编制一份砌块砌体填充墙工程施工方案

任务一　砖砌体工程施工方案编制

一、任务要求

通过本任务的学习，要求学生掌握砖砌体工程施工方案的编制，主要包括以下内容：
1) 明确砖砌体施工前准备工作。
2) 明确砖砌体砌筑工艺流程及施工质量控制。

二、任务基础过关问题

结合任务要求，思考以下问题：

问题1：常用的砌筑材料类别有哪些？这些砌筑材料使用时有哪些基本要求？

问题2：砖砌体施工砌筑质量的要求是什么？

问题3：构造柱的施工流程与施工要求有哪些？

三、任务实施依据

1）设计、施工图。

2）《砌体结构工程施工质量验收规范》（GB 50203—2011）。

3）《砌体结构设计规范》（GB 50003—2011）。

4）《建筑工程施工质量验收统一标准》（GB 50300—2013）。

四、任务实施技术路线图

本任务实施技术路线图如图7-1所示。

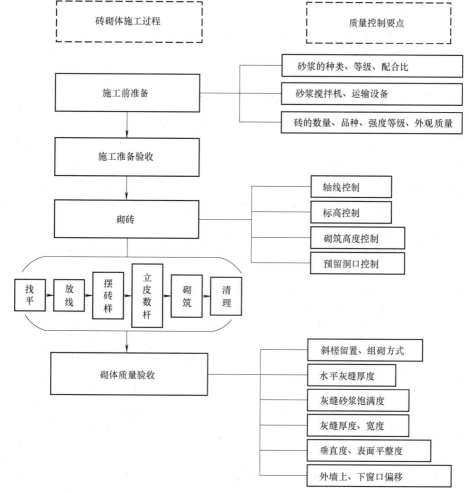

图7-1　砖砌体工程施工方案确定技术路线图

五、任务实施内容

砖砌体工程施工方案的确定内容主要包括确定砖砌体施工前准备工作、确定砖砌体施工流程及识别施工过程中关键质量控制。请结合案例背景，遵循下面的实施指南完成该任务要求。

（一）确定施工前准备

1. 砖的准备

（1）确定砖的品种和强度等级。砖的品种、强度等级必须符合设计要求，并应规格一致。

（2）清水墙、柱用砖外观要求。用于清水墙、柱表面的砖，应尺寸准确、边角整齐、色泽均匀、无裂纹、掉角、缺棱和翘曲等严重现象。

（3）明确砖浇水原则。为避免砖吸收砂浆中过多的水分而影响黏结力，砌砖应提前 1~2d 浇水湿润，并可除去砖上面的粉末。烧结普通砖含水率在 10%~15%，当浇水过多时，会发生砌体走样或滑动。气候干燥时，石料宜应先洒水湿润。但灰砂砖、粉煤灰砖不宜浇水过多，其含水率应控制在 5%~8% 为宜。

2. 砂浆的准备

（1）明确砂浆种类和等级。砂浆种类的选择及其等级应根据设计要求而定。

1）一般水泥砂浆主要用于潮湿环境和强度要求较高的砌体。

2）石灰砂浆主要用于砌筑干燥环境以及强度要求不高的砌体。

3）混合砂浆主要用于地面以上强度要求较高的砌体。

（2）确定砂浆配合比。应根据设计要求经试验确定砂浆配合比。砂浆配料应采用重量比，配料要精确。

3. 选择砌体结构施工机械

（1）砂浆搅拌机的选择。应当根据工程工期要求及工程量的大小选择砂浆搅拌机的类型、型号和数量。若工程工期要求紧、工程量大，则应当选择产量高的搅拌机或配置几台搅拌机。反之，则可选择产量低的搅拌机。

（2）运输设备的选择。砌筑结构施工的运输设备主要包括垂直运输设备和水平运输设备。

1）垂直运输设备的选择。垂直运输设备应当根据工程建筑结构特点、资源供应条件、现场施工条件、工程量的大小、工期长短、施工单位技术设备水平等因素选择垂直运输设备的类型、型号和数量。

在施工过程中，若没有大型、重型吊装构件，且工程量较小、工期要求不紧，则可以选择吊装能力小、产量低的井架、龙门架作为砌体结构施工的垂直运输设备。

若建筑工程高度大，有大型、重型的吊装构件，且工程量大、工期要求紧，则可选吊装能力大、覆盖面和供应面大、产能高的塔式起重机作为砌体结构施工的垂直运输设备。塔式起重机运行费用高于井架、龙门架，在选择时要结合工程实际情况对多个方案进行技术、经济的对比。

2）水平运输设备的选择。水平运输设备应根据运输材料的种类与垂直运输设备配套选择。

当垂直运输设备采用井架、龙门架来运输砂浆、砌体砖材时,水平运输可选择斗车作为水平运输工具。数量应根据工程量的大小及运输距离配置。

当垂直运输设备采用塔式起重机运输砂浆、砌体砖材,塔式起重机能够覆盖全部工作面时,水平运输可分别选择料斗、砖笼由塔式起重机直接将砂浆、砌体砖材运到工作面。当塔式起重机不能覆盖全部工作面时,水平运输可选用手推车、翻斗车作为水平运输工具,数量应根据工程量大小及匀速距离配置。

（二）明确砖砌体施工工艺流程

砖砌体施工过程通常包括抄平、放线、搬砖样、立皮数杆、砌筑、清理等工序,如果是清水墙,则还要进行勾缝。砖砌体施工顺序与内容见表7-2。

表7-2 砖砌体施工顺序与内容

施工顺序	施工内容
抄平	校核砌体位置,标记楼层标高
放线	确定各段墙体砌筑的位置,轴线引测,确定门窗洞口位置
摆砖样	按照摆放原则试摆砖样
立皮数杆	在皮数杆上标明砌筑的皮数及竖向构造变化部位的标高
砌筑	各地区砌筑方法不一,都应保证砌筑质量要求
清理	确保墙面整洁,地面干净
勾缝	横平竖直,深浅一致,横竖缝交接处应平整,表面应充分压实赶光(适用于清水墙施工)

（三）识别砖砌体关键质量控制内容

砖砌体工程施工着重控制墙体位置、垂直度及灰缝质量,要求做到横平竖直、厚薄均匀、砂浆饱满、上下错缝、内外搭砌、接槎牢固。砖砌体施工质量控制标准见表7-3。砖砌体尺寸、位置的允许偏差应符合表7-4规定。

表7-3 砖砌体施工质量控制标准

关键控制点	质量控制内容
砖和砂浆	砖和砂浆等级必须符合设计要求
灰缝砂浆饱满度	砌体灰缝砂浆应密实、饱满,砖墙水平灰缝砂浆饱满度不得低于80%
斜槎留置	对不能同时砌筑而又必须留置的临时间断处应砌成斜槎,斜槎水平投影长度不小于高度的2/3
组砌方式	砖砌体组砌方法应正确,内外搭砌,上下错缝。清水墙、窗间墙无通缝;混水墙中不得有长度大于300mm的通缝,长度200～300mm的通缝每间不超过3处,且不得位于同一面墙体上;砖柱不得采用包心砌法
灰缝厚度、宽度	砖砌体的灰缝应横平竖直,厚薄均匀,水平灰缝厚度及竖向灰缝宽度宜为10mm,但不应小于8mm,也不应大于12mm

表7-4 砖砌体尺寸、位置的允许偏差

项次	项目	允许偏差/mm
1	轴线位移	10
2	基础、墙、柱顶面标高	±15

（续）

项次	项目			允许偏差/mm
3	墙面垂直度	每层		5
		全高	≤10m	10
			>10m	20
4	表面平整度	清水墙、柱		5
		混水墙、柱		8
5	水平灰缝垂直度	清水墙		7
		混水墙		10
6	门窗洞口高、宽（后塞口）			±10
7	外墙上下窗口偏移			20
8	清水墙游丁走缝			20

任务二　砌块砌体工程施工方案编制

砌块砌体施工按照结构受力的不同主要分为承重墙施工和填充墙施工。承重墙施工材料一般采用烧结普通砖、烧结空心砖等其他砖材，填充墙的施工材料一般使用烧结空心砖、蒸压加气混凝土砌块等材料。本任务以蒸压加气混凝土砌块填充墙施工方式为例。

一、任务要求

（1）结合"案例背景"提交一份蒸压加气混凝土砌块填充墙砌体施工方案。主要内容如下：

1）明确蒸压加气混凝土砌块填充墙工程施工前准备工作内容。

2）明确蒸压加气混凝土砌块填充墙工程施工工艺。

3）明确填充墙施工质量控制的主要内容。

（2）提交任务实施关键环节讨论的会议纪要。

案 例 背 景

某办公楼，楼层层数为 6 层，层高为 3.75m，标高为 22.5m。形式为框架剪力墙结构，地震设防烈度 6 度，设计使用年限为 50 年。±0.000 以上采用 A3.0 的蒸压加气混凝土砌块，用 M5 混合砂浆砌筑，干容重不大于 $7.5kN/m^3$。砌体填充墙应沿框架柱全高每隔 500~600mm 设 $2\phi6mm$ 拉结筋，拉结筋应沿墙全长贯通。与后砌隔墙连接的钢筋混凝土墙，其连接处预埋拉筋构造详见标准图集《砌体填充墙结构构造》（12G614-1）。当墙的长度大于 5m 时，后砌隔墙顶部应与梁或板构件拉结，详见标准图集《砌体填充墙结构构造》（12G614-1）。

二、任务基础过关问题

结合任务要求，思考以下问题：

问题 1：常用的填充墙材料有哪些？

问题 2：空心砖填充墙的施工工艺有哪些？

三、任务实施依据

1）《砌体结构设计规范》（GB 50003—2011）。

2）《蒸压加气混凝土砌块》（GB/T 11968—2020）。

3）《砌体结构工程施工质量验收规范》（GB 50203—2011）。

四、任务实施技术路线图

本任务实施技术路线图如图 7-2 所示。

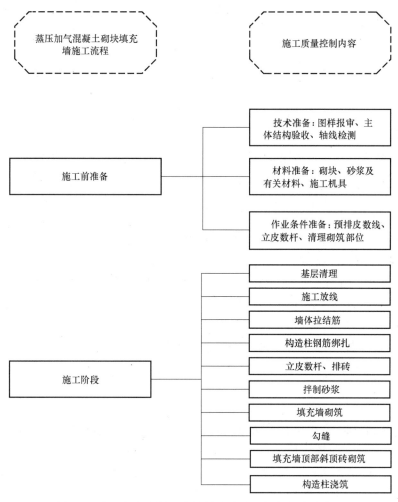

图 7-2　蒸压加气混凝土砌块填充墙施工任务技术路线图

五、任务实施内容

蒸压加气混凝土砌块填充墙施工主要包括施工前准备、蒸压加气混凝土砌块施工工艺流程与填充墙质量控制。

（一）明确施工前准备工作

1. 技术准备

1）图纸会审及设计工作已经完成报审。

2）主体结构已分阶段施工完毕，质量合格并已通过验收。

3）楼面要弹出轴线、墙身线、拉结筋位置线、门窗洞口位置线、管道预留洞位置及标高线，经复复核设计要求图样。

4）根据设计图要求提前做好砂浆的适配工作。

2. 材料准备

（1）砌块。

1）进场的砌体应按照品种、规格堆放整齐，堆置高度不宜超过 2m。

2）砌筑填充墙时，蒸压加气混凝土砌块的产品龄期不应小于 28d，蒸压加气混凝土砌块的含水率宜小于 30%。

3）蒸压加气混凝土砌块采用专用砂浆或普通砂浆砌筑时，应在砌筑当天对砌块砌筑表面浇水湿润。

4）蒸压加气混凝土砌块不得与其他砌块混砌，不同强度等级的同类砌块也不得混砌。

（2）砂浆。

1）砂浆宜优先选用干混砂浆，进场使用前应分批对其稠度、抗压强度进行复验。

2）干混砂浆用水宜采用饮用水，当采用其他水源时，需进行取样检测，应符合行业标准《混凝土用水标准》（JGJ 63—2006）的有关规定。

（3）其他材料。

1）拉结筋：钢筋的级别、直径应符合设计要求。进场时，应对其规格、级别或品种进行检查，同时检查其出厂合格证，并按批量取样送实验室进行复检。检验批、检验内容及技术要求等按《混凝土结构工程施工技术标准》（ZJQ 08-SGJB 204—2017）的有关规定执行。

2）预埋件：应做好防腐处理。

3. 主要机具

1）机械：施工电梯、干粉砂浆储存罐。

2）工具：夹具、灰斗、铁锹、大（小）铲、手推车、砖刀、卷尺、手锯、皮数杆、百格网等。

4. 作业条件准备

1）砌筑前按装饰工程要求弹好墙身轴线、墙边线、门窗洞口和构造柱的位置线，验线须符合图样设计要求，预验合格。

2）根据统一标高控制线及窗台、窗顶标高，预排出砖砌块的皮数线，皮数线可划在柱、墙上，并标明拉结筋、圈梁、过梁等的尺寸标高。

3）在墙转角处及内外墙交接处，已按标高立好皮数杆、皮数杆的间距以 15~20m 为宜。

4）砌筑部位（基础或楼板底）的灰渣、杂物应清理干净，并浇水湿润。

（二）明确蒸压加气混凝土砌块施工工艺流程

蒸压加气混凝土砌块施工工艺流程主要包括基层清理、施工放线、墙体拉结筋、构造柱钢筋绑扎、立皮数杆和排砖、拌制砂浆、填充墙砌筑、勾缝、填充墙顶部斜顶砖砌筑、构造柱浇筑等。蒸压加气混凝土砌块施工顺序与内容见表 7-5。

表 7-5 蒸压加气混凝土砌块施工顺序与内容

施工顺序	施工内容
基层清理	墙基层表面的清洁度与湿润度
施工放线	墙体控制线及门窗洞口位置线
墙体拉结筋	墙体拉结钢筋有多种留置方式,施工中可根据实际情况选用
构造柱钢筋绑扎	钢筋绑扎的时点及钢筋搭接绑扎长度应满足设置要求
立皮数杆和排砖	立皮数杆 皮数杆间距应符合规定以控制砌体标高和保证砖缝的平直 排出砖块的皮数及灰缝厚度并标出窗台、洞口及墙梁等构造标高 根据砌筑墙体的长度、高度试排砖,摆出门、窗及孔洞的位置
拌制砂浆	现场采用干混砂浆应随拌随用,拌制的砂浆应及时用完 预拌砂浆及蒸压加气混凝土砌块专用砂浆使用时间应按照厂房提供的说明书确定
填充墙砌筑	蒸压加气混凝土砌块的产品龄期应满足规定 采用专用砂浆或普通砂浆砌筑时,应在砌筑当天对砌块砌筑面浇水湿润且满足相对含水率要求 填充墙砌筑时应上下皮错缝、搭接长度满足相关要求(当不能满足时,可设置钢筋网片) 在不同砌筑部位砌筑时应注意砌块的排列方式与砌筑原则
勾缝	注意勾缝的顺序灰缝与砌块面的平整度
填充墙顶部斜顶砖砌筑	砌筑时间应符合要求 斜砌角度、灰缝厚度满足规定且砌筑时应逐块斜砌挤紧
构造柱浇筑	合理选用相关模具防止漏浆且保证浇筑部位底部整洁 浇筑前对有关部位清理干净并保持湿润 浇筑时应当注意操作及验收标准

(三) 填充墙质量控制

1. 主控项目

砌块和砌筑砂浆的强度等级应符合设计要求。

检验方法:检查砌块的产品合格证书、产品性能检测报告和砂浆试块试验报告。

2. 一般项目

1) 填充墙砌体一般尺寸允许偏差应符合表 7-6 的规定。

表 7-6 填充墙砌体一般尺寸允许偏差

项次	项目		允许偏差/mm
1	轴线位移		10
2	垂直度	小于或等于 3m	5
		大于 3m	10
3	表面平整度		8
4	门窗洞口高、宽(后塞口)		±5
5	外墙上、下窗口偏移		20

2) 蒸压加气混凝土砌块砌体不应与其他块材混砌。

3) 填充墙砌体砂浆饱满度及要求应符合表 7-7 规定。

表 7-7　填充墙砌体砂浆饱满度及要求

砌体分类	灰缝	饱满度及要求	检验方法
蒸压加气混凝土砌块	水平	≥80%	采用百格网检查块材底面砂浆的黏结痕迹面积
	垂直	≥80%	

4）填充墙砌体留置的拉结筋或网片的位置应与块体皮数相符合。拉结钢筋或网片应置于灰缝中，埋置长度应符合设计要求，竖向位置偏差不应超过一皮高度。

5）填充墙砌筑时应错缝搭砌，蒸压加气混凝土砌块搭砌长度不应小于砌块长度的 1/3。

6）填充墙砌体的灰缝厚度和宽度应正确，蒸压加气混凝土砌块砌体的水平灰缝厚度及竖向灰缝宽度宜分别为 15mm 和 20mm。

7）填充墙砌至接近梁、板底时，应留有一定空隙，待填充墙砌筑完并应至少间隔 7d 后，再将其补砌挤紧。

在钢筋混凝土结构中，钢筋及其加工质量对结构质量起着决定性作用，钢筋工程又属于隐蔽工程，在混凝土浇筑后，钢筋的质量难以检查，故对钢筋的进场验收、一系列的加工过程和最后的绑扎安装，都必须进行严格的质量控制，以确保结构的质量。

能力标准

通过本项目，培养学生编制钢筋工程施工方案的实际能力，主要包括以下两点：
1）钢筋工程施工方案中施工方法和施工机械的选择能力。
2）钢筋工程施工方案中质量控制点的识别能力。

项目分解

以能力为导向分解的钢筋工程施工方案工作，可以划分为若干个任务，再将每一个任务分解成若干个任务要求以及需要提交的成果文件内容（见表 8-1）。

表 8-1 钢筋工程施工方案编制的项目分解与任务要求

项目	任务	任务要求	成果
钢筋工程施工方案编制	任务一：钢筋进场验收的施工方案编制	确定钢筋进场验收的内容	撰写钢筋工程施工方案
	任务二：钢筋加工施工方案编制	计算钢筋的下料长度 确定钢筋加工施工工艺	
	任务三：钢筋连接施工方案编制	钢筋连接方法的选择 确定钢筋连接的施工工艺及关键点	
	任务四：钢筋绑扎安装与验收施工方案编制	确定钢筋绑扎过程中质量控制点	

案例背景

某产学融合办公楼，规划地块总占地面积约为 15000m³，施工现场使用面积为 12000m²，总建筑面积为 7845m²。该办公楼，楼层层数为 6 层，层高为 3.75m，标高为

22.5m。形式为框架剪力墙结构，地震设防烈度为 6 度，设计使用年限为 50 年。

该工程钢筋规格种类多，并且使用大量的大直径钢筋。钢筋的直径范围为 8~28mm。主要有一级钢筋和三级钢筋。

该工程中有多种类型的梁，比如暗梁、边梁、边框梁以及主梁等，其中 L₁ 梁的钢筋详图如图 8-1 所示。

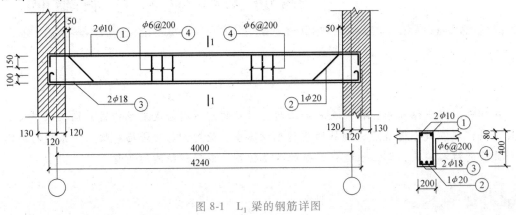

图 8-1　L₁ 梁的钢筋详图

任务一　钢筋进场验收的施工方案编制

一、任务要求

钢筋进场后，应经检查验收合格后才能使用。未经检查验收或检查验收不合格的钢筋严禁在工程中使用。钢筋进场验收是钢筋工程的首要环节。钢筋进场检查验收的内容包括钢筋进场的质量证明文件，按国家现行有关标准的规定抽样验屈服强度、抗拉强度、伸长率、弯曲性能和单位长度重量，钢筋的外观检查等。当无法准确判断钢筋品种、牌号时，应增加化学成分、晶粒度等检验项目。有抗震要求的受力钢筋具体要求见相关规范。

（1）结合"案例背景"及任务要求完成"钢筋进场与验收施工方案编制"，内容及顺序要求如下：

1）确定钢筋进场的检查内容。

2）确定钢筋堆放的要求。

（2）提交任务实施关键环节讨论的会议纪要。

二、任务基础过关问题

结合任务要求，思考以下问题：

问题 1：成型钢筋进场检查内容有哪些？

问题 2：进场检验时，钢筋数量如何确定？

三、任务实施依据

1）《冷轧带肋钢筋混凝土结构技术规程》（JGJ 95—2011）。

2）《钢筋混凝土用钢 第2部分：热轧带肋钢筋》（GB/T 1499.2—2018）。

3）《混凝土结构设计规范（2015年版）》（GB 50010—2010）。

4）《钢筋混凝土用钢 第1部分：热轧光圆钢筋》（GB 1499.1—2017）。

5）《钢筋混凝土用余热处理钢筋》（GB 13014—2013）。

四、任务实施技术路线图

本任务实施技术路线图如图8-2所示。

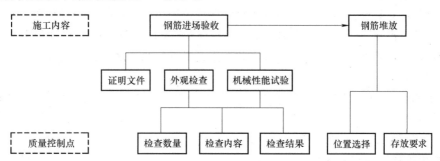

图8-2　钢筋进场与验收的技术路线图

五、任务实施内容

钢筋进场验收的施工方案编制包括钢筋进场验收内容以及钢筋的现场堆放要求。根据"案例背景"及任务要求，遵循具体实施指南完成任务要求。

（一）确定钢筋进场验收内容

钢筋进场后，应先检查钢筋的质量证明文件，每捆钢筋上挂有两个牌号（注明生产厂、生产日期、钢筋级别、直径等标记），附有质量证明文件。钢筋进场验收内容中有钢筋的外观质量检查和钢筋的力学性能试验，见表8-2。

表8-2　钢筋的外观质量检查和钢筋的力学性能试验

验收内容	检查内容	检查方法	检查结果
外观质量	钢筋是否平直、有无损伤，表面是否有裂纹、油污及锈蚀等	观察法	—
力学性能试验	力学性能（抗拉强度、屈服点、伸长率）	拉伸试验、冷弯试验	有一项试验结果不符合要求，则从同一批中另取双倍数量的试样重做各种试验，如仍有一个试样不合格，则该批钢筋为不合格品

（二）确定钢筋现场堆放要求

当钢筋运进施工现场后，从位置选择和存放要求考虑现场堆放。

1. 位置选择

钢筋尽量堆入仓库或料棚内，条件不具备时，选择地势较高、土质坚实、较为平坦的露天场地存放。

2. 存放要求

1）堆放钢筋时下面要加垫木，离地不少于200mm，以防钢筋锈蚀和污染。

2）钢筋成品分工程名称和构件名称，按号码顺序存放。

任务二　钢筋加工施工方案编制

一、任务要求

钢筋加工包括调直、除锈、下料切断、弯曲成型等工作，钢筋加工宜在常温状态下进行，加工过程不对钢筋进行加热。钢筋配料是将设计图中各个构件的配筋图表，编制成便于实际加工、具有准确下料长度（钢筋切断时的直线长度）和数量的表格即配料单。钢筋配料时，为保证工作顺利进行，不发生漏配和多配，最好按结构顺序进行，需要将各种构件的每一根钢筋编号。

（1）结合"案例背景"完成钢筋施工方案中"钢筋加工"部分内容，内容及顺序要求如下：

1）确定钢筋加工的施工工艺。

2）确定钢筋下料切断的操作要点。

（2）提交任务实施关键环节讨论的会议纪要。

二、任务基础过关问题

结合任务要求，思考以下问题：

问题1：钢筋下料长度计算时应注意什么事项？

问题2：钢筋加工中的施工流程包括什么？

三、任务实施依据

1）结构施工图。

2）《混凝土结构设计规范（2015年版）》（GB 50010—2010）。

3）《冷轧带肋钢筋混凝土结构技术规程》（JGJ 95—2011）。

4）《钢筋混凝土用钢 第二部分：热轧带肋钢筋》（GB/T 1499.2—2018）。

5）《钢筋混凝土结构预埋件》（16G 362）。

6）《混凝土结构工程施工质量验收规范》（GB 50204—2015）。

四、任务实施技术路线图

本任务实施技术路线图如图8-3所示。

五、任务实施内容

钢筋加工施工方案编制包括确定钢筋配料、确定钢筋加工的施工方案。根据"案例背景"及任务要求，遵循具体实施指南完成任务要求。

（一）确定钢筋配料

钢筋下料长度的计算是配料计算中的关键，是钢筋弯曲成形、安装位置准确的保证，同时是钢筋工程计量的主要依据。

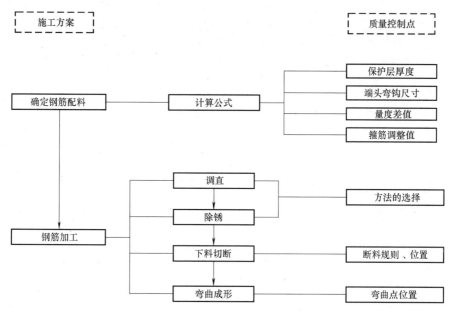

图 8-3　钢筋配料及加工的技术路线图

在实际工程计算中，影响下料长度计算的因素有很多，如不同部位保护层厚度有变化、钢筋弯折的角度不同。根据下料长度计算公式，考虑上述影响因素进行计算。

钢筋下料长度计算

1. 纵向钢筋下料长度

直钢筋下料长度＝构件长度－保护层厚度＋弯钩增加值

或　直钢筋下料长度＝简图标注尺寸＋弯钩增加值

弯起钢筋下料长度＝直段长度＋斜段长度－弯曲量度差＋弯钩增加值

2. 箍筋下料长度

箍筋下料长度＝2×[（H－2×保护层）＋（B－2×保护层）]－弯曲量度差＋弯钩增加值（H、B 分别为构件的尺寸）

箍筋采用光圆钢筋时，弯弧内直径为 $2.5d$（d 为钢筋直径），单个 90°弯曲量度差为 $1.75d$，单个 135°末端弯钩增加值为 $6.9d$（有抗震要求时为：$11.9d$ 或 $1.9d+75mm$ 的较大值）。

单根箍筋的下料长度＝构件周长－8×保护层＋$8.55d$

有抗震要求时：

单根箍筋下料长度＝构件长度－8×保护层＋$\max\{18.55d,（-1.45d+75mm）\}$

1. 确定保护层厚度

不同部位的钢筋，保护层厚度也不同，受力钢筋的混凝土保护层厚度应符合设计要求，见表 8-3。

2. 确定钢筋末端弯钩增加值

为增强钢筋与混凝土的连接，钢筋末端一般需加工成弯钩形状。不同钢筋弯钩角度不同，弯钩增加值不同，具体见表 8-4。

表 8-3　受力钢筋的混凝土保护层厚度　　　　　　　　（单位：mm）

环境与条件	板、墙、壳	梁、柱、杆
室内正常环境	15	20
露天或室内高湿度环境	25	25

注：1. 混凝土强度等级不大于 C25 时，表中保护层厚度数值应增加 5mm。

　　2. 钢筋混凝土基础应设置混凝土垫层，其纵向受力钢筋的混凝土保护层厚度应从垫层顶面算起，且不小于 40mm。

表 8-4　钢筋末端弯钩增加值

钢筋种类	弯弧内直径和平直部分长度	末端弯钩角度		
		180°	135°	90°
纵向受力光圆钢筋	$D = 2.5d$，平直部分 = $3d$	$6.25d$	—	—
纵向带肋钢筋（锚固长度增加值）	$D = 4d$，90°弯折锚固时平直部分 = $12d$，135°时平直部分 = $5d$	—	$7.9d$	$12.9d$
箍筋（光圆钢筋 + 无抗震要求）	$D = 2.5d$ 且大于受力钢筋直径，平直部分 = $5d$	—	$6.9d$	$5.5d$
箍筋（光圆钢筋 + 抗震要求）	$D = 2.5d$ 且大于受力钢筋直径，平直部分 = $\max(10d, 75\text{mm})$	—	$\max\{11.9d, (1.9d+75\text{mm})\}$	$\max\{10.5d, (0.5d+75\text{mm})\}$

注：D 为钢筋弯弧内直径，d 为钢筋直径。

3. 确定钢筋弯曲量度差值

量度差值是钢筋弯曲处外包尺寸和中心线长度之间存在的一个差值。钢筋弯曲量度差值包括纵向钢筋弯曲量度差值、箍筋量度差值。钢筋弯曲量度差取值见表 8-5。在实际工作中，为了方便计算，可按括号内取值计算。

表 8-5　钢筋弯曲量度差取值

钢筋种类	30°	45°	60°	90°
$D = 2.5d$（光圆钢筋）	$0.16d$（$0.2d$）	$0.28d$（$0.3d$）	$0.8d$	$1.75d$
$D = 4d$（带肋钢筋 335 级、400 级）常用纵向受力钢筋	$0.17d$（$0.2d$）	$0.32d$（$0.35d$）	$0.56d$（$0.6d$）	$2d$
$D = 6d$（带肋钢筋 500 级，直径 28mm 以下）	$0.18d$（$0.2d$）	$0.36d$（$0.4d$）	$0.67d$（$0.7d$）	—

（二）确定钢筋加工的施工方案

钢筋加工包括调直、除锈、切断和弯曲成形。钢筋加工的工艺流程见表 8-6。

表 8-6　钢筋加工的工艺流程

钢筋加工工艺	方法	适用范围		操作要点
调直	冷拉调直	只为调直	HRB335、HRB400 级钢筋	冷拉率不宜大于 4%
		钢筋无弯钩弯折要求	HRB335、HRB400 级钢筋	冷拉率不宜大于 1%
	调直机调直	直径为 4~14mm 钢筋		冷拉率不大于 6%
	锤直或扳直	粗钢筋		冷拉率不超过 2%
除锈	调直过程中除锈	大量钢筋，成本低		清理表面，保证握裹力
	机械除锈	对局部钢筋除锈较为方便		
下料切断	钢筋切断机	钢筋直径<12mm		断料规则：先断长料，后断短料，减少短头，减少损耗 位置：在工作台上标出尺寸刻度线并设置控制断料尺寸用的挡板 断口：不得有马蹄形或起弯
	手动液压切断机	钢筋直径 12~40mm		
	电弧割切或锯断	钢筋直径>40mm		
弯曲成形	弯曲机	—		弯曲点位置：根据钢筋料牌上标明的尺寸用石笔划出 划线的原则：根据不同的弯曲角度扣除弯曲调整值

任务三　钢筋连接施工方案编制

一、任务要求

钢筋在运输过程中受到运输工具的限制，当钢筋直径 $d<12mm$ 时，一般以圆盘形式供货；当直径 $d\geqslant12mm$ 时，则以直条形式供货，直条的长度一般为 6~12m，由此带来混凝土结构施工中不可避免的钢筋连接问题。

（1）结合"案例背景"及任务要求完成钢筋施工方案中"钢筋连接"部分内容，内容及顺序要求如下：

1）确定钢筋的连接方式。

2）确定钢筋焊接连接的施工工艺。

3）钢筋机械连接接头的检验。

（2）提交任务实施关键环节讨论的会议纪要。

二、任务基础过关问题

结合任务要求，思考以下问题：

问题 1：钢筋连接的方法有哪些？选择原则有哪些？

问题 2：焊接接头位置如何设置？如何检验焊接接头？

问题 3：常用的机械连接方法有哪些？

三、任务实施依据

1）建设工程混凝土结构设计总说明、结构施工图。

2）《钢筋焊接及验收规程》（JGJ 18—2012）。

3）《钢筋焊接接头试验方法标准》（JGJ/T 27—2014）。

4）《钢筋机械连接技术规程》（JGJ 107—2016）。

5）《混凝土结构施工图平面整体表示方法制图规则和构造详图》（16G101-1~16G101-3）。

6）《混凝土结构设计规范（2015年版）》（GB 50010—2010）。

7）《混凝土结构工程施工质量验收规范》（GB 50204—2015）。

四、任务实施技术路线图

本任务实施技术路线图如图8-4所示。

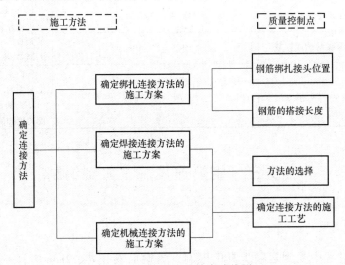

图8-4　钢筋连接的技术路线图

五、任务实施内容

钢筋连接施工方案编制包括确定钢筋的连接方式、钢筋绑扎搭接的施工、钢筋焊接连接的施工、钢筋机械连接的施工。根据案例背景及任务要求，遵循具体实施指南完成任务要求。

（一）确定钢筋的连接方式

钢筋的连接方式应根据设计要求和施工条件适用。常见的钢筋连接方法有绑扎搭接、焊接连接、机械连接等，各自的适用范围及优点见表8-7。

表8-7　钢筋连接方式的适用范围及优点

钢筋的连接方式	适用范围	优点
绑扎搭接	钢筋直径不大于14mm	工艺简单，工效高，不需要连接设备
焊接连接	钢筋直径不限	改善结构的受力性能，节约钢筋用量，提高工作效率，保证工程质量

（续）

钢筋的连接方式	适用范围	优点
机械连接	钢筋直径 $16mm \leqslant D \leqslant 50mm$	工艺简单,节约钢材,改善工作环境,接头性能可靠,技术易掌握,工作效率高,节约成本

（二）确定钢筋绑扎搭接方法的施工方案

钢筋绑扎搭接施工顺序为：确定钢筋绑扎接头的位置→确定钢筋的搭接长度→钢筋绑扎接头的绑扎。

1. 确定钢筋绑扎接头的位置

确定钢筋绑扎接头的位置需要考虑受力、接头面积百分比及钢筋直径等因素。绑扎接头的要求详见规范《混凝土结构设计规范（2015 年版)》（GB 50010—2010)。

绑扎接头的要求规范

当纵向受力钢筋采用绑扎搭接接头时，接头位置应符合下列规定：

1）钢筋的接头宜设置在受力较小处。同一纵向受力钢筋不宜设置 2 个或 2 个以上接头。接头末端至钢筋弯起点的距离不应小于钢筋直径 10 倍。

2）同一构件中相邻纵向受力钢筋的绑扎搭接接头宜相互错开。绑扎搭接接头中钢筋的横向净距不应小于钢筋直径，且不应小于 25mm。

钢筋绑扎搭接接头连接区段的长度为 $1.3l_1$ （l_1 为搭接长度），凡搭接接头中位于该连接区段长度内的搭接接头均属于同一连接区段。同一连接区段内，纵向钢筋搭接接头面积百分比为该区段内有搭接接头的纵向受力钢筋截面面积与全部纵向受力钢筋截面面积的比值。

同一连接区段内，纵向受拉钢筋搭接接头面积百分比应符合设计要求；当设计无具体要求时，应符合下列规定：对梁类、板类及墙类构件，不宜大于 25%；对柱类构件，不宜大于 50%。当工程中确有必要增大接头面积百分比时，对梁构件，不应大于 50%；对其他构件，可根据实际情况放宽。

---

2. 确定钢筋的搭接长度

确定钢筋的搭接长度，需要确定纵向受拉钢筋、纵向受压钢筋、箍筋的搭接长度。

纵向受力钢筋的搭接长度与混凝土强度、钢筋强度等级和钢筋大小有关。混凝土强度等级越低，搭接长度越长；钢筋强度等级越高，搭接长度越长。

具体钢筋搭接长度要求规范《混凝土结构设计规范（2015 年版)》（GB 50010—2010)。

钢筋的搭接长度要求规范

1. 纵向受拉钢筋

根据纵向受拉钢筋的绑扎搭接接头面积百分比不同，可以得到下面三种情况，其中关于搭接接头面积百分比是按照同一连接区段计算的，《混凝土结构设计规范（2015 年版)》（GB 50010—2010)规定，同一连接区段为 $1.3L$ （L 为搭接长度），接头面积百分比是这个连接区段内搭接钢筋的面积与全部钢筋面积的比值。

1) 当纵向受拉钢筋的绑扎搭接接头面积百分比不大于 25% 时，其最小搭接长度应符合表 8-8 的规定。

表 8-8　纵向受拉钢筋的最小搭接长度

钢筋种类	混凝土强度等级			
	C15	C20～C25	C30～C35	≥C40
HRB335 级带肋钢筋	55d	45d	35d	30d
HRB335 级带肋钢筋	—	55d	40d	35d

注：两根直径不同钢筋的搭接长度，以较细钢筋的直径计算。

2) 当纵向受拉钢筋的绑扎搭接接头面积百分比大于 25%，但不大于 50% 时，其最小的搭接长度按照表 8-8 中的数值乘以系数 1.4 取用。

3) 当纵向受拉钢筋的绑扎搭接接头面积百分比大于 50% 时，按照表 8-8 中的数值乘以系数 1.6。

2. 纵向受压钢筋

纵向受压钢筋在搭接时，其最小的搭接长度应根据上述纵向受拉钢筋搭接长度规定确定相应数值后，乘以系数 0.7。

3. 箍筋

在受力钢筋搭接长度范围内，必须按设计要求配置箍筋，当设计无明确要求时，应符合下列规定：

1) 受拉搭接区段：箍筋间距不应大于 5d，且不应大于 100mm，d 为搭接钢筋的较小直径。

2) 受压搭接区段：箍筋间距不应大于 10d，且不应大于 200mm，d 为搭接钢筋的较小直径。

4. 当符合下列条件时，纵向受拉钢筋的最小搭接长度应根据上述 1～3 确定后，按下列规定进行修正：

1) 当带肋钢筋的直径大于 25mm 时，其最小搭接长度应按相应数值乘以系数 1.1 取用。

2) 对环氧树脂涂层的带肋钢筋，其最小搭接长度应按相应数值乘以系数 1.25 取用。

3) 当在混凝土凝固过程中受力钢筋易受扰动时（如滑模施工），其最小搭接长度应按相应数值乘以系数 1.1 取用。

4) 对末端采用机械锚固措施的带肋钢筋，其最小搭接长度可按相应数值乘以 0.7 取用。

5) 当带肋钢筋的混凝土保护层厚度大于搭接钢筋直径的 3 倍且配有箍筋时，其最小搭接搭接长度可按相应数值乘以系数 0.8 取用。

6) 对有抗震设防要求的结构构件，其受力钢筋的最小搭接长度对一、二级抗震等级应按相应数值乘以系数 1.15 取用；对三级抗震等级应按相应数值乘以系数 1.05 取用。

在任何情况下，受拉钢筋的搭接长度不应小于 300mm。

纵向受压钢筋搭接时，其最小搭接长度应根据上述受拉钢筋的规定确定相应数值后，乘以系数 0.7 取用。在任何情况下，受压钢筋的搭接长度不应小于 200mm。

3. 钢筋绑扎接头的绑扎

确定了钢筋绑扎接头位置，钢筋绑扎搭接长度，钢筋的绑扎搭接接头在接头中心和两端用铁丝扎牢，并应抽查连接接头的搭接长度。

（三）确定钢筋焊接连接方法的施工方案

钢筋焊接质量检验，应符合《钢筋焊接及验收规程》（JGJ 18—2012）和《钢筋焊接接头试验方法标准》（JGJ/T 27—2014）的规定。

工程中经常采用的焊接方法有闪光对焊、电弧焊、电渣压力焊、电阻点焊等。

1. 焊接方法的选择

（1）待选择的焊接方法。待选择的焊接方法有闪光对焊、电弧焊、电渣压力焊、电阻点焊等。

（2）选择依据。根据焊接方法的适用直径以及优点进行判断（见表8-9）。

表 8-9　钢筋焊接方法的适用范围

焊接方法	适用范围	优点
闪光对焊	直径 6~40mm 的 HRB335 级、HRB400 级	施工工艺简单,工作效率高,造价较低,应用广泛
电弧焊	常用于钢筋的搭接接长、钢筋与钢板的焊接、装配式钢筋混凝土结构接头的焊接、钢筋骨架的焊接及各种钢结构的焊接	工效高,成本低
电渣压力焊	直径 14~32mm 的 HRB335 级、HRB400 级	操作简单,工效高,成本低,比电弧焊接头节电 80% 以上,比绑扎搭接和帮条焊节约钢筋 30%
电阻点焊	混凝土结构中的钢筋焊接骨架和钢筋焊接网的制作	工效高,节约劳动力,成品整体性好,节约材料,降低成本

2. 确定各种焊接方法的施工工艺及质量控制点

各种焊接方法的施工工艺及质量控制点见表8-10。

连续闪光焊钢筋上限直径见表8-11。

（四）确定机械连接方法的施工方案

确定机械连接方法的施工方案包括选择机械连接方法，确定机械连接的施工工艺。

1. 待选择的钢筋机械连接方法

待选择的钢筋机械连接方法包括：钢筋套筒挤压连接，钢筋锥螺纹套筒连接，钢筋镦粗直螺纹套筒连接，钢筋滚压直螺纹套筒连接（直接滚压螺纹、挤肋滚压螺纹、剥肋滚压螺纹）。

2. 选择依据

根据钢筋的级别以及钢筋的直径选择，具体分析见表8-12。

表 8-10 焊接方法的施工工艺及质量控制点

焊接方法	焊接工艺		质量控制点	检验接头
	待选择焊接工艺	适用范围		
闪光对焊	连续闪光焊	当钢筋直径较小,钢筋牌号较低,在表 8-11 的规定范围内	操作过程中要点:预热充分,顶锻前瞬间闪光要强烈,顶锻快而有力 截面积:不同直径钢筋可以对焊,但其截面面积之比不得超过 1.5	外观质量检查 力学性能试验:拉伸试验、冷弯试验
	预热闪光焊	当超过表 8-11 规定,且钢筋端面较平整		
	闪光-预热闪光焊	当超过表 8-11 规定,且钢筋端面不平整		
电弧焊	接头形式	适用范围	质量控制点	
	帮条焊	直径 10~40mm 的 HRB335 级、HRB400 级	控制帮条和搭接长度	
	搭接焊	直径 10~40mm 的 HRB335 级、HRB400 级		
	坡口焊	直径 18~40mm 的 HRB335 级、HRB400 级	注意焊坡口角度	
	熔槽帮条焊	直径 20mm 及以上钢筋现场安装焊接	焊接时加角板作垫板模,注意角钢尺寸和焊接工艺要求	
电渣压力焊	引弧、电弧、电渣、挤压		焊接参数:焊接电压、焊接电流、焊接时间满足要求	
电阻点焊	预压、通电、锻压		选用钢筋直径的相差大小焊点压入深度	

表 8-11 连续闪光焊钢筋上限直径

焊机容量(kV·A)	钢筋牌号	钢筋直径/mm
160(150)	HRB335	22
	HRB400	20
	RRB400	20
100	HRB335	18
	HRB400	16
	RRB400	16
80(75)	HRB335	14
	HRB400	12
	RRB400	12
40	HRB335	10
	HRB400	
	RRB400	

表 8-12　钢筋机械连接方法分类及适用范围

机械连接方法		适用范围	
		钢筋级别	钢筋直径/mm
钢筋套筒挤压连接		HRB335、HRB400、RRB400	16~40
钢筋锥螺纹套筒连接		HRB335、HRB400、RRB400	16~40
钢筋镦粗直螺纹套筒连接		HRB335、HRB400、RRB400	16~40
钢筋滚压直螺纹套筒连接	直接滚压螺纹	HRB335、HRB400	16~40
	挤肋滚压螺纹		16~40
	剥肋滚压螺纹		16~50

3. 确定机械连接方法的施工工艺及关键点

机械连接方法的施工工艺及优缺点见表 8-13。

表 8-13　机械连接方法的施工工艺及优缺点

机械连接方法		施工工艺	质量控制	优点	缺点
钢筋套筒挤压连接		将两根待接钢筋插入钢套筒,用挤压连接设备沿径向挤压钢套筒	钢套筒力学性能 钢套筒尺寸	工艺简单,可靠程度高,受人为操作因素影响小,对钢筋化学成分要求不高	操作工人工作强度大,液压油污染钢筋,综合成本高
钢筋锥螺纹套筒连接		将两根待接钢筋端头用套丝机做出锥形外丝,用带锥形内丝的套筒将钢筋两端拧紧	锥螺纹套筒材质、规格、尺寸 钢筋锥螺纹加工 锥螺纹接头质量检验	施工速度快,综合成本低	质量稳定性一般
钢筋镦粗直螺纹套筒连接		将钢筋端头镦粗,再切削成直螺纹,然后用带直螺纹套筒将钢筋两端拧紧	材质要求 质量要求	螺纹精度高,接头质量稳定性好,操作简便,连接速度快,价格适中	—
钢筋滚压直螺纹套筒连接	直接滚压螺纹	利用金属材料塑性变形后冷作硬化,增强金属材料强度的特性,使接头与母材等强	钢筋规格与套筒规格一致	加工简单,设备投入少	钢筋粗细不均导致螺纹直径差异,施工受影响
	挤肋滚压螺纹			螺纹精度提高	钢筋直径差异对螺纹精度有影响
	剥肋滚压螺纹			螺纹精度高,施工速度快,价格适中	—

任务四　钢筋绑扎安装与验收施工方案编制

一、任务要求

钢筋混凝土的浇捣过程中，为了使钢筋不发生变形和位移，充分发挥钢筋在混凝土中的作用，一般采用绑扎或焊接的方法，把不同形状的若干单根钢筋组合成钢筋网片或骨架。钢筋网片、骨架的制作方法有预制法和现场绑扎两种。钢筋网片和骨架绑扎成型，简便易行，是土木工程中普遍采用的方法。

（1）结合"案例背景"完成钢筋施工方案中"钢筋绑扎安装与验收方案"部分，内容及顺序要求如下：

1）钢筋绑扎的准备工作。

2）钢筋绑扎的施工方法。

（2）提交任务实施关键环节讨论的会议纪要。

二、任务基础过关问题

结合任务要求，思考以下问题：

问题1：钢筋绑扎的准备工作有哪些？

问题2：钢筋绑扎的要求有哪些？

问题3：钢筋质量检查的内容包括什么？

三、任务实施依据

1）建设工程混凝土结构设计总说明、结构施工图。

2）《混凝土结构工程施工规范》（GB 506666—2011）。

3）《钢筋焊接及验收规程》（JGJ 18—2012）。

4）《G101系列图集常用构造三维节点详图（框架结构、剪力墙结构、框架-剪力墙结构）》（11G902-1）。

5）《建筑工程施工质量验收统一标准》（GB 50300—2013）。

6）《混凝土结构施工图平面整体表示方法制图规则和构造详图》（16G101-1~16G101-3）。

四、任务实施技术路线图

本任务实施技术路线图如图8-5所示。

五、任务实施内容

钢筋绑扎安装与验收施工方案编制包括钢筋绑扎准备工作、钢筋的绑扎与安装、钢筋安装质量检查等内容。根据案例背景及任务要求，遵循具体实施指南完成任务要求。

（一）钢筋绑扎的准备工作

准备工作具体包括熟悉图样、核对钢筋配料单，准备工具，画钢筋位置线等内容。

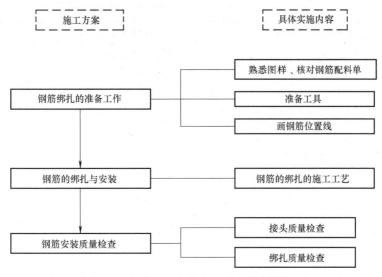

图 8-5　钢筋绑扎安装与验收的技术路线图

1. 熟悉图样、核对钢筋配料单

1）明确各个单根钢筋形状及各个细部的尺寸。

2）确定各类结构的绑扎程序。

3）根据配料单和料牌核对钢筋半成品的钢号、形状、直径和规格数量是否正确，有无错配、漏配及变形。

2. 准备工具

1）绑扎钢筋用的工具及附件主要有：扳手、铁丝、小撬棒、马架、画线尺。

其中铁丝一般采用 20~22 号钢丝，注意 22 号钢丝只用于绑扎直径 12mm 的钢筋。

2）保证保护层厚度的附件——水泥砂浆垫块应符合如下要求：

① 厚度：水泥砂浆的厚度应等于保护层厚度。

② 平面尺寸：当保护层厚度小于或等于 20mm 时，为 30mm×30mm；大于 20mm 时，为 50mm×50mm。

③ 布置：水泥砂浆垫块呈梅花形均匀交错布置。

3）保护钢筋网片位置正确的附件——钢筋撑脚应符合如下要求：钢筋撑脚所用钢筋直径根据浇筑混凝土构件的厚度确定，通常每隔 1m 放置一个，呈梅花形交错布置。

3. 画钢筋位置线

（1）钢筋画线位置。钢筋画线位置：①平板或墙板的钢筋，在模板画线；②柱的箍筋，在两根对角线主筋上画点；③梁的箍筋，在架立筋上画点；④基础的钢筋，在两侧各取一根钢筋上画点或在固定架上画线。

（2）钢筋接头画线原则。钢筋接头的画线：根据到料规格，结合规范对有关接头位置、数量的规定，使其错开并在模板上画线。

（二）确定钢筋的绑扎与安装的施工方案

加工完毕的钢筋即可运到施工现场，按设计要求品种、规格、数量、位置、连接方式进行安装、连接和绑扎。不同构件钢筋的绑扎工艺及质量控制点见表 8-14。

表 8-14　不同构件钢筋的绑扎工艺及质量控制点

构件	钢筋绑扎工艺流程	质量控制点	依据
柱	套柱箍筋→搭接绑扎竖向受力筋→画箍筋间距线→绑箍筋→检查	纵筋搭接长度、绑扣 箍筋间距、数量 箍筋弯折、端头设置	《混凝土结构施工图平面整体表示方法制图规则和构造详图》（16G101-1～16G101-3）、《G101系列图集常用构造三维节点详图（框架结构、剪力墙结构、框架-剪力墙结构）》（16G902-1）
梁、板	验梁底模标高和位置→确定梁钢筋标高的位置→运钢筋到使用位置→钢筋的搭接连接→画钢筋位置线→套箍筋→箍筋的绑扎→钢筋的调整、垫垫块→检查	钢筋的摆放位置 梁箍筋的形状和加密区的控制	
墙	立2~4根竖筋→画水平筋间距→绑定位横筋→绑其余横竖筋→检查	竖筋绑扎、分档 钢筋绑扎间距 与柱连接处绑扎要求	

（三）钢筋安装质量检查

钢筋安装绑扎完成后，应检查钢筋连接施工质量和钢筋安装绑扎质量（检查钢筋品种、级别、规格、数量、位置等）。

1. 钢筋连接施工质量检查

1）检查钢筋接头率。

2）焊接接头、机械连接接头应按有关规定抽取试件进行力学性能检验。

3）钢筋焊接接头、机械连接接头全数检查外观质量，搭接接头应抽查搭接长度。

4）钢筋焊接和机械连接施工前均应进行工艺试验。

2. 钢筋安装绑扎质量检查

钢筋安装绑扎完毕后，应根据设计要求检查钢筋品种、级别、规格、数量、位置等，并应符合表 8-15 的规定。

表 8-15　钢筋安装位置的允许偏差和检验方法

项目			允许偏差/mm	检验方法
绑扎钢筋网	长、宽		±10	钢尺检查
	网眼尺寸		±20	钢尺量连续三档，取最大值
绑扎钢筋骨架	长		±10	钢尺检查
	宽、高		±5	钢尺检查
受力钢筋	间距		±10	钢尺量两端、中间各一点，取最大值
	排距		±5	
	保护层厚度	基础	±10	钢尺检查
		柱、梁	±5	钢尺检查
		板、墙、壳	±3	钢尺检查
绑扎箍筋、横向钢筋间距			±20	钢尺量连续三档，取最大值
钢筋弯起点位置			20	钢尺检查
预埋件	中心线位置		5	钢尺检查
	水平高差		+3.0	钢尺和塞尺检查

混凝土工程包括配料、搅拌、运输、浇捣、养护等过程。在整个工艺过程中，各个工序紧密联系又相互影响，若对其中任一工序处理不当，都会影响混凝土工程的最终质量。混凝土不但要具有正确的外形，而且要有良好的强度、密实性和整体性，因此，在施工中对每一环节采取适当合理的措施，保证混凝土工程质量是一个很重要的问题。

能力标准

通过本项目，培养学生编制混凝土工程施工方案的实际能力，主要包括以下两点：

1）混凝土工程施工方案中施工方法和施工机械的选择能力。

2）混凝土工程施工方案中关键质量控制点的识别能力。

项目分解

以能力为导向分解的混凝土工程施工方案工作，可以划分为若干个任务，再将每一个任务分解成若干个任务要求以及需要提交的成果文件内容（见表 9-1）。

表 9-1　混凝土工程施工方案编制的项目分解与任务要求

项目	任务	任务要求	成果
混凝土工程施工方案编制	任务一：混凝土运输施工方案编制	混凝土运输机具选择	撰写混凝土工程施工方案
	任务二：混凝土浇筑与振捣施工方案编制	明确不同构件浇筑顺序 混凝土振捣方法的选择 混凝土浇筑与振捣的质量控制点的确定	
	任务三：混凝土养护施工方案编制	混凝土养护方法的选择 把握混凝土养护的控制点	
	任务四：混凝土施工质量检查及外观修复施工方案编制	混凝土外观缺陷修整 混凝土强度的检验评定	
	任务五：大体积混凝土施工方案编制	混凝土振捣方法的选择 混凝土浇筑与振捣的质量控制点的确定 明确温度裂缝的解决措施	
	任务六：模板的安装与拆除施工方案编制	确定模板安装的施工工艺 确定模板拆除的顺序	

案 例 背 景

某产学融合办公楼，规划地块总占地面积约为 15000m²，施工现场使用面积为 12000m²，总建筑面积为 7845m²。根据园区发展规划，大力引进高科技企业，重点打造"产学研创新要素集群""配套人才社区集群""教育培训集群"，力争打造成为智能制造产学融合示范园区以及产业转型升级示范园区。

该办公楼楼层层数为 6 层，层高为 3.75m，标高为 22.5m。形式为框架剪力墙结构，地震设防烈度为 6 度，设计使用年限为 50 年。

1）混凝土强度等级与防水混凝土设计抗渗等级见表 9-2。

表 9-2　混凝土强度等级与防水混凝土设计抗渗等级

序号	构件名称及范围		混凝土强度等级	防水抗渗等级
1	基础底垫层		C15	—
2	框架柱、剪力墙及连梁	地下部分、一层	C30	P6
		二层及以上	C30	—
3	梁、板		C30	—

注：圈梁及过梁的混凝土强度等级为 C25。

2）后浇带混凝土浇筑时的环境温度宜低于两侧混凝土浇筑时的环境温度。后浇带混凝土浇筑完毕后，应做好养护工作，采用覆盖并保湿的养护。

任务一　混凝土运输施工方案编制

一、任务要求

混凝土运输方案包括混凝土的运输和混凝土的输送，混凝土运输是指混凝土搅拌地点至工料卸料地点的运输过程。混凝土的输送是指对运输至施工现场的混凝土，通过输送泵、溜槽、吊车配备斗容器、升降设备、小车等方式送至浇筑点的过程。根据施工对象的特点、混凝土的工程量、运输的客观条件及现有设备等综合考虑混凝土运输方案。

（1）结合"案例背景"完成混凝土施工方案中"混凝土运输机具选择"。内容及顺序要求如下：

1）混凝土运输机具的选择。

2）混凝土输送过程中，输送泵的选配。

3）泵送混凝土的施工方法。

（2）提交任务实施关键环节讨论的会议纪要。

二、任务基础过关问题

结合任务要求，思考以下问题：

问题 1：混凝土运输要求有哪些？

问题 2：混凝土输送过程中，如何选择输送泵管？

问题3：输送泵输送混凝土过程中，需要注意的有哪些？

三、任务实施依据

1)《混凝土泵送施工技术规程》(JGJ/T 10—2011)。

2)《混凝土质量控制标准》(GB 50164—2011)。

3)《混凝土搅拌运输车》(GB/T 26408—2020)。

4)《混凝土结构工程施工质量验收规范》(GB 50204—2015)。

5)《预拌混凝土》(GB/T 14092—2012)。

6)《混凝土强度检验评定标准》(GB/T 50107—2010)。

7)《普通混凝土配合比设计规程》(JGJ 55—2011)。

四、任务实施技术路线图

本任务实施技术路线图如图9-1所示。

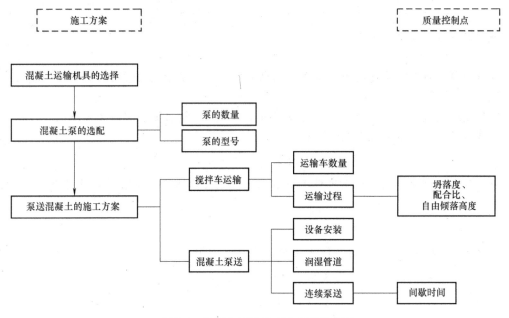

图9-1 混凝土运输施工方案的路线图

五、任务实施内容

混凝土运输施工方案编制包括混凝土机具的选择、混凝土泵的选配以及明确泵送混凝土施工过程，根据案例背景及任务要求，遵循具体实施指南完成任务要求。

(一) 混凝土运输机具的选择

1. 待选择的运输机具

待选择的运输机具包括间歇式运输机具和连续式运输机具。间歇式运输机具包括手推车、自卸汽车、机动翻斗车、搅拌运输车、井架、桅杆、塔式起重机。连续式运输机具包括皮带运输机、混凝土泵。

2. 选择的依据

根据运输机具特点，结合工程情况，选择运输机具。部分运输机具的特点及施工条件见表9-3。

表9-3 部分运输机具的特点及施工条件

运输机具	特点	施工条件
手推车	轻巧、方便，容量为 $0.07 \sim 0.1 m^3$	短距离运输
机动翻斗车	轻便灵活、速度快、效率高、能自动卸料、操作简单	短距离运输或砂石等散装材料的倒运
搅拌运输车	混凝土搅拌筒始终慢速转动	长距离运输混凝土
井架	构造简单、装拆方便、投资少，起重高度一般为 $25 \sim 40m$	多层或高层建筑施工中混凝土垂直运输
塔式起重机	配合浇筑使用	高层建筑施工垂直和水平运输
混凝土泵	施工速度快、生产效率高、工人劳动强度降低、提高混凝土的强度及密实度等	一般多高层建筑、水下及隧道等工程施工，垂直运输、水平运输均可

注：在混凝土施工现场中，以上运输机具可以配合使用，比如用混凝土搅拌运输车运至施工现场，现场混凝土需要垂直运输时采用混凝土泵送至楼面。

（二）混凝土泵的选配

混凝土泵送具有施工速度快、生产效率高的特点，混凝土输送过程中宜采用泵送方式。

1. 计算混凝土泵的数量

根据混凝土输送管路系统布置方案及浇筑工程量、浇筑进度、混凝土坍落度、设备状况等施工技术条件，确定混凝土泵的数量。

混凝土泵计算公式

1）混凝土实际平均输出量可根据混凝土泵的最大输出量、配管情况和作业效率，按下式计算：

$$Q_1 = \mu \alpha_1 Q_{MAX}$$

式中 Q_1——每台混凝土泵的实际平均输出量（m^3/h）；

Q_{MAX}——每台混凝土泵的最大输出量（m^3/h）；

α_1——配管条件系数，可取 $0.8 \sim 0.9$；

μ——作业效率，根据混凝土搅拌运输车向混凝土泵供料的间断时间、拆装混凝土输送管和布料停歇等情况，可取 $0.5 \sim 0.7$。

2）混凝土泵的配备数量可根据混凝土浇筑体积量、单机的实际平均输出量和计划施工作业时间，可按下式计算：

$$N_2 = \frac{Q}{Q_1 T_1}$$

式中 N_2——混凝土泵的台数，按计算结果取整，小数点以后的部分应进位；

Q——混凝土浇筑体积量（m^3）；

Q_1——每台混凝土泵的实际平均输出量（m^3/h）；

T_1——混凝土泵送计划施工作业时间（h）。

---

2. 确定混凝土泵的型号

混凝土泵的种类有很多，如活塞泵、气压泵和挤压泵等类型，目前应用最为广泛的是活塞泵。本书主要分析活塞泵（见表 9-4）。

表 9-4　混凝土输送泵参考表

项目		HB8	ZH05	IPF-185B	DC-S115B	IPF-75B
形式		—	—	360°全回转三段液压折叠式	360°全回转全液压垂直三级伸缩	360°全回转全液压三级伸缩
最大输送量/（m³/h）		8	6~8	10~25	70	10~75
最大输送距离（水平×垂直）/m	输送管 φ100mm				270×70	250×55
	φ125mm	200×30	250×40	520×110	420×100	410×80
	φ150mm				530×110	600×95
粗骨料最大尺寸/cm	输送管 φ100mm	—	—	—	25	25
	φ125mm	—	—	40	40	30
	φ150mm	40	50	—	40	40
混凝土坍落度容许范围/cm		6~9	5~15	5~23	5~23	5~23
常用泵送压力/MPa		—	—	4.71	—	3.87
布料杆工作半径/m	输送管 φ100mm	—	—	—	17.7	17.4
	φ125mm	—	—	17.4	15.8	16.5

（三）明确泵送混凝土施工过程

泵送混凝土包括混凝土搅拌运输车运输、混凝土的泵送。

1. 混凝土搅拌运输车运输

混凝土在运输过程中需要保持其匀质性、不分层、不离析、不漏浆，运到浇筑地点后具有规定的坍落度，泵送混凝土一般采用混凝土搅拌运输车。混凝土的运输过程分为三个阶段：装料前、运输、卸料。混凝土的运输过程及质量控制点见表 9-5。

表 9-5　混凝土的运输过程及质量控制点

混凝土搅拌运输车	质量控制点	依据
装料前	排水	《混凝土泵送施工技术规程》（JGJ/T 10—2011）
运输	运输延续时间	《预拌混凝土》（GB/T 14092—2012）
卸料	坍落度	《混凝土强度检验评定标准》（GB/T 50107—2010）
	配合比	《普通混凝土配合比设计规程》（JGJ 55—2011）
	自由倾落高度	《混凝土质量控制标准》（GB 50164—2011）

2. 混凝土的泵送

混凝土设备泵送的施工流程包括：设备安装、润湿管道、连续泵送。

（1）设备安装。设备安装中包括输送管的布置、布料设备的布置（见表 9-6）。

（2）泵送过程中的操作要点。

1）润湿管道。在泵送混凝土前，先开机用水湿润管道，然后泵送水泥浆或水泥砂浆，使管道处于充分湿润状态。

表 9-6 设备安装的选择及操作要点

设备安装	设备选择	安装操作要点
输送管	管径的选择根据混凝土骨料的最大粒径、输送距离、输送高度和其他工程条件来决定	管道布置原则:路线短、弯道少、接头密 管道的布置顺序:水平管道由远到近、垂直管道沿建筑物外墙或外柱铺接
布料设备	布料设备的选择应与输送泵相匹配,布料设备的混凝土输送管内径宜与混凝土输送泵管内径相同	布料设备的数量及位置:布料设备的数量及位置应根据布料设备工作半径、施工作业面大小以及施工要求确定 布料设备应安装牢固,应采取抗倾覆稳定措施 对布料设备的弯管壁厚进行检查 布料设备作业范围不得有阻碍物,并应有防范高空坠物的设施

2) 输送速度。输送混凝土速度应先慢后快,逐步加速,应在系统运转顺利后再按正常速度输送。

3) 连续泵送。连续泵送,尽量避免中途停歇。当混凝土供应能力不足时,宜减慢泵送速度,保证混凝土泵连续工作。泵送的中断时间控制在 1h 内。如果中途停歇时间超过45min 或混凝土发生离析时,立即用压力水冲洗管道,避免混凝土在管道内凝固。

任务二　混凝土浇筑与振捣施工方案编制

一、任务要求

混凝土的浇筑成型就是将混凝土拌合料浇筑在符合设计要求的模板内并加以捣实,使其达到设计质量强度要求,并满足正常使用要求。混凝土浇筑成型过程包括浇筑与捣实,是混凝土施工的关键,对于混凝土的密实性、结构的整体性和构件尺寸准确性都起着决定性作用。

(1) 结合"案例背景"完成混凝土施工方案中"混凝土浇筑与振捣",内容及顺序要求如下:

1) 混凝土浇筑顺序及施工工艺。

2) 混凝土振捣设备的选择。

(2) 提交任务实施关键环节讨论的会议纪要。

二、任务基础过关问题

结合任务要求,思考以下问题:

问题 1:混凝土施工缝如何留设?

问题 2:不同构件混凝土强度等级不同,浇筑方法有何不同?

问题 3:对于现浇框架结构,不同构件混凝土浇筑顺序是什么?各构件的浇筑方法是什么?

问题 4:混凝土振捣设备有哪些?如何确定混凝土拌合物已被振实?

三、任务实施依据

1) 工程混凝土结构设计总说明。

2）《混凝土结构设计规范（2015 年版）》（GB 50010—2010）。

3）《混凝土质量控制标准》（GB 50164—2011）。

4）《混凝土结构工程施工质量验收规范》（GB 50204—2015）。

5）《混凝土结构工程施工规范》（GB 50666—2011）。

四、任务实施技术路线图

本任务实施技术路线图如图 9-2 所示。

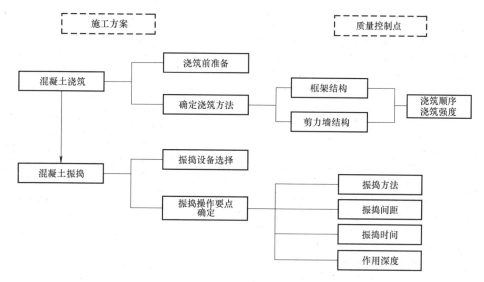

图 9-2 混凝土浇筑与振捣方案路线图

五、任务实施内容

混凝土浇筑与振捣施工方案编制确定包括混凝土浇筑、混凝土振捣，形成混凝土浇筑与振捣施工方案。根据案例背景及任务要求，遵循具体实施指南完成任务要求。

（一）混凝土浇筑

建筑工程中主要构件有基础、柱、梁、剪力墙、楼板，其中梁、板、柱等构件是沿垂直方向重复出现的，因此一般按结构层来分层施工，如果平面面积较大，还应分段进行，以便各工序流水作业，在每层每段中浇筑顺序为先浇柱，后浇梁、板。

具体的施工工艺包括浇筑前准备、确定混凝土浇筑方法等内容。

1. 浇筑前准备

1）检查模板的标高、尺寸、位置、强度、刚度等内容是否满足要求，模板接缝是否严密，钢筋及预埋件的数量、型号、规格、摆放位置、保护层厚度是否满足要求。

2）模板中的垃圾清理干净，浇水湿润，不允许留有积水。

3）检查钢筋的级别、直径、排放位置及保护层厚度是否符合设计和规范要求，并做好隐蔽工程记录。

4）准备和检查材料、机具等。

5）做好施工组织工作和技术、安全交底工作。

2. 确定混凝土浇筑方法

混凝土浇筑需明确操作要点，设计混凝土浇筑的施工方案，如框架结构混凝土浇筑、剪力墙混凝土浇筑。

（1）框架结构混凝土浇筑。框架结构混凝土浇筑顺序及浇筑方法见表9-7。

表 9-7　框架结构混凝土浇筑顺序及浇筑方法

浇筑顺序	浇筑方法	质量控制	依据、规范	操作要点
柱的浇筑（一般先于梁板浇筑）	利用梁板模板稳定柱模作为浇筑柱混凝土的操作平台；一排柱子浇筑时，从两端向中间推进；底部铺设一层 50~100mm 厚与所浇混凝土成分相同的水泥砂浆；柱高在3m以下，从柱顶浇入混凝土，柱高超过3m，从柱侧模每段不超过2m的高度开浇孔，装斜溜槽分段浇筑，也可采用串筒直接从柱顶进行浇筑	浇筑原则 柱高 分层厚度 底部坐浆的配合比及厚度	《混凝土质量控制标准》（GB 50164—2011） 《混凝土结构工程施工规范》（GB 50666—2011）	清除模板内或垫层上的杂物 混凝土宜一次浇筑 构件浇筑顺序：先浇筑竖向结构构件，后浇筑水平结构构件 浇筑区域结构平面有高差时，宜先浇筑低区部分再浇筑高区部分 先浇筑高强度等级混凝土，后浇筑低强度等级混凝土
梁、板的浇筑	将梁根据高度分层浇筑成阶梯形，达到底板时即与板的混凝土一起浇捣；当梁高超过1m时，先单独浇筑梁混凝土，然后浇筑板的混凝土	保护层厚度 分层厚度		
若柱、梁、板同时浇筑	柱混凝土浇筑完成后停歇1~1.5h，待其初步沉实、排除泌水后，再浇筑梁板混凝土	间歇时间		

（2）剪力墙混凝土浇筑。剪力墙浇筑采取流水作业，分段浇筑，均匀上升。具体的施工工艺：铺设水泥砂浆、分层、连续浇筑。剪力墙混凝土浇筑施工工艺及质量控制见表9-8。

表 9-8　剪力墙混凝土浇筑施工工艺及质量控制

施工工艺	质量控制	控制依据	浇筑顺序
铺设水泥砂浆	厚度 配合比	《混凝土结构工程施工质量验收规范》（GB 50204—2015）、《混凝土质量控制标准》（GB 50164—2011）	柱、墙的混凝土强度等级相同，可以同时浇筑 柱、墙的混凝土强度等级不相同，宜先浇筑柱混凝土
分层	浇筑厚度		
连续浇筑	间歇时间		

注：遇到门窗洞口部位时，先在洞口两侧同时浇筑，且两侧混凝土面高差不能太大，以防门窗洞口部位模板移动；窗户部位先浇筑窗台下部混凝土，停歇片刻后再浇筑窗间墙。

（二）混凝土振捣

混凝土振捣包括振捣设备的选择、振捣方法及操作要点的确定。具体操作指南如下。

1. 振捣设备的选择

（1）待选择振捣设备。机械振捣设备包括插入式振动器、表面振动器、外部振动器和振动台。

（2）选择依据。各个振动机械都有自己的工作特点和适用范围，需根据工程实际情况进行选用（见表9-9）。

表 9-9 机械振捣设备的适用范围及浇筑层厚度

振捣设备	适用范围	允许最大厚度/mm
插入式振动器	大体积混凝土、基础、柱、梁、墙及预制构件	振捣器头长度的 1.25 倍
表面振动器	适用于厚度较薄而表面较大的结构或预制构件,如平板、楼地面、屋面等构件	150~250
外部振动器	断面小且钢筋密的构件	300
振动台	现场工地作试件成型、预制构件振实成型	—

注:除了机械振捣,还可以采取人工振捣。

2. 振捣方法及操作要点的确定

混凝土在振捣过程中需要注意操作要点,以免出现麻面、漏筋、孔洞、蜂窝等质量外观缺陷。插入式振动器、表面振动器、外部振动器、振动台等振捣设备的操作要点见表 9-10。

表 9-10 振捣设备的操作要点

操作要点	振捣设备			
	插入式振动器	表面振动器	外部振动器	振动台
振捣方法	垂直振捣	随浇随振捣		
振动时间	快插: 防止先将表面混凝土振实而无法振捣下部混凝土,发生分层、离析现象 / 慢拔: 使混凝土填满振动棒抽出时所形成的空隙 振动棒略微抽动,使上下混凝土振捣均匀	每一位置应连续振动一定时间,一般为 25~40s,以混凝土表面出现浆液,不在沉降为准	以混凝土不再出现气泡,表面呈水平为准进行控制	根据实际情况决定,以混凝土不再出现气泡,表面呈水平为准
振动间距	采用行列式或交错式的次序移动 每次移动间距不大于振动器作用半径的 1.5 倍 振动器与模板的距离不应大于振动器作用半径的 0.5 倍	移动时成排一次振捣前进,前后位置和排与排间搭接应有 3~5cm 振动倾斜混凝土表面时,由低处逐渐向高处移动	设置间距应通过试验确定,一般为每隔 1~1.5m 设置一个	不限
作用深度	每层厚度不超过振动棒长的 1.25 倍	在无筋或单筋平板中约为 200mm,在双筋平板中约为 120mm	作用深度约为 250mm 左右	不大于 200mm

任务三 混凝土养护施工方案编制

一、任务要求

当新浇筑的混凝土还未达到充分的强度时,面对湿度低、干燥的环境,混凝土中多余的水分过早蒸发,就会产生很大的收缩变形,出现干缩裂纹现象。因此,需要采取措施使混凝土的收缩现象尽量推迟到混凝土充分硬化后。需要加强混凝土的养护，使混凝土在硬化时期经常处于潮湿状态，避免水分过早蒸发，防止出现干缩裂纹、变形等状况。

（1）结合"案例背景"完成混凝土施工方案中"混凝土养护"部分内容，内容及顺序要求如下：

1）混凝土养护方法。

2）混凝土养护施工过程。

（2）提交任务实施关键环节讨论的会议纪要。

二、任务基础过关问题

结合任务要求，思考以下问题：

问题1：混凝土养护方法有哪些？不同的养护方法如何施工？

问题2：如何确定混凝土的养护时间？

三、任务实施依据

1）工程混凝土结构设计总说明。

2）《混凝土结构工程施工规范》（GB 50666—2011）。

3）《混凝土强度检验评定标准》（GB/T 50107—2010）。

4）《混凝土质量控制标准》（GB 50164—2011）。

5）《混凝土结构工程施工质量验收规范》（GB 50204—2015）。

6）《建筑工程施工质量验收统一标准》（GB 50300—2013）。

四、任务实施技术路线图

本任务实施技术路线图如图9-3所示。

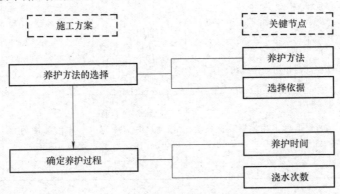

图9-3　混凝土养护方案的路线图

五、任务实施内容

混凝土养护施工方案编制包括混凝土养护方法的选择、混凝土养护施工过程的确定。根据案例背景及任务要求，遵循具体实施指南完成任务要求。

（一）混凝土养护方法的选择

混凝土的养护的常用方法主要有自然养护、加热养护和蓄热养护。其中蓄热养护除多用于冬期施工外，还常用于预制构件的生产。

1. 待选择养护方法

1）自然养护：洒水养护、覆盖养护、喷涂养护剂、塑料薄膜养护。

2）加热养护：蒸汽室养护、热模养护。

3）蓄热养护。

2. 选择养护方法的依据

选择养护方法应考虑现场条件、环境湿度和温度、构件特点、结构部位、施工操作等因素，（见表 9-11）。

表 9-11　混凝土养护方法的比较

混凝土养护方法		结构部位	优点	环境温度
自然养护	洒水养护	柱、墙、梁、板	成本低、效果好	平均气温高于+5℃
	覆盖养护	大体积混凝土梁、板、柱、墙		
	喷涂养护剂	地下结构或基础		
	塑料薄膜养护	表面积大，浇水困难的结构		
加热养护	蒸汽室养护	预制构件	养护期短	平均气温低于+5℃
	热模养护	预制构件、现浇墙体		
蓄热养护		预制构件	冬期施工成本低、工序简单	平均气温低于-10℃

（二）混凝土养护施工过程的确定

根据《混凝土结构工程施工质量验收规范》（GB 50204—2015），具体分析混凝土养护的施工工序。混凝土养护的施工过程包括洒水养护施工、覆盖养护施工、喷涂养护剂养护施工以及确定混凝土的养护时间。

洒水养护施工、覆盖养护施工、喷涂养护剂养护施工内容、施工关键点及质量控制点具体见表 9-12。

表 9-12　混凝土养护施工内容、施工关键点及质量控制点

养护施工内容	施工关键点	质量控制点	
洒水养护施工	保证混凝土处于湿润状态	浇水次数（可采用直接洒水、蓄水等养护方式）	养护用水与混凝土拌制用水相同
		养护时间	参考规范《混凝土结构工程施工规范》（GB 50666—2011）
覆盖养护施工	覆盖物层数 塑料薄膜内应保持有凝结水	养护时间	
喷涂养护剂养护施工	养护剂均匀喷涂在结构表面，不得漏喷		

任务四 混凝土施工质量检查及外观修复施工方案编制

一、任务要求

混凝土质量检查包括施工中质量检查和施工后质量检查。施工中质量检查主要是对混凝土浇筑过程中所用材料的质量及用量、浇筑地点的坍落度、运输及浇筑等方面的检查，在每个工作班内至少检查两次；当混凝土配合比由于外界影响有变动时，应及时检查。施工后的质量检查主要是对已完成混凝土的外观质量检查。

（1）结合"案例背景"完成混凝土施工方案中"混凝土质量检查"，内容及顺序要求如下：

1）明确混凝土浇筑前、后质量检查内容。

2）确定混凝土外观缺陷的修复措施。

（2）提交任务实施关键环节讨论的会议纪要。

二、任务基础过关问题

结合任务要求，思考以下问题：

问题1：混凝土结构外观缺陷有几种？产生缺陷的原因有哪些？

问题2：混凝土的强度检验评定方法有哪些？

三、任务实施依据

1）《混凝土强度检验评定标准》（GB/T 50107—2010）。

2）《混凝土质量控制标准》（GB 50164—2011）。

3）《混凝土结构工程施工质量验收规范》（GB 50204—2015）。

4）《建筑工程施工质量验收统一标准》（GB 50300—2013）。

四、任务实施技术路线图

本任务实施技术路线图如图9-4所示。

五、任务实施内容

混凝土施工质量检查及外观修复措施施工方案编制包括混凝土施工质量检查和确定混凝土外观缺陷修复措施的内容。

（一）混凝土施工质量检查

施工质量检查包括混凝土浇筑前检查、混凝土浇筑中检查以及拆模后的实体质量检查。

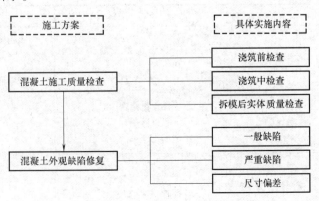

图9-4 混凝土结构施工技术路线图

1. 混凝土浇筑前检查

混凝土浇筑前应检查混凝土送料单，核对混凝土配合比，确认混凝土强度等级，检查混凝土运输时间，测定混凝土坍落度，必要时测定混凝土扩展度。

2. 混凝土浇筑中检查

混凝土浇筑中应检查混凝土输送、浇筑、振捣等工艺要求，浇筑时模板的变形、漏浆等，浇筑时钢筋和预埋件位置，混凝土试件制作，混凝土养护等。

3. 拆模后实体质量检查

混凝土结构拆模后的检查内容包括：

1) 构件的轴线位置、标高、截面尺寸、表面平整度、垂直度。

2) 预埋件数量、位置。

3) 构件的外观缺陷。包括：外观上有无露筋、蜂窝、孔洞、夹渣、疏松、裂缝以及构件外表、外形、几何尺寸偏差等缺陷。

4) 构件的连接及构造做法。

5) 结构的轴线位置、标高、全高垂直度。

（二）确定混凝土外观缺陷修复措施

混凝土结构构件拆模后，针对外观缺陷进行修复。混凝土外观缺陷修复措施见表 9-13。

表 9-13　混凝土外观缺陷修复措施

缺陷类型	严重程度	缺陷名称	修复措施
外观缺陷	严重	露筋	凿除胶结不牢部分混凝土至密实部分,清理表面,支设模板,洒水湿润,涂抹混凝土界面剂,采用比原混凝土强度等级高一级的细石混凝土浇筑密实,养护时间不少于 7d
		蜂窝、孔洞、夹渣、疏松	
		裂缝	注浆封闭处理,具体根据工业/民用、构件所处部位、是否接触水介质等选择注浆材料
	一般	露筋	凿除胶结不牢部分混凝土,清理表面,洒水湿润后用 1 : 2 ~ 1 : 2.5 水泥砂浆抹平
		蜂窝、孔洞、夹渣、疏松	
		裂缝	封闭裂缝
尺寸偏差缺陷	一般		装饰修整
	严重		会同设计单位共同制定专项修正方案,结构修整后应重新检查验收

任务五　大体积混凝土施工方案编制

一、任务要求

混凝土成型过程主要包括浇筑和捣实，是混凝土工程施工的关键工序，直接影响混凝土的质量与整体性。由于混凝土的浇筑与振捣几乎同时进行，平行作业并且相互关联，本书将两道工艺合并进行讲解。

案例背景

某大厦工程，是一座综合性的办公大楼。大楼地上部分由28层高的办公主楼与5层裙房组成，高度为128.7m，地下共4层，为地下车库和设备用房。工程抗震等级为甲级，抗震烈度为8度。

工程地上建筑面积：46924.53m^2，地下部分建筑面积：22634.40m^2。工程±0.000相当于绝对标高4.400m，自然地坪相对标高约-0.700m，室内外高差为-0.300m。本工程共有4层地下室，采用桩筏基础。本基坑周边普遍区域开挖深度为17.2m和17.4m，最深挖深达到22m。基坑面积共约为5300m^2。本工程地下室底板普遍标高为-16.1m，落深处底板标高为-19.4m、-20.5m。底板厚度有1400mm、1600mm、2500mm、3000mm四种，底板混凝土强度等级为C40，抗渗要求为P6。

（1）结合"案例背景"完成混凝土施工方案中"大体积混凝土施工"部分，内容及顺序要求如下：

1）明确大体积混凝土浇筑方法。

2）明确大体积混凝土温度裂缝的解决措施。

（2）提交任务实施关键环节讨论的会议纪要。

二、任务基础过关问题

结合任务要求，思考以下问题：

问题1：大体积混凝土的浇筑方法有哪些？适用范围是什么？施工方法是什么？

问题2：大体积混凝土温度裂缝产生原因有哪些？

三、任务实施依据

1）《混凝土结构设计规范（2015年版）》（GB 50010—2010）。

2）《混凝土质量控制标准》（GB 50164—2011）。

3）《混凝土结构工程施工质量验收规范》（GB 50204—2015）。

4）《混凝土结构工程施工规范》（GB 50666—2011）。

5）《大体积混凝土施工标准》（GB 50496—2018）。

四、任务实施技术路线图

本任务实施技术路线图如图9-5所示。

五、任务实施内容

大体积混凝土施工方案编制的确定包括明确大体积混凝土的浇筑工艺、明确大体积混凝土温度裂缝的解决措施的内容。完成大体积混凝土的施工方案，根据案例背景及任务要求，遵循具体实施指南完成任务要求。

（一）明确大体积混凝土的浇筑工艺

大体积混凝土是指最小断面尺寸大于1m，施工时必须采取相应的技术措施妥善处理水化热引起的混凝土内外温度差值，合理解决温度应力并控制裂缝开展的混凝土结构。大体积

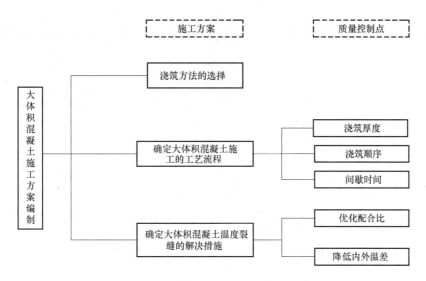

图 9-5　大体积混凝土施工方案路线图

混凝土浇筑包括浇筑方法的选择和浇筑的施工工艺及质量控制点。

1. 浇筑方法的选择

（1）待选择大体积混凝土浇筑方法。大体积混凝土浇筑方法有全面分层法、分段分层法和斜面分层法。

（2）选择浇筑方法的依据。根据大体积混凝土构件的结构大小进行判断（见表 9-14）。

表 9-14　大体积混凝土浇筑方法适用范围

浇筑方法		结构大小
全面分层法	从短边开始,顺着长边方向推进 从中间开始向两端进行 从两端向中间推进	适用于平面尺寸不太大的结构
分段分层法	将结构从平面上分成几个施工段,厚度上分成几个施工层,混凝土从底层开始浇筑,进行一定距离后就回头浇筑第二层混凝土,依次浇筑以上各层	适用于厚度不大而面积或长度较大的结构
斜面分层法	施工时,混凝土的振捣需从浇筑层下端开始,逐渐上移	适用于长度超过厚度三倍的结构

2. 大体积混凝土浇筑施工流程

大体积混凝土浇筑施工流程为浇筑前准备、混凝土分层分段浇筑、一次振捣、二次振捣、找平的内容。部分大体积混凝土施工流程及质量控制见表 9-15。

（二）明确大体积混凝土温度裂缝的解决措施

温度应力是产生温度裂缝的根本原因，一般将温差控制在 20~25℃ 范围内时，不会产生温度裂缝。大体积混凝土温度裂缝的解决措施见表 9-16。

表 9-15　部分大体积混凝土施工流程及质量控制

施工流程	质量控制点	依据
连续浇筑	间歇时间 浇筑厚度 浇筑顺序	《大体积混凝土施工标准》（GB 50496—2018）
振捣	二次振捣	
找平	二次处理	

注：当大体积混凝土施工在特殊气候条件时，需要另外分析。

表 9-16　大体积混凝土温度裂缝的解决措施

温度裂缝解决措施		方法	依据
优化配合比	水泥	宜选用水化热较低的水泥	《大体积混凝土施工标准》（GB 50496—2018）
	用水量	在保证混凝土强度的条件下，尽量减少水泥用量和每立方米混凝土的收缩量	
	粗骨料	粗骨料宜选用粒径较大的卵石	
	外加剂	扩大浇筑面和散热面，可在混凝土中掺加缓凝剂 混凝土中掺入适量的矿物掺料，如粉煤灰等，也可采用减水剂	
降低内外温差		采用低温水或冰水拌制混凝土 利用循环水来降低混凝土温度 利用保温材料 设温度观测点	

任务六　模板的安装与拆除施工方案编制

一、任务要求

模板工程是指混凝土浇筑成型用的模板及其支架的设计、安装、拆除等技术工作和完成实体的总称。模板在现浇混凝土结构施工中使用量大、面广。模板工程在混凝土结构工程中占有举足轻重的地位，对施工质量、安全和工程成本有着重要影响。

掌握模板工程施工方案中"模板的安装与拆除"相关知识。

二、任务基础过关问题

结合任务要求，思考以下问题：

问题 1：模板的类型及分类？模板的优点和缺点有哪些？

问题 2：模板工程设计应考虑哪些荷载？模板及支架设计的内容是什么？

三、任务实施依据

1)《建筑施工模板安全技术规范》（JGJ 162—2008）。

2)《建筑施工安全检查标准》（JGJ 59—2011）。

3）《建筑工程大模板技术标准》（JGJ/T 74—2017）。

四、任务实施技术路线图

本任务实施技术路线图如图 9-6 所示。

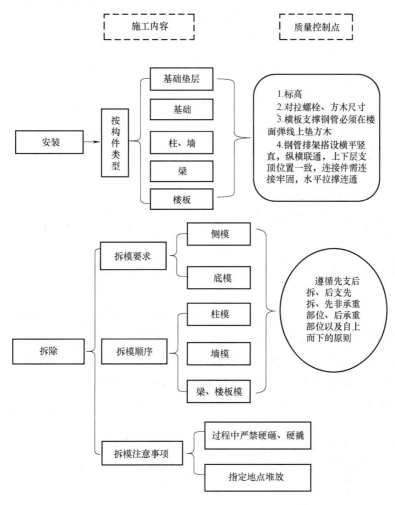

图 9-6 模板拆除与安装施工方案路线图

五、任务实施内容

模板安装及拆除方案包括模板的安装和模板的拆除。

（一）模板的安装

模板及其支撑结构的材料、质量，应符合规范规定和设计要求；模板安装时，为了便于模板的周转和拆卸，梁的侧模板应在底膜的外面，次梁的模板不应伸到主梁模板开口的里面；模板安装好后应卡紧、撑牢，不得发生下沉与变形。

根据《建筑施工模板安全技术规范》（JGJ 162—2008），具体分析各个混凝土构件模板的施工工艺及质量控制点（见表 9-17）。

表 9-17　不同构件模板的施工工艺及质量控制点

构件	施工工艺	质量控制点
基础垫层	垫层放线→模板就位→加固→拉通线调直→模板上标高调整→验收→浇混凝土	标高 调直
基础	焊定位钢筋→模板就位→螺栓拉结→拉通线调整→支撑加固→验收→浇混凝土	标高 对拉螺栓、方木尺寸
柱、墙	模板定位、垂直度调整→模板加固→验收→混凝土浇筑	标高 对拉螺栓、方木尺寸 安装前，在底板上根据放线尺寸贴海绵条
梁	搭设模底板支撑架→按标高铺梁底模板→梁底膜校正定位→梁侧模板安装→梁侧模加固→验收	横板支撑钢管必须在楼面弹线上垫方木 钢管排架搭设横平竖直，纵横联通，上下层支顶位置一致，连接件需连接牢固，水平支撑连通 根据梁跨度，决定顶板模板起拱大小 梁侧设置斜向支撑
楼板	将整个楼板的多层板按同一方向对缝平铺	拼缝严密，表面无错台现象 根据房间大小决定顶板模板起拱大小 横板支撑钢管必须在楼面弹线上垫方木 钢管排架搭设横平竖直，纵横联通，上下层支顶位置一致，连接件需连接牢固，水平拉撑连通

（二）模板的拆除

混凝土成型后，经过一段时间的养护，当强度达到一定要求时，即可拆除模板。模板拆除日期取决于混凝土硬化的快慢、各个模板的用途、结构的性质、混凝土硬化时的气温。及时拆模可提高模板的周转率，加快工程进度。若过早拆模，则混凝土会因为未达到一定强度而不能负担本身重力或受外力而变形，甚至断裂，造成重大的质量事故。

下面从拆模要求、拆模顺序及拆模的操作要点具体分析。

1. 拆模的要求

现浇结构的模板及支架的拆除，设计无要求时，应符合下面规定：

（1）侧模。侧模应在混凝土强度能保证其表面及棱角不因拆模板而受损坏时，方可拆除。

（2）底膜。底膜应在与结构同条件养护的试块达到表 9-18 的规定强度时，方可拆除。

表 9-18　现浇结构拆模时所需混凝土强度

结构类型	结构跨度（m）	按设计混凝土强度标准值的百分比（%）
板	≤2	50
	>2，≤8	75
	>8	100
梁、拱、壳	≤8	75
	>8	100
悬臂构件	≤2	75
	>2	100

注：设计混凝土强度标准值是指相应的混凝土立方体抗压强度标准值。

（3）快速施工的高层建筑的梁和楼板模板。当 3~5d 完成一层结构，其底膜及支柱拆除时，应对所用混凝土的强度发展情况进行核算，确保下层楼板及梁能安全承载，方可拆除。

2. 拆模顺序

拆模应按一定顺序进行。一般应遵循先支后拆、后支先拆、先非承重部位、后承重部位以及自上而下的原则。重大复杂模板的拆除，事前应制定拆除方案。

（1）柱模。单块组拼的在拆除对拉螺栓、大小钢楞和连接件后，自上而下逐步水平拆除；预组拼的则应先拆除两个对角的卡件，并作临时支撑后，再拆除另两个对角的卡件，待吊钩挂好，拆除临时支撑，方能脱模起吊。

（2）墙模。单块组拼的在拆除对拉螺栓、大小钢楞和连接件后，自上而下逐步水平拆除；预组拼的应在挂好吊钩、检查所有连接件是否拆除后，方能拆除临时支撑，脱模起吊。

（3）梁、楼板模板。应先拆梁侧模，再拆楼板底膜，最后拆除梁底膜；拆除跨度较大的梁下支柱时，应先从跨中开始分别拆向两端。多层楼板模板支柱的拆除，应按下列要求进行：上层楼板正在浇筑混凝土时，下一层楼板的模板支柱不得拆除，再下一层楼板模板的支柱，仅可拆除一部分；跨度 4m 及 4m 以上的梁下均应保留支柱，其间距不得大于 3m。

3. 拆模时注意事项

1）拆模过程中，严禁用大锤和撬棍硬砸、硬撬，以避免混凝土表面或模板受到损坏。

2）拆下的模板及配件，严禁抛扔，按指定地点堆放。

10

项目十
装配式建筑施工方案编制

装配式结构在目前是建筑业一种建造方式，它不断推进建筑业的发展。装配式建筑根据主要受力构件的材料不同，可以分为装配式混凝土结构、装配式钢结构、装配式木结构等建筑，本项目主要介绍装配式混凝土结构。装配式混凝土结构是由预制混凝土构件或部件通过可靠的连接方式装配而成的混凝土结构，包括装配整体式框架结构体系、装配整体式剪力墙结构体系、装配整体式框架-现浇剪力墙结构体系等。

装配整体式框架结构基本组成构件为柱、叠合板、梁、楼梯、阳台等；一般情况下，楼盖采用叠合楼板，梁采用预制，柱可以预制也可以现浇。装配整体式剪力墙结构基本组成构件为剪力墙、梁、板、楼梯等；一般情况下，楼盖采用叠合楼板，墙为预制墙体，墙端部的暗柱及梁节点采用现浇。装配式框架-剪力墙结构基本组成构件为墙、柱、梁、板、楼梯等；一般情况下，楼盖采用叠合楼板，梁采用预制，柱可以预制也可以现浇，墙为现浇剪力墙体，梁柱节点采用现浇。

能力标准

通过本项目，主要帮助学生了解装配式建筑工程施工方案的内容，为以后编制相应施工方案打下基础，主要培养学生以下能力：

1）装配式建筑工程施工方案中构件设备的选择能力。
2）装配式建筑工程施工方案中关键质量控制点的识别能力。

项目分解

以能力标准为导向分解装配式建筑施工过程，可以划分为若干个任务，项目的任务分解与任务要求见表 10-1。

表 10-1　项目的任务分解与任务要求

项目	任务	任务要求	成果文件
装配式建筑施工方案编制	任务一：预制构件装车码放与运输	明确预制构件的码放运输和存储要点	本项目暂不要求提交成果文件
	任务二：现场装配准备与安装	明确预制构件现场装配与吊装施工工艺	
	任务三：构件灌浆	明确构件灌浆的类别及施工工艺质量控制要求	
	任务四：构件连接节点施工	明确剪力墙和叠合板及外墙板等构件的施工工艺质量控制规定	

任务一 预制构件装车码放与运输

一、任务要求

通过本任务的学习，要求学生掌握预制构件装车码放与运输的要求。主要包括以下内容：

1）选择预制构件的码放存储方式。
2）确定预制构件的运输方法。
3）明确预制构件装车与卸货的注意事项。

二、任务基础过关问题

结合任务要求，思考以下问题：

问题1：预制构件进场前的准备工作和预制构件运输应满足哪些要求？
问题2：装配式建筑的施工工艺流程是什么？

三、任务实施依据

1）《装配式混凝土建筑技术标准》（GB/T 51231—2016）。
2）《装配式钢结构建筑技术标准》（GB/T 51232—2016）。
3）《混凝土结构工程施工质量验收规范》（GB 50204—2015）。

四、任务实施技术路线图

本任务实施技术路线图如图10-1所示。

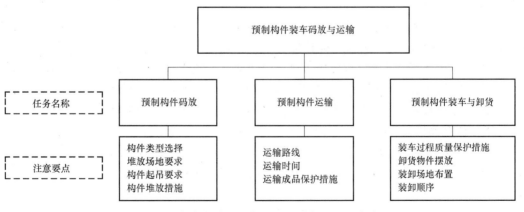

图 10-1 构件装车码放与运输控制任务技术路线图

五、任务实施内容

预制构件装车码放与运输是装配式建筑的施工前工作，其主要的工序为施工前准备、构件码放和储存、构件运输、构件的装卸。

（一）进行预制构件进场前的准备工作

1）检查构件编码。

2）预制构件在进场之前由相关的技术负责人员对进场构件进行质量检查与验收，待质量验收合格后对构件进行编码并提供相应的质量合格文件。

（二）选择预制构件的码放储存方式

1. 码放储存方式

1）码放储存方式包括竖向固定码放和水平码放。适合采用竖向固定码放储存的预制构件是墙板构件。

2）适合采用水平码放储存的预制构件有叠合板、楼梯、梁和柱等。

2. 预制构件堆放存储要求

（1）堆放场地要求。堆放场地应平整、坚实，并且要有排水措施。

（2）垫块位置。垫木（或垫块）在构件下的位置宜与脱模、吊装时的起吊位置一致。

（3）重叠码放构件。重叠码放构件时，每层构件间的垫木（或垫块）需保持在上、下垂直线上。

（4）堆垛层数。应该根据构件与垫木（或垫块）的承载能力及堆垛的稳定性来确定，并应根据需要采取防止堆垛倾覆的措施。

（5）预应力构件堆放要求。应根据预制构件起拱值的大小和堆放时间采取相应的措施。

（三）确定预制构件运输方法

（1）运输路线选定。构件运输前，根据运输需要选定合适、平整坚实的路线。

（2）预制构件运输固定。预制构件的运输可采用低平板半挂车或专用运输车，并根据构件的种类不同而采取不同的固定方式，墙板通过专用运输车运输到工地，运输车分"人"字架运输车（斜卧式运输）和立式运输车。

（3）预制构件重叠平运。各层之前必须放置 100mm×100mm 木方支垫，且垫块位置应当保证构件受力合理，上下对齐。

（4）运输车运输要求。运输车根据构件类型设专用运输架或合理设置支撑点，且需有可靠的稳定构件措施，用钢丝带加紧固器绑牢，以防止构件在运输时受损。

除了上述几点要求，预制构件的运输也应当制订运输计划及相关方案，其中包括运输时间、次序、码放场地、运输路线、固定要求、码放支垫及成品保护措施等内容。对于超高、超宽、形状特殊的大型构件的运输和码放，应采取专门的质量安全保护措施。

（四）注意预制构件的装车与卸货

对于在工厂预先制作的混凝土构件，根据运输与堆放方案，提前做好堆放场地、固定要求、堆放支垫及成品保护措施。对于大型构件的装卸应有专门的质量安全保证措施。相关要求如下：

（1）运输车辆。可采用大吨位卡车或平板拖车。

（2）构件堆放。不同构件应按尺寸分类堆放。

（3）装车准备。装车时应先在车厢底板上做好支撑与减振措施，以防止构件在运输途中因振动而受损。如装车时先在车厢底板上铺两根 100mm×100mm 木方，木方上垫厚度在15mm 以上的硬橡胶垫或其他柔性垫。

（4）防滑设置。上下构件之间必须有防滑垫块，上部构件必须绑扎牢固，结构构件必须有防滑支垫。

（5）构件场内摆放。构建运输进场地后，应按照规定或编号顺序有序摆放在规定的位置，场内堆放地必须坚实，以防止场地沉降使构件变形。

（6）设置标牌。随运构件（节点板、零部件）应设标牌，标明构件的名称、编号。

（7）构件卸车准备。构件卸车前，应预先布置临时码放场地，构件临时码放场地需要合理布置在吊装机械可覆盖范围内，避免二次吊装。

（8）装卸要求。装卸作业时，应按照规定的装卸顺序进行，采取保持车辆平衡的措施。

任务二　现场装配准备与安装

一、任务要求

通过本任务的学习，要求学生掌握构件现场装配准备与安装施工工艺。主要包括以下内容：

1）选择现场施工使用的吊装施工机具。

2）明确预制框架柱、预制混凝土剪力墙、预制内隔墙、预制混凝土外墙挂板的施工工艺流程。

3）明确预制构件在施工过程中关键质量控制点。

二、任务基础过关问题

结合任务要求，思考以下问题：

问题1：如何选择合适的起重机械？

问题2：预制框架柱的施工流程和施工要点是什么？

三、任务实施依据

1）《装配式混凝土建筑技术标准》（GB/T 51231—2016）。

2）《装配式钢结构建筑技术标准》（GB/T 51232—2016）。

3）《混凝土结构工程施工质量验收规范》（GB 50204—2015）。

四、任务实施技术路线图

本任务实施技术路线图如图10-2所示。

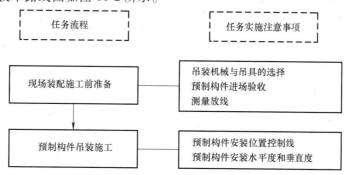

图10-2　现场装配准备与安装技术路线图

五、任务实施内容

装配式混凝土结构施工前，应根据工程特点、施工进度计划、构件种类和重量选择适宜的起重机械设备，再制订预制构件的运输与堆放方案。构件在安装施工前，应进行测量放线、设置构件安装定位标识。

> **不同装配率下常见的构件组合类型**
>
> 装配率的变化影响预制构件的使用组合和构件数量。现有资料显示，多数装配式建筑的装配率范围处于10%～80%，装配率处于小于20%的低档范围内时，常用构件组合为叠合楼板+楼梯；装配率处于20%～35%的中等范围内时，常用构件为预制内墙板、叠合板、预制梁、楼梯，其中使用频率最高的构件是预制内墙板；装配率处于35%～50%较高档范围内的构件组合方式较多，使用频率最高的构件为预制外墙板和预制内墙板；装配率处于50%～80%最高档范围时构件组合较少，构件种数最多。尽管预制构件的组合和构件种类并不唯一，但不同装配率下同种构件的质量控制标准是相同的。

（一）选择吊装起重机具

在装配式混凝土结构工程施工中，要合理选择吊装设备；根据预制构件存放、安装和连接等要求，确定安装使用的机具方案。

1. 选择起重机类型

在装配式建筑中，通常情况下需要采用大型机械吊运完成构件的吊运安装工作。选择起重机的依据主要包括：结构的跨度、高度、构件重量和吊装工程量、施工现场条件、本企业和本地区现有起重设备状况、工期和施工成本要求。

（1）确定常见吊装起重机类型。常见吊装起重机械施工的特点及在装配式建筑中的适用范围可参考常见吊装起重机械性质，见表10-2。

表10-2　常见吊装起重机械性质

吊装起重机械	使用范围	优点
汽车起重机	低层钢结构吊装、外墙挂板吊装、叠合楼梯吊装及楼梯、阳台、雨篷等构件吊装	机动灵活
履带式起重机	大型公共建筑的大型预制构件的装卸和吊装、大型塔式起重机的安装和拆卸、塔式起重机难以覆盖的吊装死角的吊装等	起重量大、行动灵活
塔式起重机	适用于全部装配式构件吊装	施工准备简单，节省费用、作业范围大

除吊装起重机械外，施工电梯是在建筑中经常使用的载人、载货施工机械，施工电梯附着在外墙或其他建筑结构上，其高度随着建筑物主体结构升高而升高。施工电梯适用于高层建筑、多层厂房和一般楼房施工中的垂直运输。

（2）选择起重机的型号。起重机的选择依据包括三个工作参数，即起重量（Q）、起重高度（H）和工作幅度（回转半径 R），它们必须满足结构吊装要求。

当前塔式起重机多采用水平臂小车变幅装置，故根据上述须满足结构吊装要求的三个工作参数和各种塔式起重机的起重性能，很容易确定其型号。

下面以履带式起重机为例（汽车起重机、轮胎式起重机类似）介绍起重机型号的选择方法：

1）确定工作幅度（R）。从塔式起重机回转中心线至吊钩中心线的水平距离，它包括最大幅度和最小幅度两个参数。选择塔式起重机时，首先应考虑该塔式起重机的最大幅度是否满足施工需要。

2）确定起重量（Q）。包括最大幅度时的起重量和最大起重量两个参数。起重量包括重物、吊索及铁扁担或容器等的重量。

起重量计算

1. 单机吊装起重量计算

$$Q \geqslant Q_1 + Q_2$$

式中　Q——起重机的起重量（t）；

　　　Q_1——构件重量（t）；

　　　Q_2——索具重量（t）。

2. 双机抬吊起重量计算

$$K(Q_主 + Q_副) \geqslant Q_1 + Q_2$$

式中　$Q_主$——主起重机重量；

　　　$Q_副$——副机起重量；

　　　K——起重降低系数，一般取 0.8。

3）确定起重高度（H）

起重机高度计算

$$H \geqslant H_1 + H_2 + H_3 + H_4$$

式中　H——起重机的起重高度（m），停机面至吊钩的距离；

　　　H_1——安装支座表面高度（m），停机面至安装支座表面的距离；

　　　H_2——安装间隙，视具体情况而定，一般取 0.2~0.3m；

　　　H_3——绑扎点至构件起吊后底面的距离（m）；

　　　H_4——索具高度（m），绑扎点至吊钩的距离，视具体情况而定。

---

2. 选择吊具

（1）选择原则。预制混凝土构件吊点提前设计好，根据预留吊点选择相应的吊具。

吊具的选择必须保证被吊构件不变形、不损坏，起吊后不转动、不倾斜、不翻倒。

（2）可供选择的吊具。预制混凝土构件常用到的吊具主要有起吊扁担、专用吊件、手拉葫芦。常用吊具的种类见表10-3。

表 10-3　常用吊具的种类

吊具名称	用途	主要材料
起吊扁担	起吊、安装过程中平衡构件受力	20号槽钢、15~20mm 厚钢板
专用吊件	受力主要机械、连接构件与起重机械之间受力	根据图样规格可在市场上采购
手拉葫芦	调节起吊过程中水平构件受力	根据施工情况自行采购即可

（二）预制构件进场前准备

1. 预制构件进场验收

1）预制构件进场首先检查构件合格证和构件出厂混凝土同条件抗压强度报告。

2）预制构件进场检查构件识别标识是否准确，主要包括以下内容：

① 型号标识：类别、连接方式、混凝土强度等级、尺寸。

② 安装标识：构件位置、连接位置。

2. 进行测量放线

（1）定位首层外角点和楼层标高控制点。首层定位轴线的四个基准外角点（距相邻两条外轴线1m的垂线交点）。用经纬仪从四周龙门桩上引入，或用全站仪从现场GPS定位的基准点引入；楼层标高控制点用水准仪从现场水准点引入。

（2）定位基准线。首层定位放线，使用经纬仪利用引入的四个基准角点外放出楼层四周外墙轴线。待轴线符合无误后，作为本层的基准线。

（3）定位外墙安装位置线。以四周外墙轴线为基准线，使用5m钢卷尺放出外墙安装位置线。先放四个外墙角位置线，后放外墙中部墙体位置线。

（4）定位内墙位置控制线。待四周外墙位置放好后，以此为控制线，以50m钢卷尺为工具放内墙位置线。先放楼梯间的三面内墙位置线，再放其他内墙位置线；先放大墙位置线，后放小墙位置线；先放承重墙位置线，后放非承重墙位置线，在外墙内侧，内墙两侧20cm处放出墙体安装控制线。

（5）定位门洞线。在预留门洞处必须准确无误地放出门洞线。

（6）定位垫块标高。使用水准仪利用楼层标高控制点，控制好预制墙体下的垫块表面标高。

（7）定位叠合梁、板和现浇模板安装标高控制线。待预制墙构件安装好后，使用水准仪利用楼层标高控制点，在墙体放出50cm控制线，以此作为预制叠合梁、板和现浇模板安装标高控制线。

（8）放预制楼梯、叠合梁安装轴线和标高。根据墙外侧20cm控制线，放出预制楼梯、叠合梁安装轴线；根据墙上弹好的50cm控制线，放出预制楼梯、叠合梁安装标高，要注意预制楼梯板表面建筑标高与50cm控制线结构标高的高差。

（9）控制预制楼梯安装标高位置。在楼梯间相应的剪力墙上弹出楼梯踏步的最上步及最下步的位置，用来控制楼梯安装标高。

（10）控制楼板、梁混凝土标高。在混凝土浇捣前，使用水准仪、标尺放出上层楼板结构标高，在预制墙体构件预留插筋上相应水平位置缠好白胶带，以白胶带下边线为准。在白胶带线下边线位置系上细线，形成控制线，控制住楼板、梁混凝土施工标高。

（11）引出上层标高控制线。用水准仪和标尺由下层50cm控制线引用至上层。

（12）规定构件安装测量允许偏差。平台面的抄平±1mm，预装过程中抄平±2mm。

（三）预制框架柱吊装施工

1. 明确预制框架柱吊装施工流程

预制框架柱吊装施工流程如图10-3所示。

2. 确定施工质量控制要点与内容

预制框架柱吊装施工质量控制要点与内容见表10-4。

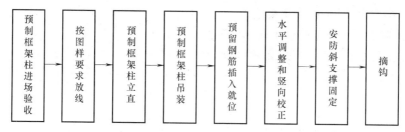

图 10-3　预制框架柱吊装施工工艺流程

表 10-4　预制框架柱吊装施工质量控制要点与内容

质量控制要点	控制内容
预制框架柱进场验收	预制框架柱进场尺寸、规格，混凝土强度应符合设计和规范要求 柱上预留套管及预留钢筋应满足图样要求
按图样要求放线	根据预制框架柱平面各个轴线的控制线和柱框线校核预埋套管的偏移
预制框架柱立直与吊装	用经纬仪控制垂直度 按照设计标高，结合柱子长度对偏差进行确认
预制框架柱就位	初步就位应将预制柱下部钢筋套筒与下层预制柱的预留钢筋初步试对

（四）预制混凝土剪力墙吊装施工

1. 明确预制剪力墙吊装施工流程

预制剪力墙吊装施工流程如图 10-4 所示。

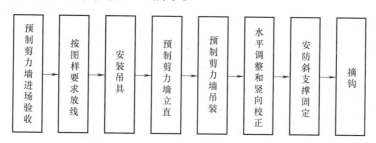

图 10-4　预制剪力墙吊装施工流程

2. 确定施工质量控制要点与内容

预制剪力墙吊装施工质量控制要点与内容见表 10-5。

表 10-5　预制剪力墙吊装施工质量控制要点与内容

质量控制要点	控制内容
吊装准备	先放线、安装定位卡具并进行复核检查 对设备进行安全检查 检查灌浆套筒质量
吊装	采用带倒链的扁担式吊装设备，加设缆风绳并保持稳定
部件封堵	调整就位后，采用相关措施对墙底部连接部位封堵
安放斜撑	测量预制墙板的水平位置、倾斜度、高度等 通过墙底垫片、临时斜撑进行调整
后浇钢筋安装	墙板预留钢筋应与后浇段钢筋网交叉点全部扎牢

（五）预制混凝土外墙挂板吊装施工

1. 明确预制混凝土外墙挂板吊装施工流程

预制混凝土外墙挂板吊装施工流程如图 10-5 所示。

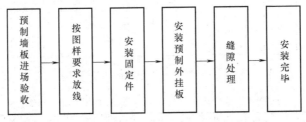

图 10-5　预制混凝土外墙挂板吊装流程

2. 确定施工质量控制要点与内容

预制混凝土外墙挂板吊装质量控制要点与内容见表 10-6。

表 10-6　预制混凝土外墙挂板吊装质量控制要点与内容

质量控制要点	控制内容
外墙挂板施工前准备	控制结构每层楼面轴线垂直控制点数量 安装前应在墙板内侧弹出竖向与水平线 安装时应与楼层上该墙层控制线对应
外墙挂板吊装	按照施工方案吊装顺序预先编号，严格按照标号顺序起吊 吊装应采用慢起、稳升、缓放的操作方式
外墙挂板底部固定	外墙挂板底部坐浆材料强度等级不应小于被连接构件强度
外墙挂板封堵	在外侧保温板固定保温性能的材料进行封堵预制 构件吊装到位后应立即进行下部螺栓固定并做好防腐、防锈处理

（六）预制内隔墙吊装施工

1. 明确预制内隔墙施工吊装施工流程

预制内隔墙吊装施工流程如图 10-6 所示。

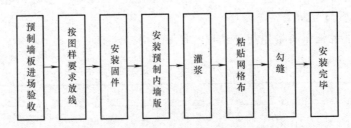

图 10-6　预制内隔墙吊装施工流程

2. 确定施工质量控制要点与内容

预制内隔墙吊装施工质量控制要点与内容见表 10-7。

（七）预制混凝土梁、楼板、楼梯吊装施工

1. 预制混凝土梁（或叠合梁）吊装施工

（1）明确预制混凝土梁吊装施工流程。预制混凝土梁吊装施工流程如图 10-7 所示。

表 10-7 预制内隔墙吊装施工质量控制要点与内容

质量控制要点	控制内容
放线	按照图样弹出轴线后进行校核
吊装要求	吊装前在底板测量、放线 按照施工方案吊装顺序预先编号,严格按照标号顺序起吊 吊装应采用慢起、稳升、缓放的操作方式
吊装内墙板	复核墙体的水平位置和标高、垂直度和相邻墙体的平整度
内墙填充坐浆	内填充墙底部坐浆材料强度等级不应小于被连接的构件强度
设置临时支撑	微调临时斜支撑,使预制构件的位置和垂直度满足规范要求

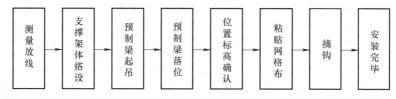

图 10-7 预制混凝土梁吊装施工流程

(2) 确定施工质量控制要点与内容。预制混凝土梁吊装施工质量控制要点与内容见表 10-8。

表 10-8 预制混凝土梁吊装施工质量控制要点与内容

质量控制要点	控制内容
弹控制线	测出柱顶与梁底标高误差,柱上弹出梁边控制线
注写编号	在构件上标明每个构件所属吊装顺序和编号
梁底支撑	梁底支撑采用立杆支撑+可调顶拖+100mm×100mm 方木 预制梁的标高通过支撑体系的顶丝来调节
起吊	在吊装过程中按柱对称吊装
预制梁板柱接头连接	键槽混凝土浇筑前应将键槽内部杂物清理干净,并提前浇水湿润 键槽钢筋绑扎预留 U 形开口箍,确保钢筋位置准确

2. 预制混凝土楼板吊装施工

(1) 明确预制混凝土楼板施工流程。预制混凝土楼板施工流程如图 10-8 所示。

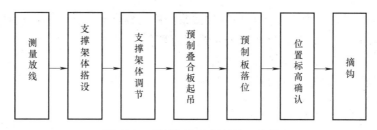

图 10-8 预制混凝土楼板施工流程

(2) 确定施工质量控制要点与内容。预制混凝土楼板施工质量控制要点与内容见表 10-9。

表 10-9　预制混凝土楼板施工质量控制要点与内容

质量控制要点	控制内容
进场验收	检查资料和外观质量，堆放场地应平整、夯实，堆放材料应按照规格进行分类
放线	测量并弹出相应预制板四周控制线，并注明吊装顺序和编号
板底支撑	确保支撑系统的间距与距离墙、柱、梁边的净距符合系统验算要求 上下支撑应在同一条线上
起吊	吊点位置设置应当合理，起吊就位应垂直平稳，多点起吊过程应注意角度的调节 吊装过程中应该按照顺序连续进行 板底与预制梁接缝到位，预制楼板钢筋入墙长度符合要求，直至吊装完成 当一跨板材吊装结束后，对板高及位置进行精确调整

3. 预制混凝土楼梯吊装施工

（1）明确预制混凝土楼梯吊装施工流程。预制混凝土楼梯吊装施工流程如图 10-9 所示。

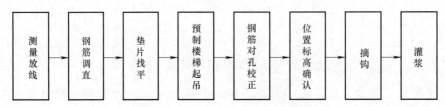

图 10-9　预制混凝土楼梯吊装施工流程

（2）确定施工质量控制要点与内容。预制混凝土楼梯吊装施工质量控制要点与内容见表 10-10。

表 10-10　预制混凝土楼梯吊装施工质量控制要点与内容

质量控制要点	控制内容	质量控制要点	控制内容
预制楼梯吊装前	检查楼梯构件平面定位及标高	预制楼梯端部	保持踏步高度一致
预制楼梯吊装后	吊件安装应及时调整并固定	楼梯与梁板连接	依照连接方式选择施工顺序

任务三　构件灌浆

一、任务要求

通过本任务的学习，要求学生掌握构件灌浆的施工技术与工艺。主要包括以下内容：
1）熟知钢筋套筒灌浆连接接头组成及连接原理。
2）明确钢筋灌浆套筒连接施工工艺内容。
3）识别钢筋套筒灌浆连接接头施工过程中的关键质量控制点。

二、任务基础过关问题

结合任务要求，思考以下问题：
问题 1：钢筋套筒灌浆连接接头组成材料有哪些？
问题 2：套筒灌浆前都应该检查什么？

问题3：套筒灌浆施工中对于没有用完的灌浆料要如何处理？

三、任务实施依据

1)《装配式混凝土结构技术规程》（JGJ 1—2014）。
2)《钢筋套筒灌浆连接应用技术规程》（JGJ 355—2015）。
3)《装配式混凝土建筑技术标准》（GB/T 51231—2016）。

四、任务实施技术路线图

本任务实施技术路线图如图 10-10 所示。

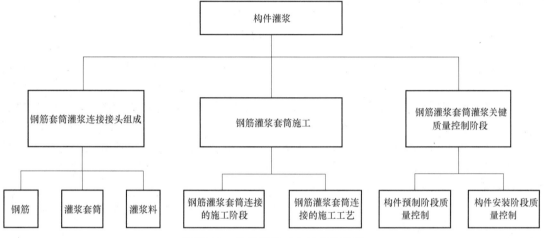

图 10-10　构件灌浆工艺技术线路图

五、任务实施内容

装配式建筑结构中关键是节点的连接部位。节点是预制装配式结构的传力体系枢纽，如果节点连接质量存在问题，轻则引起构件裂缝的出现，重则引起结构解体、垮塌等严重后果。钢筋连接技术是装配式建筑关键技术之一，装配式建筑中钢筋连接主要采用灌浆套筒连接、浆锚连接和机械连接。本任务主要明确灌浆套筒连接施工操作过程中关键要点及灌浆套筒技术使用时的质量控制事项。

（一）掌握钢筋套筒灌浆连接接头组成及连接原理

钢筋套筒灌浆连接接头由钢筋、灌浆套筒、灌浆料三个部分组成。其连接原理是：带肋钢筋插入套筒，向套筒内灌注无收缩或微膨胀的水泥基灌浆料，充满套筒与钢筋的间隙，灌浆料硬化后与钢筋的横肋和套筒内壁凹槽或凸肋紧密贴合，即实现 2 根钢筋连接后所受外力有效传递。

1. 钢筋

参照《钢筋连接用灌浆套筒》（JG/T 398—2019）规定选用灌浆连接套筒适用钢筋。

2. 灌浆套筒

钢筋套筒灌浆连接接头采用的套筒应符合现行行业标准《钢筋连接用灌浆套筒》（JG/T 398—2019）的规定。

1）灌浆套筒按结构形式可分为全灌浆套筒和半灌浆套筒两种，两种形式套筒的结构特点及适用范围见表10-11。

表 10-11　全灌浆套筒和半灌浆套筒的结构特点及适用范围

套筒类别	结构特点	适用范围
全灌浆套筒	接头两端均采用灌浆方式连接钢筋	竖向构件(墙、柱)和横向构件(梁)的钢筋连接
半灌浆套筒	接头一端采用灌浆方式连接，另一段采用非灌浆方式连接(常采用螺纹连接)钢筋	竖向构件(墙、柱)的连接

2）灌浆套筒按加工方式分为铸造灌浆套筒和机械加工灌浆套筒。铸造灌浆套筒宜选用球墨铸铁，机械加工套筒宜选用优质碳素结构钢、低合金高强度结构钢、合金结构钢或其他经过接头形式检验确定符合要求的钢材。

3. 灌浆料

钢筋连接用套筒灌浆料是以水泥为基本材料，配以细骨料及混凝土外加剂和其他材料组成的干混料，加水搅拌后具有良好的流动性等性能，填充于套筒和钢筋的间隙内。灌浆料的一般要求如下：

1）套管灌浆料应按产品设计（说明书）要求的用水量进行配制。拌合用水应当符合《混凝土用水标准》（JGJ 63—2006）的相关规定。

2）常温型套管灌浆料使用时，施工及养护过程中24h内灌浆部位所处的环境温度不应低于5℃，低温型套管灌浆料使用时，施工及养护过程中24h内灌浆内灌浆部位所处的环境温度不低于-5℃且不宜超过10℃。

3）常温型套筒灌浆料和低温型灌浆料的性能指标应满足《钢筋连接用套筒灌浆料》（JG/T 408—2019）规定。

（二）明确钢筋灌浆套筒连接施工工艺

1. 确定钢筋灌浆套筒连接施工阶段

钢筋灌浆套筒连接施工流程主要分为两个阶段。第1阶段是在预制构件加工厂，第2阶段在结构安装现场。

2. 明确在预制构件加工厂内预制构件施工工艺

对于预制剪力墙、柱等竖向构件在预制构件加工厂完成套筒与钢筋连接、套筒在模板上的安装固定和进出浆管道与套筒的连接。剪力墙、柱接头及布筋示意图如图10-11所示。在

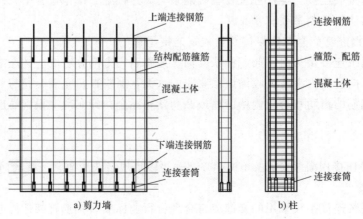

图 10-11　剪力墙、柱接头及布筋示意图

建筑施工现场完成构件安装、灌浆腔密封、灌浆料加水拌和及套筒灌浆。

预制梁等横向构件在工厂预制加工阶段只预埋连接钢筋。在结构安装阶段，连接预制梁时，完成套筒与钢筋连接、套筒灌浆。

3. 明确在结构安装现场预制构件施工工艺

在结构现场安装阶段，预制剪力墙、柱连接已浇筑结构或另一预制构件时，将构件上的连接钢筋插入本构件的套筒内，将构件固定后，从构件侧面的灌浆口向套筒内灌入灌浆料，灌浆料从排浆口流出后，构件静置到浆料硬化，构件连接施工即告结束。

预制梁连接时，套筒套在两构件的连接钢筋上，向每个套筒内灌浆料后并静置到浆料硬化，梁的钢筋连接即结束。

（三）明确钢筋套筒灌浆连接接头施工过程质量控制

1. 确定构件预制阶段质量控制要点

预制阶段是影响钢筋连接的主要阶段，其质量控制要点详见下列分析。

（1）确保灌浆连接接头性能和套筒质量。在确认接头和套筒产品的检测报告符合要求后，用接头拉伸试验确认实际材料的连接质量。接头拉伸试件应采用构件生产用连接钢筋及接头形式检验确定的配套灌浆料，模拟现场连接情况制作接头，灌浆连接可按现场极限情况钢筋在套筒内贴壁安装，灌浆连接后用薄膜密封，在无水、室温的条件下养护28d后进行拉伸试验，试件强度应达到设计指标。

（2）确保钢筋和套筒的定位精度。采用专业的模板，配备专用的钢筋、套筒固定件。模板上加工的钢筋、套筒定位孔位置偏差控制在±0.5mm范围内；专用固定件与模板的安装间隙不超过1.0mm；专用固定件固定钢筋或套筒后的轴线偏差应控制在±0.5mm范围内。为将钢筋外径和套筒内径尺寸偏差对轴线定位精度的影响降至最小，宜采用可调心钢筋固定件和弹性定位轴套筒固定件（见图10-12）。

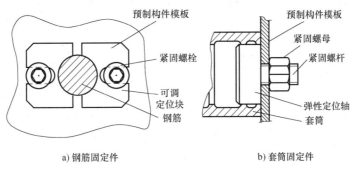

a) 钢筋固定件   b) 套筒固定件

图 10-12 可调式固件应用示意图

（3）钢筋与套筒连接质量或钢筋预安装精度。

1）进行半灌浆接头钢筋安装。在预制半灌浆接头钢筋与套筒连接半灌浆接头时，先把一端连接钢筋与套筒连接好后再预埋在预制构件内。直螺纹连接的半灌浆接头在预制工厂的连接施工中，须确保钢筋螺纹加工的尺寸精度和钢筋与套筒连接的拧紧力矩，保证其质量的措施就是按照《钢筋机械连接技术规程》（JGJ 107—2016）钢筋直螺纹丝头加工与安装的相关要求执行。安装后按批验收，合格后再投入构件钢筋组装工序。

2）进行全灌浆接头钢筋安装。全灌浆接头在预制构件时，先把连接钢筋插入套筒并达到规定深度，套筒与钢筋间隙密封牢固，再将连接钢筋和套筒固定，预埋在预制构件体内。在预制构件生产过程中，须确保钢筋插入套筒的连接深度（即该端灌浆锚固长度）和钢筋与套筒轴线的平行度，以保证后续灌浆连接质量；确保钢筋与套筒间隙可靠密封，防止浇筑构件的混凝土灰浆进入套筒。

2. 确定预制构件安装阶段质量控制要点

（1）进行构件连接部位安装处理和安装。安装前，检查连接构件的连接钢筋，钢筋的规格、长度、表面状况、轴心位置均应符合要求；检查预制构件内连接套筒灌浆腔、灌浆和排浆孔道中无异物存在；清除构件连接部位混凝土表面的异物和积水，必要时将干燥的混凝土结合面进行润湿；在构件下方水平连接面预先放置10~20mm厚支撑块，确保连通灌浆腔间隙最小；构件安装时，所有连接钢筋插入套筒的深度达到设计要求，构件位置坐标正确后再固定。

（2）进行灌浆部位预处理和密封质量。预制剪力墙、柱要用有密封功能的坐浆料或其他密封材料对构件拼缝连接面四周进行密封，必要时用木方、型钢等压在密封材料外作支撑；填塞密封材料时不得堵塞套筒下方进浆口；尺寸大的墙体连接面采用密封砂浆作分仓隔断；在实际环境下做模拟灌浆试验，确认灌浆料能够充满整个灌浆连通腔和接头，在灌浆时构件四周的密封可靠；对可能出现的漏浆、灌浆不畅等意外设计处置预案。预制梁连接钢筋部位安装全灌浆接头套筒，通过连接钢筋上标画的插入深度标记检查套筒位置的正确性，套筒灌浆接头的灌浆和排浆孔端口超过套筒内壁最高处，两端密封圈位置正确、无破损。

（3）灌浆料加工制作。进入施工现场的灌浆料应进行复检，合格后方可使用。常温型套筒灌浆料的主要性能指标见表10-12。

表 10-12　常温型套筒灌浆料的主要性能指标

检测项目		性能指标	检测项目		性能指标
流动度/mm	初始	≥300	竖向膨胀率（%）	3h	0.02~2
	30min	≥260		24h与3h差值	0.02~0.40
抗压强度/MPa	1d	≥35	28d自干燥收缩（%）		≤0.045
	3d	≥60	氯离子含量（%）		≤0.03
	28d	≥85	泌水率（%）		0

注：氯离子含量以灌浆料总量为基准。

灌浆料应妥善保管，防止受潮。每次使用前，应确认灌浆料在产品有效期内，打开包装袋后，产品外观无异常，再制作浆料；制作浆料须使用干净的水、洁净的容器、准确的计量器具和符合产品加工要求的搅拌设备或机具，严格按产品使用说明书要求进行浆料加工；灌浆料干粉、水均应称量质量，按产品规定的比例拌和；拌制浆料时须防止异物混入，及时清洗搅拌器具等，禁止凝固或即将凝固的浆料混入拌制的浆料中；拌制成浆料后，盛放浆料的容器应加保护盖以防异物落入；不同环境温度下，浆料的流动度与室温条件指标存在差异，但现场条件拌制的灌浆料的流动度必须满足灌浆作业的要求；每班生产开始时，应记录料温和水温，测试浆料的流动度，当现场环境温度变化较大时，重新测量浆料的流动度。

（4）灌浆作业工艺和构件保护措施。预制柱、墙的灌浆作业工艺是通过接头下方的灌浆孔灌入浆料，浆料进入构件下的灌浆连通腔，充满连通腔后，再在压力下向上流入该腔所连的各个接头的套筒，直至从各个接头上方的排浆孔流出（见图10-13）。预制梁灌浆连接是从套筒一端灌浆口灌入浆料，至浆料从套筒另一端的出浆接头流出。

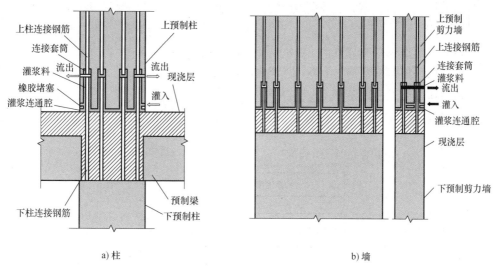

图 10-13 半灌浆接头预制柱、墙连接

除了上述质量控制要求外，在施工过程中还应当保证施工人员技能素质，按照规定的时间和操作工艺等进行施工，保证灌浆连接质量。例如，对操作人员的资质进行检查，确保操作时间、操作工艺顺序和操作环境的温度等。现场灌浆连接施工后，须按照《钢筋机械连接技术规程》（JGJ 107—2016）的规定进行接头性能抽检，每500个接头制作1组3根接头拉伸试件，试件接头应完全模拟现场安装实际进行制作，28d后进行拉伸试验。检验结果合格后，灌浆连接施工判定为合格。

任务四 构件连接节点施工

一、任务要求

在装配式建筑混凝土结构工程中，后浇混凝土整体连接是通过伸出的钢筋将预制构件与后浇的混凝土叠合层连成一体，再通过节点处的现浇混凝土以及其中的配筋，使梁与柱、梁与梁、梁与板连接成整体，使装配式建筑等同于现浇结构。

通过本任务的学习，要求学生能够掌握构件连接节点施工工艺。主要包括如下内容：

1）明确预制剪力墙的混凝土现浇连接工艺。

2）明确叠合构件的施工关键质量控制点。

3）明确预制外墙板施工接缝工艺及注意事项。

二、任务基础过关问题

结合任务要求，思考以下问题：

问题1：预制混凝土剪力墙结构节点与接缝连接有哪些要求？

问题2：楼层内相邻预制剪力墙的连接有哪些要求？

问题3：墙板浇筑混凝土前的主要准备工作有哪些？

问题4：叠合楼板的安装施工工艺是什么？

三、任务实施依据

1）《钢筋机械连接技术规程》（JGJ 107—2016）。

2）《钢筋连接用灌浆套筒》（JG/T 398—2019）。

3）《钢筋连接用套筒灌浆料》（JG/T 408—2019）。

四、任务实施技术路线图

本任务实施技术路线图如图10-14所示。

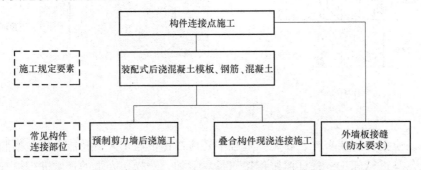

图10-14 构件连接点施工任务技术路线图

五、任务实施内容

本任务主要包括对装配整体式混凝土结构后浇工艺施工相关要求、预制剪力墙后浇施工工艺与质量控制、叠合构件现浇连接施工关键质量点控制及预制外墙板接缝施工工艺与质量控制。

（一）明确装配整体式混凝土结构后浇工艺施工相关要求

1. 明确装配整体式混凝土结构后浇混凝土模板及支撑要求

装配整体式混凝土结构后浇混凝土模板及支撑要求见表10-13。

表10-13 装配整体式混凝土结构后浇混凝土模板及支撑要求

要求事项	质量控制内容
模板及支撑安装	工程结构形状尺寸准确 模板安装牢固、密实且便于钢筋敷设和混凝土浇筑和养护
预制构件接缝处	预制构件接缝处宜采用定型模板 预制构件接缝处与模板连接用的孔洞、螺栓，预留位置应与模板模数协调且便于安装
模板脱模剂	模板宜采用水性脱模剂
预制竖向构件	采用可调支撑临时固定
预制外墙板模板	应符合建筑与结构设计的要求
叠合楼板	应准确控制预制底板搁置面的标高 浇筑叠合层混凝土时，预制底板上部集中堆载
叠合梁	预制梁的搁置长度及搁置面的标高应符合设计要求

（续）

要求事项	质量控制内容
模板与支撑拆除	模板拆除原则:应先拆非承重模板、后拆承重模板 拆除龙骨及下一层支撑原则:叠合构件后浇混凝土同条件立方抗压强度达到设计要求时方可拆除 预制墙板斜支撑和限位装置拆除原则:应在连接节点和连接接缝部位后浇混凝土或灌浆料强度达到设计要求后拆除 预制柱斜支撑拆除原则:应在预制柱与连接节点部位后浇混凝土或灌浆料强度达到设计要求且上部构件吊装完成后进行拆除 模板拆除后处理:拆出的模板应分散堆放并及时清运

2. 明确装配整体式混凝土结构后浇混凝土钢筋的要求

（1）明确钢筋连接的要求。钢筋连接方式与质量控制规范见表10-14。

表10-14　钢筋连接方式与质量控制规范

工序	连接方式	质量控制规范
钢筋构件连接	钢筋套筒灌浆连接接头	《钢筋机械连接技术规程》(JGJ 107—2016) 《钢筋连接用灌浆套筒》(JG/T 398—2019) 《钢筋连接用套筒灌浆料》(JG/T 408—2019)
	钢筋焊接连接接头	《钢筋焊接及验收规程》(JGJ 18—2012)
	钢筋机械连接接头	《钢筋机械连接技术规程》(JGJ 107—2016)

（2）确定连接钢筋要求。连接钢筋质量控制要求见表10-15。

表10-15　连接钢筋质量控制要求

钢筋部位	质量控制要求
构件连接处钢筋	符合设计要求
钢筋套筒灌浆连接接头	预留钢筋应采用专用模具进行定位
预制构件的外露钢筋	吊装完成后,校核与调整位置
预制梁节点区的钢筋安装	节点区的柱箍筋预先安装于预制柱钢筋上,随预制柱一同安装就位 采用封闭箍筋时,预制梁上部纵筋预先穿入箍筋内临时固定,并随预制梁一同安装就位 采用开口箍筋时,预制梁上部纵筋在现场安装
预制梁上部后浇混凝土中的钢筋	宜采用成型钢筋网片进行整体安装就位

3. 明确装配整体式混凝土结构后浇混凝土要求

装配整体式混凝土结构后浇混凝土质量控制要求见表10-16。

表10-16　装配整体式混凝土结构后浇混凝土质量控制要求

混凝土浇筑时点	质量控制要求
浇筑混凝土前	应进行隐蔽项目的现场检查与验收
混凝土浇筑过程	施工中的结合部位或接缝处混凝土的工作规范应符合设计施工规定 混凝土分层浇筑应符合现行规范要求 浇筑时应采取保证混凝土浇筑密实的措施
混凝土浇筑完毕后	按施工技术方案要求及时采取有效养护措施

（二）明确预制剪力墙后浇连接施工工艺与质量控制

1. 明确后浇节点构造要求

1）预制剪力墙与其连接面：预制剪力墙的顶面、底面和两侧面应处理为粗糙面或者制作键槽，与预制剪力墙连接的圈梁上表面也应处理为粗糙面，粗糙面露出混凝土粗骨料不宜小于其最大粒径的 1/3，且粗糙面凹凸不应小于 6mm。

2）高层预制装配式墙体剪力墙连接：实施按《装配式混凝土结构技术规程》（JGJ 1—2014）规范规定。

2. 预制剪力墙后浇带连接施工

预制剪力墙安装完成后应及时穿插进行边缘构件后浇带钢筋和模板施工，并完成后浇混凝土施工。

（1）钢筋施工。

1）预制墙体间后浇节点钢筋施工：在预制板上标记处封闭箍筋的位置，预先把箍筋交叉就位放置；先对预留竖向连接钢筋位置进行校正，然后在连接上部竖向钢筋。预制墙体间后浇节点处钢筋施工流程如图 10-15 所示。

2）预制墙板连接部位钢筋施工：预制墙板连接部位宜先校正水平连接钢筋，后安装箍筋套，待墙体竖向钢筋连接完成后，绑扎箍筋，连接部位加密区宜采用封闭箍筋。

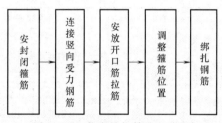

图 10-15　节点处钢筋施工流程

3）预制剪力墙结构后浇节点间钢筋设计施工应满足《混凝土结构设计规范（2015 年版）》（GB 50010—2010）和《装配式混凝土结构技术规程》（JGJ 1—2014）等规范要求。

（2）模板安装。

1）模板安装前准备：预制墙板间后浇节点安装模板前应将墙内杂物清扫干净，在模板下口抹砂浆找平，防止漏浆。

2）预制墙板间后浇节点模板选用：宜采用工具式定型模板，并应符合下列规定：模板应通过螺栓或预留孔洞拉结的方式与预制构件可靠连接，模板安装时应避免遮挡预制墙板下部灌浆预留孔洞，夹心墙板的外叶板应采用螺栓拉结或夹板等加强固定，墙板接缝部分及与定型模板接缝处均应采用可靠的密封，防漏浆措施。

（3）明确后浇带混凝土施工要求。后浇带混凝土施工要求主要包括下面几点：

1）混凝土浇筑：混凝土浇筑前应布料均衡，浇筑和振捣时，必须紧密配合，第一层下料慢些，充分振实后再下第二层料，用"赶浆法"保持水泥浆沿板包裹石子向前推进，每层均应振实后再下料，板边部位要注意振实。

2）模板及支架检查：应对模板及支架进行观察与维护，发生异常情况应及时处理。

3）预制构件固定：构件接缝混凝土浇筑和振捣应采取措施，防止模板、相连接构件、钢筋、预埋件及其定位件位移。

4）混凝土浇筑：连接节点、水平拼缝应连续浇筑，边缘构件、竖向拼缝应逐层浇筑，采取可靠措施，确保混凝土浇筑密实。

5）临时支撑拆除：构件连接部位后浇混凝土及灌浆料的强度达到设计要求后，方可拆除临时支撑系统。拆模时混凝体强度应符合《混凝土结构工程施工规范》（GB 50666—

2011）的有关规定和设计要求。

　　6）预埋管线：后浇节点施工时，应采取有效措施防止各种预埋管槽线盒位置偏移。

（三）明确叠合构件现浇连接施工关键质量控制

　　叠合构件主要包括叠合楼板、叠合梁等部件，叠合构件现浇施工过程质量控制要点与内容见表 10-17。

表 10-17　叠合构件现浇施工过程质量控制要点与内容

质量控制要点	控制内容
钢筋绑扎	保证钢筋搭接和间距符合设计要求 避免局部钢筋承载过大
叠合层混凝土表面清洁度	叠合层混凝土浇筑前应清除叠合面上的杂物、浮浆及松散骨料 浇筑前应洒水湿润，洒水后不得留有积水
叠合楼板面表面平整度	叠合楼板面混凝土应连续浇筑
叠合层混凝土浇筑	叠合层与现浇构件处混凝土应振捣密实 浇筑时宜采取由中间向两边的方式
分段施工	应符合设计及施工方案要求
叠合板内预留孔洞、机电管线	叠合板内预留孔洞、机电管线采取可靠的保护措施 不应移动预埋件的位置，且不得污染预埋件连接部位
构件支撑	应根据设计要求或施工方案设置 支撑标高除应符合设计规定外，尚应考虑支撑系统本身的施工变形，施工荷载不得超过设计规定

（四）明确预制外墙板接缝施工工艺与质量控制

1．明确预制外墙板接缝防水规定

　　预制外墙接缝构造应符合设计要求，外墙板接缝防水要求如下：

　　1）防水施工前准备：应将板缝空腔清理干净。

　　2）应按设计要求填塞背衬材料。

　　3）密封材料嵌填：饱满、密实、均匀、顺直、表面平滑，其厚度应满足设计要求。

　　此外，外墙板接缝处等密封材料还应符合《装配式混凝土结构技术规程》（JGJ 1—2014）中有关规定。

2．明确预制外墙板接缝施工流程

　　预制外墙板接缝施工流程为：表面清洁整理→底涂基层处理→贴美纹纸→背衬材料施工→施打密封胶→密封胶整平处理→板缝两侧外观清洁→成品保护。

　　在采用密封胶进行施工过程中应符合下列规定：

　　1）密封防水胶施工与施工前准备：在预制外墙板固定校核后和注胶施工前，墙板侧壁及拼缝内应清理干净、保持干燥。

　　2）防水胶的注胶宽度、厚度均应符合设计要求。

　　3）密封胶的注胶宽度、厚度均应符合设计要求。

　　4）建筑密封胶嵌缝应在预制外墙板固定后嵌缝。

　　5）建筑密封胶应均匀顺直、饱满密实，表面光滑、连续。

　　6）外墙板施工质量控制：应先放填充材料后打胶，不应堵塞防水空腔，注胶均匀、顺直、饱和、密实、表面光滑，不应有裂缝现象。

　　7）嵌缝材料的性能、质量应符合设计要求。

下篇

问题、成果与范例篇

任务　施工部署的编写

问题1：施工部署的主要内容包含什么？单位工程施工部署的编写目的是什么？

答：1）一般施工部署主要包括明确施工管理目标、确定施工部署原则、建设项目经理部组织机构、明确施工任务划分、计算主要项目工程量、明确施工组织协调与配合以及新技术、新工艺、新材料、新设备的开发和使用。

2）单位工程施工部署，主要解决以下主要问题：

① 解决施工总体安排，总体控制进度计划及阶段性计划，施工日历天数，施工工艺流程，如何组织分层、分段流水作业及交叉作业施工，调配计划。

② 物质方面包括机械设备选型和配备、临时建筑规模和标准、主材的采购供应方式及储存方法等。

③ 施工管理机构，施工任务划分以及相互间配合事宜。

问题2：施工部署的原则有哪些？在选择施工顺序时应考虑什么因素？

答：施工部署的原则及考虑的因素可根据施工部署的确定顺序加以规定，具体如下：

（1）确定施工程序。在确定单位工程施工程序时，应遵循的原则：先地下，后地上；先主体，后围护；先结构，后装饰；先土建，后设备。在编制单位工程施工组织设计时，应按施工程序，结合工程的具体情况和工程进度计划，明确各阶段主要工作内容及施工顺序。

（2）确定施工起点流向。所谓确定施工起点流向就是确定单位工程在平面或竖向上施工开始的部位和进展的方向。对单层建筑物，如厂房按其车间、工段或跨间，分区、分段地确定出在平面上的施工流向。对于多层建筑物，除了确定每层平面上的流向，还须确定其各层或单位在竖向上的施工流向。

（3）确定施工顺序。

1）遵循施工程序。

2）符合施工工艺。

3）与施工方法一致。

4）按照施工组织要求。

5）考虑施工安全和质量。

6）受当地气候影响。

（4）选择施工方法和施工机械。选择机械时，应遵循切实需要、实际可能、经济合理的原则，具体要考虑以下几点：

1）技术条件：包括技术性能、工作效率、工作质量、能源消耗、劳动力的节约、使用灵活性和安全性、通用性和专用性、维修的难易程度、耐用程度等。

2）经济条件：包括原始价值、使用寿命、使用费用、维修费用等，如果是租赁机械，应考虑其租赁费。

3）要进行定量的技术经济分析、比较，以使机械选择最优。

选用机械时，应尽量利用施工单位现有机械。只有在原有机械性能满足不了工程需要时，才可以购置或租赁其他机械。

成果与范例

根据案例中项目工程特点和"能力标准与项目分解篇""项目一 施工部署编写"中各任务实施内容，完成施工部署及施工准备的编写。

（一）施工部署的编写

1. 工程管理总目标

（1）进度目标。确保 160 日历天内完成全部工程，其中开工时间拟定为当年 5 月 1 日，计划竣工时间为当年 10 月 31 日。

（2）质量目标。科学管理，强化"三检制""过程控制"，分部分项工程一次交验合格率为 100%，优良率在 90% 以上，隐蔽工程优良率在 90% 以上为工程质量合格。

（3）安全目标。贯彻《职业健康安全管理体系 要求及使用指南》（GB/T 45001—2020），杜绝死亡、重伤事故，轻伤频率<5‰。实现"五无"，即"无死亡、无重伤、无坍塌、无中毒、无火灾"。

（4）文明施工目标。贯彻环境管理体系（ISO 14001）标准，创造绿色生态环境、建设人文施工现场，营造环保施工环境。执行公司战略要求，强化现场文明施工管理。

（5）消防目标。严格按照《建设工程消防验收评定规则》（XF 836—2016）规定，完成消防设施布设。

（6）绿色施工目标。贯彻环境管理体系（ISO 14001）标准，执行某市有关环保规定，营建"园林绿化环保工地"。

（7）降低成本目标。协调配合，协商共事，优化采购、施工及相关服务。做到工程质量、工期管理、设备运行、回访保修等方面让用户满意，功能达到设计指标。

2. 确定施工部署原则

根据工程开工时间及工程形象进度，在施工时间安排上要统筹兼顾，综合安排施工作业，做好施工的各种保障措施，保证工程质量。

根据工程现场作业环境条件，综合考虑工程工期、质量、劳动力、周转材料、大型机械、临建设施等资源投入情况，在施工空间安排上要考虑立体交叉施工，分阶段分重点进行组织，提前插入改造、装修、机电管线安装的施工，在施工中注重分包施工项目的工序及时穿插。

3. 确定项目经理部组织机构

根据案例施工人数和工程特点，建筑施工项目经理部组织机构管理体系如图 1-1 所示。

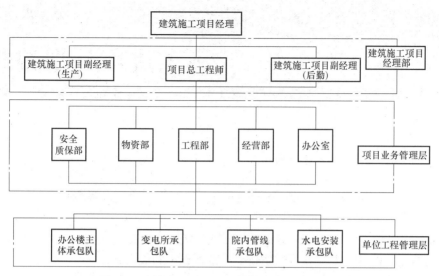

图 1-1 建筑施工项目经理部组织机构管理体系

4. 施工任务划分

土建工程原则上以公司现有力量为主，考虑到合同工期等因素，应补充部分施工人员（200 人左右）。另外，在工程大面积插入装修时，从全公司范围抽调部分技术水平高的装修工以补充装修力量的不足。土建与安装工程由本公司主力施工队承建。电气工程、给水排水工程由本公司安装队伍施工。加固工程、防水工程、弱电工程、消防工程由专业分包单位承担。

考虑到满足办公楼在当年 10 月 31 日前交付使用的要求，工程应按"分区组织承包，齐头并进"的原则，并视单位工程大小组织施工，确保竣工日期。

5. 计算主要项目工程量

根据工程特点划分项目并宜列表说明，此部分可详见"能力标准与项目分解篇""项目二 进度计划编制"案例背景中表 2-2 和表 2-3 和"能力标准与项目分解篇""项目三 施工准备与资源计划编制"案例背景中表 3-2~表 3-5。

任务一　基于流水施工的进度计划编制

问题 1：组织施工的基本方式以及各自的特点分别是什么？

答：组织施工的基本方式分为顺序施工、平行施工和流水施工。

（1）顺序施工。

1）顺序施工也称为依次施工，是按照建筑工程内部各分项、分部工程内在的联系和必须遵循的施工顺序，不考虑后续施工过程在时间上和空间上的相互搭接，而依照顺序组织施工的方式。顺序施工往往是前一个施工过程完成后，下一个施工过程才开始，一个工程全部完成后，另一个工程的施工才开始。

2）顺序施工的优点是：同时投入的劳动资源较少，机具、设备使用不是很集中，材料供应单一，施工现场管理简单，便于组织安排。当工程规模较小，施工工作面有限时，顺序施工是适用的，也是常见的。

3）顺序施工的缺点是：劳动生产率低，工期较长，难以在短期内提供较多的产品，不能适应大型工程的施工。

（2）平行施工。

1）平行施工是将一个工作范围内的相同施工过程同时组织施工，完成以后再同时进行下个施工过程的施工组织方式。

2）平行施工的优点是：最大限度地利用了工作面，工期最短。

3）平行施工的缺点是：在同一时间内需要提供的相同劳动资源成倍增加，这给实际施工管理带来一定的难度，从而造成组织安排和施工管理的困难，增加了施工管理费用；并且平行施工只有在工程规模较大或工期较紧的情况下采用才是合理的。

（3）流水施工。

1）流水施工是把若干个同类型建筑或一幢建筑在平面上划分成若干个施工区段（施工段），组织若干个在施工工艺上有密切联系的专业班组相继进行施工，依次在各施工区段上重复完成相同的工作内容，不同的专业队伍尽量利用不同的工作面平行施工的施工组织方式。

2）流水施工方式具有以下特点：

① 缩短工期。各专业施工队的施工作业连续，避免或减少了间歇、等待时间，充分利用工作面，缩短了工期。不同施工过程尽可能地进行搭接，时间和空间关系处理得比较理想。

② 提高生产效率。由于流水施工实现了专业化的生产，为工人提高技术水平、改进操

作方法以及革新生产工具创造了有利条件，因而改善了工作的劳动条件，促进了劳动生产率的不断提高。

③ 资源消耗较为均衡。避免了施工期间劳动力和其他资源使用过分集中，有利于资源的组织。

④ 有利于提高工程质量。专业化的施工提高了工人的专业技术水平和熟练程度，为推行全面质量管理创造了条件，有利于保证和提高工程质量。

⑤ 有效降低工程成本。由于工期缩短、劳动生产率提高、资源供应均衡，各专业施工队连续均衡作业，减少了临时设施数量，从而节约了人工费、机具使用费、材料费和施工管理费等相关费用，有效降低了工程成本。

问题2：流水参数是什么？流水参数分为哪些参数？这些参数各自的概念及目的是什么？

答：（1）在组织流水施工时，用以表达流水施工在工艺流程、空间布置和时间安排等方面的特征和各种数量关系的参数，称为流水参数。依据流水参数性质的不同，流水参数可以划分为工艺参数、空间参数和时间参数三种。

（2）工艺参数一般包括施工过程和流水强度。

1）施工过程。

① 施工过程的概念。在组织工程流水施工时，将拟建工程的整个建造过程分解为若干个施工单元，其中每一个单元称为一个施工过程，施工过程用 n 表示。将全部建筑物或构筑物建造过程分解成若干个施工过程（$n \geqslant 2$），每个施工过程由固定的专业施工队负责实施完成。

② 划分施工过程的目的。施工过程划分的目的是对施工对象的建造过程进行分解，以明确具体工作任务，便于操作实施。

2）流水强度。

① 流水强度的概念。每一施工过程在单位时间内所完成的工程量（如浇捣混凝土施工过程中每工作班组能浇筑多少立方米混凝土）称为流水强度，又称流水能力或生产能力。

② 确定流水强度的目的。每一流水段的施工人力、物力机械设备的投入量与自有资源的比较则为强度，即按这样的流水安排来衡量本企业现有资源是否能完成。

（3）空间参数一般包括施工段（区）和工作面。

1）施工段（区）。

① 施工段的概念。

在组织流水施工时，通常把施工对象在平面上或立面上划分为若干个劳动量大致相等的施工区域，这些区域称为施工段，也可称流水段（区），施工段以 m 表示，施工段数目应不小于 2（$m \geqslant 2$）。施工段（区）的划分目的，是为了把建筑物划分成批量的"假定产品"，从而形成流水作业的前提。每一个段（区），就是一个"假定产品"。

② 划分施工段的目的。划分施工段的目的是形成假设的施工产品"批量"，在同一时间段内提供给不同的施工班组同时进行施工，并按一定的时间间隔转移到另一个施工段进行连续施工，消除等待、停歇现象，保证施工过程的连续性。通常设定一个施工段在某一规定的时间段内，只容许一个专业施工队进行施工。

2）工作面。

① 工作面的概念。工作面是指供某专业工种的工人或某种施工机械进行施工的活动空间。

② 确定工作面的目的。工作面的大小表明能安排施工人数或机械台数的多少。每个作业的

工人或每台施工机械所需工作面的大小，取决于单位时间内完成的工程量和安全施工的要求。工作面确定得合理与否，直接影响专业工作队生产效率的高低，因此必须合理确定工作面。

（4）时间参数一般包括流水节拍、流水步距和工期。

1）流水节拍。

① 流水节拍的概念。流水节拍是指从事某一施工过程的施工班组在一个施工段上完成施工任务所需的时间，用符号 t_i 表示（$i=1，2，3，…$）。确定需要完成的工程量、劳动力组织或机械配备、工作班次，套用定额指标计算各专业施工队在各施工段（区）上的工作持续时间，即流水节拍。

② 确定流水节拍的目的。流水节拍的大小直接关系到投入的劳动力、材料和机械的多少，决定着施工进度和施工的节奏。因此，合理确定流水节拍具有重要的意义。

2）流水步距。

① 流水步距的概念。在组织流水施工中，相邻两个施工班组先后开始进入施工的时间间隔，成为流水步距。

② 确定流水步距的目的。流水步距的大小对工期有较大的影响。一般来说，在施工段不变的条件下，流水步距越大，工期越长；流水步距越小，工期越短。

3）工期。

① 工期的概念。工期是指完成一项工程任务或一个流水施工所需的时间。

② 确定工期的目的。施工工期是建筑企业重要的核算指标之一。工期的长短对建筑企业的经济效益有着直接的影响，并关系到国民经济新增生产能力动用计划的完成和经济效益的发挥。

问题3：流水施工的类型可以划分为哪些？

答：按流水施工组织范围（组织方法）划分，可以划分为分项工程流水施工、分部工程流水施工、单位工程流水施工、群体工程流水施工和分别流水法；按流水施工的节奏特征划分，可以划分为等节奏流水施工、成倍节拍流水施工和无节奏流水施工。

问题4：横道图与垂直图表的概念分别是什么？

答：（1）水平图表（横道图）。横道图由纵、横坐标两个方向的内容组成，图表左侧的纵坐标用以表示施工过程，图表下侧的横坐标用以表示施工进度，施工进度的单位可根据施工项目的具体情况和图表的应用范围来确定，可以是日、周、月、旬、季或年等，日期可以按自然数的顺序排列，还可以采用奇数或偶数的顺序排列，也可以采用扩大的单位数来表示，如以 5d 或 10d 为基数进行编排，以简洁、清晰为标准。用标明施工段的横线段来表示具体的施工进度。

流水施工横道图一般表示形式如图 2-1 所示。

施工过程	施工进度/d						
	1	2	3	4	5	6	7
基坑	①	②	③	④			
垫层		①	②	③	④		
基础			①	②	③	④	
回填土				①	②	③	④

图 2-1 流水施工横道图一般表示形式

（2）垂直图表。垂直图表是以纵坐标由下往上表示出施工段数，以横坐标表示各施工过程在各施工段上的施工持续时间，若干条斜线段表示施工过程。垂直图表可以直观地从施工段的角度反映出各施工过程的先后顺序以及时空状况。通过比较各条斜线的斜率可以看出各施工过程的施工速度。流水施工垂直图表示实例如图 2-2 所示。

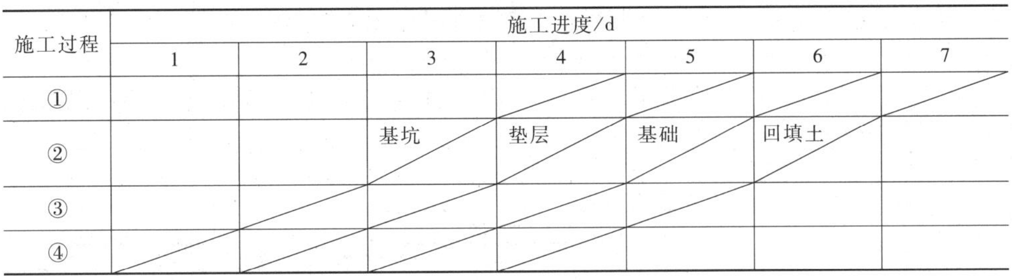

施工过程	施工进度/d						
	1	2	3	4	5	6	7
①							
②			基坑	垫层	基础	回填土	
③							
④							

图 2-2　流水施工垂直图表示实例

成果与范例

根据本项目案例中工程特点和"能力标准与项目分解篇""项目二　施工进度计划编制""任务一　基于流水施工的进度计划编制"的实施内容，完成流水施工进度计划编制的任务。

（一）流水施工的编制

1. 基础工程流水施工的编制

（1）组织基础工程流水施工。本案例基础部分组织流水施工，组织过程如下：

1）划分施工过程。本工程的基础部分根据施工顺序和劳动组织，划为管桩施工→挖土及弃土→人工挖土方→桩头插钢筋→桩承台、基础梁→回填土 6 个施工工程。

2）划分施工段。考虑结构的整体性和工程量的大小，本工程的工程量较小，以沉降缝为界划分施工段，$m=3$。

3）确定基础工程的工作队人数和流水节拍，基础部分各施工段持续时间见表 2-1。

根据劳动力时间定额以及工程量、工作面大小及施工成本确定劳动力人数，通过公式计算得出工作持续时间。本工程班组采用单班制，管桩施工过程通过普工 13 人静压桩机 2 台配合工作；挖土及弃土过程劳动力人数为普工 8 人，使用单斗挖土机 1 台，自卸汽车 2 台。

持续时间=劳动量/（班组数×每班人数），结果为取大整数（劳动量参考"问题、成果与范例篇""项目三　施工准备与资源计划编制""任务二　劳动力计划的编制"中的劳动力需用量计算结果）。施工过程的工作队每班劳动力人数和持续时间见表 2-1。

表 2-1　基础部分各施工段持续时间

序号	施工过程	劳动量（工日）	每班劳动力（人）	持续时间	
				计算过程	结果（工日）
1	管桩施工	17.02	12	—	3
2	挖土及弃土	837.46	5	—	3
3	人工挖土方	54.48	11	54.97/（1×11）	5
4	截桩头插钢筋	63.97	13	63.97/（1×13）	5
5	桩承台、基础梁	537.11	78	537.11/（1×78）	7
6	回填土	190.07	39	190.07/（1×39）	5

由表 2-1 工日计算结果可知：$t_1=3$，$t_2=3$，$t_3=5$，$t_4=5$，$t_5=7$，$t_6=5$，则 $t_1 \leqslant t_2 \leqslant t_3 \leqslant t_4 \leqslant t_5$，流水步距 $K_1=t_1=3$，$K_2=t_2=3$，$K_3=t_3=5$，$K_4=t_4=5$，$K_5=t_5=7$，由于 $t_5>t_6$，则 $K_6=3\times7-(3-1)\times5=11$。

总工期 $T=3+3+5+5+11+3\times5=42$（工日）

（2）绘制基础工程横道图。绘制基础工程横道图如图 2-3 所示。

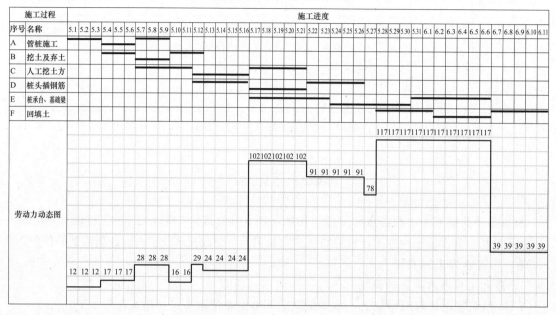

图 2-3　基础工程横道图

注：劳动力资源动态图参考"问题、成果与范例篇""项目三　施工准备与资源计划编制""任务二　劳动力计划的编制"中劳动力需用量数据绘制。

2. 主体工程流水施工的编制

（1）组织主体工程流水施工。

1）划分施工过程。本工程主体工程采用以下施工顺序：绑扎柱和剪力墙钢筋（为方便画图，后简称为"扎柱钢筋"）→支柱模板→支主梁模板→支次梁模板→支楼板模板→绑扎板钢筋→浇柱和剪力墙混凝土→浇梁、板混凝土。根据施工顺序和劳动组织，划分为扎柱钢筋、支模板、绑扎梁板钢筋和浇混凝土 4 个施工过程。各施工过程中均包括楼梯间部分。

2）划分施工段。考虑结构的整体性和工程量的大小，本工程量较小，以沉降缝为界划分施工段，$m=3$，但施工过程数 $n=4$，此时 $m<n$，专业工作队会出现窝工现象。考虑到工地上尚有在建工程，因此拟将主导施工过程连续施工。该工程各施工过程中，支模板比较复杂，且劳动量较大，所以支模板为主导施工过程，采取间断式流水施工。

3）确定工程量。根据"能力标准与项目分解篇""项目三　施工准备与资源计划编制""案例背景"中表 3-2~表 3-5 抄出并汇总。由于本工程的清单工程量与定额工程量计算规则一致，在此直接用清单工程量即可，无须进行另外换算。

4）确定劳动量。劳动量＝工程量×时间定额。通过套用建筑工程预算定额，由于模板工程和钢筋工程中由同一工种，但其由不同做法、不同材料的若干子分项工程合并而成，应按公式计算其综合时间定额，具体计算见表 2-2。然后根据时间定额计算劳动量，主体工程时间定额根据"能力标准与项目分解篇""项目二　施工进度计划编制""任务一　劳动力计划的编制"表 2-9 可知。劳动量计算过程具体见"问题、成果与范例篇""项目二　施工进度计划编制""任务一　基于流水施工的进度计划编制"中表 2-3。

表 2-2　综合时间定额计算

分项工程名称	内容	工程量 Q_i	时间定额	劳动量 P_i	综合时间定额
模板工程	矩形柱模板	1393.97m²	22.78 工日/100m²	317.55 工日	$\sum P_i = 1358.05$ 工日 $\sum Q_i = 7120.26$m² $\overline{H} = \dfrac{\sum P_i}{\sum Q_i} = \dfrac{13588.05}{7120.26}$ ≈ 0.191 工日/m²
	构造柱模板	1450.13m²	16.753 工日/100m²	242.95 工日	
	矩形梁模板	561.68m²	21.219 工日/100m²	119.19 工日	
	楼梯模板	219.43m²,水平投影面积为 73.15m²	64.911 工日/100m² 水平投影面积	47.49 工日	
	过梁模板	20.3m²	38.41 工日/100m²	7.8 工日	
	短肢剪力墙模板	705.85m²	20.876 工日/100m²	147.36 工日	
	楼板模板	2766.65m²	17.19 工日/100m²	475.59 工日	
	台阶模板	2.25m²,水平投影面积为 0.8m²	13.947 工日/100m² 水平投影面积	0.12 工日	
混凝土工程	矩形柱混凝土(C30)	320.67m³	7.211 工日/10m³	231.24 工日	$\sum P_i = 1879.04$ 工日 $\sum Q_i = 3717.37$m³ $\overline{H} = \dfrac{\sum P_i}{\sum Q_i} = \dfrac{1879.04}{3717.37}$ ≈ 0.506 工日/m³
	构造柱混凝土(C30)	354.61m³	12.072 工日/10m³	428.09 工日	
	矩形梁混凝土(C30)	1382.87m³	3.017 工日/10m³	417.22 工日	
	过梁混凝土(C25)	5.56m³	10.166 工日/10m³	5.66 工日	
	短肢剪力墙混凝土(C30)	299.67m³	4.672 工日/10m³	140.01 工日	
	楼板混凝土(C30)	1172.05m³	3.032 工日/10m³	355.37 工日	
	楼梯混凝土(C30)	178.69m³,水平投影面积 1116.82m²	2.673 工日/10m² 水平投影面积	298.53 工日	
	台阶混凝土(C20)	3.25m³,水平投影面积 20.32m²	1.437 工日/10m² 水平投影面积	2.92 工日	

5）确定持续时间。本工程选择工期计算法，本工程主体施工计划工期为 75d，扎柱钢筋、支模板、绑钢筋、浇混凝土的工期比例可以按照 1∶4∶3∶2 进行，符合该类工程特点和一般施工经验（若实际情况不同，可据此选取相应的工期比例），确定扎柱筋持续时间为 1d，支模板持续时间为 4d，绑钢筋持续时间为 3d，浇混凝土持续时间为 2d。本工程采取一班制，通过公式计算确定劳动力人数，每日的劳动力需用量=劳动力需用量/持续时间。根据范例完成全部施工过程劳动力人数计算。根据计算，本工程扎柱钢筋选取钢筋工 6 人，支模板选取木工 19 人，绑钢筋选取钢筋工 6 人，浇混凝土选取混凝土工 53 人。本工程考虑夏季天气热，混凝土初凝时间快，一层混凝土浇筑完后，养护 1d 即可，表 2-3 为主体（框架剪力墙）工程各施工过程每一施工段计算结果。

表 2-3　主体（框架剪力墙）工程各施工过程每一施工段计算结果

序号	施工过程	工程名称	工程量	时间定额	总劳动量（工日）	每层劳动量（工日）	每班人数	持续时间/d	工种
1	A	扎柱钢筋	8.79t	3.678 工日/t	32.33	5.39	6	1	钢筋工
2	B	支模板	2373.42m²	0.191 工日/m²	453.33	75.56	19	4	木工
3	C	绑钢筋	28.8t	3.678 工日/t	105.93	17.66	6	3	钢筋工
4	D	浇混凝土	1239.12mm³	0.506 工日/mm³	627	104.5	53	2	混凝土工

（2）绘制主体工程横道图。本工程拟采用间断式流水施工来组织主体施工组织计划，绘制主体工程横道图如图 2-4 所示。

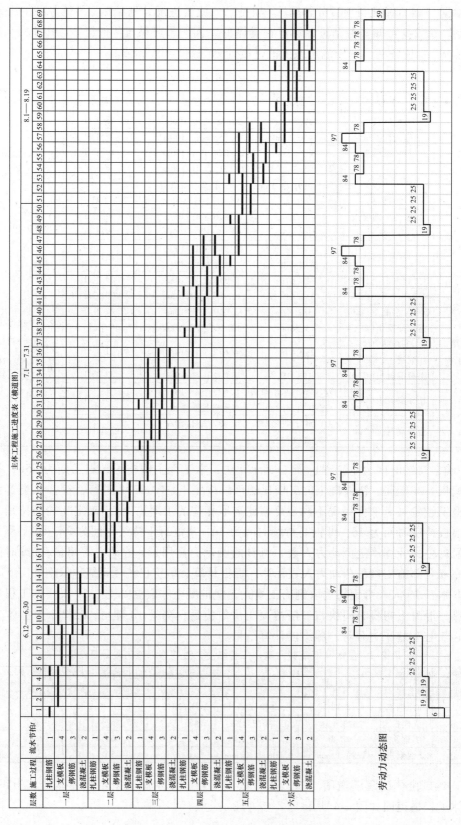

图 2-4 主体工程横道图

任务二 基于网络计划的进度计划编制

问题1：双代号网络计划图的绘制规则及注意事项是什么？

答：（1）双代号网络计划图的绘制规则。

1）一个网络计划图中只有一个开始节点和一个结束节点。

2）一个网络计划图中不允许单代号、双代号混用。

3）节点大小要适中，编号应由小到大，不重号、不漏编，但可以跳跃。

4）一对节点之间只能有一条箭线且不能出现无箭头杆。

5）网络计划图中不允许有循环线路。

6）网络计划图中不允许有相同编号的节点或相同代码的工作。

7）网络计划图的布局应合理，要尽量避免箭线的交叉，当箭线的交叉不可避免时，可采用"过桥"或"指向"方法来处理。

（2）绘制双代号网络计划图的注意事项。

1）层次分明，重点突出。绘制网络计划图时，首先遵循网络计划图的绘制规则，画出一张符合工艺和组织逻辑关系的网络计划草图，然后检查、整理出一幅条理清楚、层次分明、重点突出的网络计划图。

2）构图形式要简捷、易懂。绘制网络计划图时，通常的箭线应以水平线为主，竖线、折线、斜线为辅，应尽量避免用曲线。

3）正确应用虚箭线。绘制网络计划图时，正确应用虚箭线可以使网络计划中的逻辑关系更加明确、清楚，它起到"断"和"连"的作用。

问题2：双代号网络计划图的绘图排列方法的具体形式是什么？

答：双代号网络计划图的绘图排列方法的具体形式如下：

（1）按施工过程排列。按施工过程排列就是根据施工顺序把各施工过程按垂直方向排列，而将施工段按水平方向排列（见图2-5）。其特点是相同工种在一条水平线上，突出了各工种之间的关系。

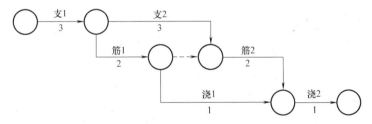

图2-5 按施工过程排列示意图

（2）按施工段排列。按施工段排列就是将同一施工段上的各施工过程按水平方向排列，而将施工段按垂直方向排列（见图2-6）。其特点就是同一施工段上的各施工

图2-6 按施工段排列示意图

过程（工种）在一条水平线上，突出了各工作面之间的关系。

（3）按施工层排列。按楼层排列就是将同一楼层上的各施工过程按水平方向排列，而将施工层按垂直方向排列（见图 2-7）。其特点就是同一施工层上的各施工过程（工种）在一条水平线上，突出了各工作面（楼层）的利用情况。

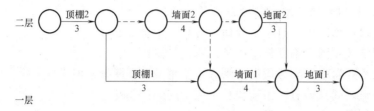

图 2-7　按施工层排列示意图

必须指出，上述几种排列方法往往在一个单位工程的施工进度网络计划中同时出现。

此外还有按单位工程排列的网络计划、按栋号排列的网络计划、按施工部位排列的网络计划。原理同前面的几种排列法一样，将一个单位工程中的各分部工程、一个栋号内的各单位工程或一个部位的各项工作排列在同一水平线上，在此不一一赘述。

问题 3：在双代号网络计划图中，时间参数是什么？这些时间参数如何计算？关键线路如何确定？

答：（1）在双代号网络计划图中包括 6 个时间参数。

1）工作最早开始时间 ES_{i-j}：在其所有紧前工作全部完成后，本工作有可能开始的最早时刻。

2）工作最早完成时间 EF_{i-j}：在其所有紧前工作全部完成后，本工作有可能完成的最早时刻。

3）工作最迟完成时间 LF_{i-j}：在不影响整个任务按期完成的前提下，本工作必须完成的最迟时刻。

4）工作最迟开始时间 LS_{i-j}：在不影响整个任务按期完成的前提下，本工作必须开始的最迟时刻。

5）总时差 TF_{i-j}：在不影响总工期的前提下，本工作可以利用的机动时间。

6）工作自由时差 FF_{i-j}：在不影响其紧后工作最早开始时间的前提下，本工作可以利用的机动时间。

（2）时间参数的计算。

1）计算公式：

① 工作最早开始时间 ES_{i-j}：$ES_{i-j} = ES_{h-i} + D_{h-i} = EF_{h-i}$（当工作 $i-j$ 有一项紧前工作时）

$$ES_{i-j} = \max\{ES_{h-i} + D_{h-i}\}$$（当工作 $i-j$ 有多项紧前工作时）

② 工作最早完成时间 EF_{i-j}：$EF_{i-j} = ES_{i-j} + D_{i-j}$

同时，网络计划工期 T_p：$T_p = \max\{EF_{i-n}\}$

③ 工作最迟完成时间 LF_{i-j}：$LF_{i-n} = T_p$

$$LF_{i-j} = \min\{LF_{j-k} - D_{j-k}\}$$

④ 工作最迟开始时间 LS_{i-j}：$LS_{i-j} = LF_{i-j} - D_{i-j}$

⑤ 工作总时差 TF_{i-j}：$TF_{i-j} = LS_{i-j} - ES_{i-j} = LF_{i-j} - EF_{i-j}$

⑥ 工作自由时差 FF_{i-j}：$FF_{i-j} = \min\{ES_{j-k}\} - EF_{i-j}$

$$FF_{i-n} = T_p - EF_{i-n} = T_p - ES_{i-n} - D_{i-n}$$

2）计算步骤：工作持续时间 D_{i-j}→工作最早开始时间（ES_{i-j}）→最早完成时间 EF_{i-j}→计划工期 T_p→最迟完成时间 LF_{i-j}→最迟开始时间 LS_{i-j}→总时差 TF_{i-j}→自由时差 FF_{i-j}→确定关键线路。

（3）关键线路的确定。可根据以下两点中任意一点进行判定：

1）从起点节点到终点节点为止，持续时间最长的线路。

2）总时差最小的工作组成的线路。当计划工期等于计算工期时，总时差为零的线路为关键线路。

注意：关键线路可能不止一条，而且在网络计划执行过程中，关键线路会发生转移。关键工作的实际进度是进度控制中的重点。

成果与范例

根据本项目案例中工程特点和"能力标准与项目分解篇""项目二　施工进度计划编制""任务二　基于网络计划的进度计划编制"的实施内容，完成流水网络计划编制的任务。

（一）划分施工过程

本案例主体工程划分施工过程具体步骤见"问题、成果与范例篇""项目二　施工进度计划编制""任务一　基于流水施工的进度计划编制"绘制主体工程横道图部分。根据施工顺序和劳动组织，划分为扎柱钢筋、支模板、绑扎梁板钢筋和浇混凝土 4 个施工过程。各施工过程中均包括楼梯间部分。

（二）划分施工段

本案例主体工程划分施工过程具体步骤见"问题、成果与范例篇""项目二　施工进度计划编制""任务一　基于流水施工的进度计划编制"绘制主体工程横道图部分。考虑结构的整体性和工程量的大小，本工程量较小，以沉降缝为界划分施工段，$m = 3$，但施工过程数 $n = 4$，此时 $m < n$，专业工作队会出现窝工现象。考虑到工地上尚有在建工程，因此拟将主导施工过程连续施工。该工程各施工过程中，支模板比较复杂，且劳动量较大，所以支模板为主导施工过程，采取间断式流水施工。

（三）确定工程量

本案例主体工程划分施工过程具体步骤见"问题、成果与范例篇""项目二　施工进度计划编制""任务一　基于流水施工的进度计划编制"绘制主体工程横道图部分。根据"能力标准与项目分解篇""项目三　施工准备与资源计划编制""案例背景"表 3-2～表 3-5 抄出并汇总。由于本工程的清单工程量与定额工程量计算规则一致，在此直接用清单工程量即可，无须进行另外换算。

（四）确定劳动量

本案例主体工程划分施工过程具体步骤见"问题、成果与范例篇""项目二　施工进度计划编制""任务一　基于流水施工的进度计划编制"绘制主体工程横道图部分，计算结果见表 2-2 和表 2-3。

（五）确定持续时间

本案例主体工程划分施工过程具体步骤见"问题、成果与范例篇""项目二　施工进度计划编制""任务一　基于流水施工的进度计划编制"绘制主体工程横道图部分，计算结果见表 2-3。

（六）绘制双代号网络计划图

1. 梳理逻辑关系

本工程主体工程划分为扎柱钢筋、支模板、绑扎梁板钢筋和浇混凝土 4 个施工过程，划分为 3 个施工段。首先按照扎柱钢筋→支模板→绑扎梁板钢筋→浇混凝土施工过程依次完成 6 层的施工；其次每完成某个施工过程一个施工段的施工后进行下一个施工段的施工，依次完成 3 个施工段的施工；最后完成整个主体工程 6 层楼 4 个施工过程 3 个施工段的施工。

2. 选择适当的绘图排列方法

由于本案例有 6 层，在此为体现各工作面之间的关系，选择按照施工段进行排列。

3. 运用软件绘制初始网络计划图

运用斑马梦龙软件绘制初始双代号网络计划图，步骤如下：

1）新建网络计划。在网络计划绘制界面，输入项目名称"××办公楼主体工程网络计划图"，开始时间为"2020 年 6 月 12 日"等。

2）按投标文件要求设置先设置属性（字体、纸张和页边距等）。

3）新建任务——扎柱钢筋。按住鼠标左键向右拖拽一下，然后松开左键。在弹出的工作信息卡中输入工作名称和持续时间。

4）添加"扎柱钢筋"的紧后工作——支模板。光标移至"扎柱钢筋"的结束节点，出现十字梅花后向右拖拽。在弹出的工作信息卡中输入工作名称和持续时间。依次将剩余的紧后工作按照同样的方法进行绘制。

5）添加虚工作。在一层的第一个施工段支模板工作完成后，进行一层的第二个施工段支模板工作。两个工作中需要添加虚工作。光标移至一层的第一个施工段"支模板"的结束节点，出现十字梅花后拖拽至一层的第二个施工段"支模板"工作。在弹出的工作信息卡中的工作类型中选择"虚工作"。依次将剩余的工作按照同样的方法进行绘制。

6）完成主体工程网络计划图的绘制。

4. 检查逻辑关系

双代号网络计划图的逻辑关系没有错误，与已知条件相符。

（七）检查与调整

由于采用工期计算法，所以绘制的网络计划图确定的施工工期满足计划工期要求（68d<75d，在此考虑留有一周的机动时间）各施工过程之间的施工顺序合理、劳动力等资源消耗均衡，在合理的工期下尽可能地使施工过程连续施工。

如果采用定额计算法或者经验估计法，绘制的网络计划图确定的施工工期可能大于 75d，需要进行工期优化。

（八）编制正式施工进度计划

通过进行上述调整，已满足要求，正式形成施工进度计划。

正式的××办公楼主体工程网络计划图如图 2-8 所示（见书后插页）。

3

项目三
施工准备与资源计划编制

任务一　施工准备工作的编写

问题1：施工准备工作应如何分类？工程项目施工准备工作按其性质和内容包含哪些内容？

答：1）施工准备工作分类。

① 按工程项目施工准备工作的范围不同分类。按工程项目施工准备工作的范围不同，一般可分为全场性施工准备、单位施工条件准备和分部分项工程作业条件准备三种。

全场性施工准备：它是以一个建筑工地为对象而进行的各项施工准备。其特点是它的施工准备工作的目的、内容都是为全场性施工服务的，它不仅要为全场性的施工活动创造有利条件，而且要兼顾单位工程施工条件。

单位工程施工条件准备：它是以一个建筑物为对象进行的施工条件准备工作。其特点是它的准备工作的目的、内容都是为单位工程施工服务的，它不仅为该单位工程的施工做好一切准备，而且要为分部分项工程做好施工准备工作。

分部分项工程作业条件准备：它是以一个分部分项工程或冬雨期施工项目为对象而进行的作业条件准备。

② 按拟建工程所处的施工阶段不同分类。按拟建工程所处的施工阶段不同，一般可分为开工前的施工准备和各施工阶段前的施工准备两种。

2）工程项目施工准备工作按其性质和内容，通常包括技术准备、物资准备、劳动组织准备、施工现场准备和施工场外准备。

问题2：施工技术准备工作中熟悉、审查设计图的内容包含什么？物质准备中程序是怎样的？

答：（1）熟悉、审查设计图的内容包括：

1）审查拟建工程的地点、建筑总平面图是否与城市或地区规划一致，以及建筑物和构筑物的设计功能和使用要求是否符合卫生、消防等方面的要求。

2）审查设计图是否完整、齐全，以及设计图和资料是否符合国家有关工程建设的设计、施工方面的方针和政策。

3）审查设计图与说明书在内容上是否一致，以及设计图与其各组成部分之间有无矛盾和错误。

4）审查建筑总平面图与其他结构图在几何尺寸、坐标、标高、说明等方面是否一致，技术要求是否正确。

5）审查工业项目在生产工艺流程和技术要求，掌握配套投产的先后次序和相互关系，以及设备安装图和与其相配合的土建施工图坐标、标高上是否一致，掌握土建施工质量是否满足设备安装的要求。

6）审查地基处理与基础设计是否与拟建工程地点的工程水文、地质等条件一致，以及建筑物和构筑物与地下建筑物或构筑物、管线之间的关系。

7）明确拟建工程的结构特点和形式，复核主要承重结构的强度、刚度和稳定性是否满足要求，审查设计图中工程复杂、施工难度大和技术要求高的分部分项工程或新结构、新材料、新工艺，检查现有施工技术水平和管理水平能否满足工期和质量要求，并采取可行的技术措施加以保证。

8）明确建设期限、分期分批投产或交付使用的顺序和时间，以及工程所需主要材料、设备的数量、规格、来源和供货日期。

9）明确建设、设计和施工等单位之间的协作、配合关系，以及建设单位可以提供施工条件。

（2）物质准备工作的程序是搞好物资准备的重要手段。通常按如下程序进行：

1）根据施工预算、分部分项工程施工方法和施工进度的安排，拟订各种材料、构（配）件及制品、施工机具和工艺设备等物资的需要量计划。

2）根据各种物资需要量计划，组织资源，确定加工、供应地点和供应方式，签订物资供应合同。

3）根据各种物资的需要量计划和合同，拟订运输计划和运输方案。

4）按照施工总平面图的要求，组织物资按计划时间进场，在指定地点按规定方式进行储存或堆放物资。

成果与范例

1. 技术准备

（1）熟悉、审查施工图和有关的设计资料。根据审查图样三个阶段的依据、参加人员、日期安排和目标完成如表 3-1 所示的图纸会审安排计划表。

表 3-1　图纸会审安排计划表

序号	内容	依据	参加人员	日期安排	目标
1	图纸初审	公司贯标程序文件；"图纸会审管理办法"；设计图及引用标准、施工规范	组织人：本工程施工项目部 土建：某代表 电气：某代表 给水、排水、通风：某代表	1月初	熟悉施工图，分专业列出图样中不明确部位、问题部位及问题项
2	内部会审	同上	组织人：本工程施工项目部 电气：某代表 给水、排水、通风：某代表	1月中旬	熟悉施工图、设计图、各专业问题汇总，找出专业交叉碰撞问题 列出图纸会审纪要，向设计院提出问题清单

（续）

序号	内容	依据	参加人员	日期安排	目标
3	图纸会审	同上	组织人:建设单位 参加人:建设单位代表 设计院代表:某代表 监理单位代表:某代表 施工单位代表:某代表	1月末	向设计院说明提出各项问题 整理图纸会审会议纪要

（2）原始资料的调查分析。

1）自然条件的调查分析。气候条件数据由最近的气象站提供,观察风玫瑰图可知,西南风为项目所在地区的主导风向。

工程地理位置不属于闹市区,人流密集程度较低,为空旷场地,市区环境。

工程基坑开挖按 1:0.4 放坡,地基土的构成及岩性特征,自上而下分为 6 层:

① 杂填土:层底埋深 0.8~2.1m,平均厚度为 1.45m,土的颜色为褐、褐黄,以粉土为主。

② 粉土:层底埋深 2.9~5.8m,分布厚度为 1.8~4.5m,平均厚度为 3.15m,场地在该层底为一层厚度为 0.9~1.7m 的粉质黏土层,场地西面在埋深 1.9~3.2m 处为一层厚度为 1.6m 左右粉质黏土,向南变薄,直至为零,在埋深 3.5~5.3m 内含细砂。

③ 细砂、中砂:层底埋深 6.9~8.0m,分布厚度为 1.2~4.2m,平均厚度为 2.7m,场地东为细砂、中砂互层,以细砂为主,含有粉质黏土和中砂,场地西面以中砂为主,夹有粉砂、粗砂,粗砂中含有大量的卵石。

④ 粉土:层底埋深为 10.0~11.5m,分布厚度为 2.0~3.6m,平均厚度为 1.9m。

⑤ 粉质黏土:层底埋深 12.5~14.0m,分布厚度为 1.4~4.0m,平均厚度为 2.7m。

⑥ 粉土:本次勘察未穿透该层,该层顶部为一层厚度为 1.3m 左右的细砂层。

本工程土质为粉质黏土。抗浮设计水位绝对标高为 0.7m,该地下水对混凝土结构及钢筋混凝土结构中的钢筋具有微腐蚀性,工程施工时严禁采用地下水。基坑深 3.68m,地下水位为 0.63m。降水深度为 4.73~5.95m,水位下降高度为 2.35~3.64m。

场区水文地质条件:根据地质勘查报告,该处地面下 2.01m 为耕土,该层下 4.2m 为粉质黏土。勘察期间,在勘探深度范围内各孔均见地下水,水井拟布置在具有潜水自由面的含水层。地下水类型主要为耕植土、粉质黏土层中的上层滞水和粉砂层及以下砂层中的孔隙潜水。补给来源主要为大气降水及海水补给。勘察期间为枯水期,稳定水位埋深 0.2~1.2m,稳定水位标高为 0.49~0.97m,地下水位受季节降水量控制,年变化幅度在 1~1.5m 左右,每年的 7~9 月为丰水期,地下水最高水位出现在 8~9 月。

2）技术经济条件的调查分析。

① 施工用水、用电调查。

在现场由业主提供水源管网接口,以此作为现场水源,并设立水表进行计量。

该工程的临时用水主要由三部分组成:施工用水、生活用水、消防用水。根据施工不同阶段的施工生产、生活需要及用水特点进行给水管道系统布设。

施工现场供水管路系统规划:由现场水源入口驳接直径 100mm 的供水管线并直接作为消防环状管网,施工现场用水分别从主干管上引用。

污水排放：现场污水主要为生产污水，生产污水设置排水沟、沉淀池等措施；污水经各种设施过滤、沉淀，汇入专用集水井，定期由当地环卫部门清运。

现场现有供电状况：施工电源业主提供，能满足施工需要。

现场临时用电组成：包括动力用电和照明用电。根据施工不同阶段的施工生产、生活需要及用电特点进行供电线路系统布设，同时现场要设立用电安全措施及电气消防措施，设立专职电气消防负责人，建立相应管理制度。

② 参加施工条件情况调查。参加施工条件调查可参见"问题、成果与范例篇""成果与范例""项目一 施工部署编写"部分。

③ 社会劳动力和生活设施调查。社会劳动力和生活设施调查可参见"问题、成果与范例篇""成果与范例"部分。

（3）技术工作计划。

1）施工方案编制计划。工程施工方案以分项工程为划分标准，定于当年3月初完成施工方案编制，具体内容可参阅"能力标准与任务分解篇"中各施工方案的编制。

2）试验、检验工作计划。施工前试验、检验的内容较多，均有规范可依。本案例仅以几个常规取样试验和见证取样试验为例进行设计。

① 水泥。取样方法按《水泥取样方法》（GB/T 12573—2008）进行。取样应有代表性，可连续取，亦可从20个以上不同部位取等量样品12kg。

② 粗骨料。取样方法《建设用卵石、碎石》（GB/T 14685—2011）进行。从料堆上取样时，取样部位应均匀分布。在料堆的顶部、中部和底部选取均匀分布的5个不同部位，取样前先将取样部位表面铲除，然后由各部位抽取大致相等的石子共15份，混合均匀，组成一组样品，数量不少于60kg。

验收批：一般按400m³为一批，不足400m³也作为一个检验批。

检验项目：颗粒级配、含泥量、泥块含量及针片状颗粒的总含量。

③ 建设用砂。取样方法按《建设用砂》（GB/T 14684—2011）进行，从料堆上取样时，取样部位应均匀分布。取样前先将取样部位表层铲除，然后由各部位抽取大致相等的砂共8份，混合均匀，组成一组样品，数量不少于40kg。

验收批：一般按400m³为一批。

检验项目：颗粒级配、含泥量、泥块含量。

④ 烧结普通砖。取样方法按《烧结普通砖》（GB/T 5101—2017）进行，验收批：以15万块为一批，不足15万块以一批计。

取样方法及数量：用随机抽样法从外观质量和尺寸偏差检验后的样品中抽取15块。

检验项目：强度等级、泛霜、石灰爆裂、吸水率和饱和系数。

⑤ 混凝土试件。根据《混凝土结构工程施工质量验收规范》（GB 50204—2015）和《混凝土强度检验评定标准》（GB/T 50107—2010）的规定，用于检查结构构件混凝土强度的试件，应在混凝土的浇筑地点随机抽取。取样与试件留置应符合以下规定：

每100m³的同配合比的混凝土，取样次数不得少于1次；同一配合比的混凝土不足100m³时，其取样次数不得少于1次；当一次连续浇筑超过1000m³时，同一配合比的混凝土每200m³取样不得少于1次；同一楼层、同一配合比的混凝土，取样不得少于1次；根据本工程每层用混凝土不足200m³，计划留置标养试块两组，同条件养护试件的留置组数至少

1 组。

⑥ 砌筑砂浆试件。取样方法按《建筑砂浆基本性能试验方法标准》（JGJ/T 70—2009）进行：

每一楼层或 250m³ 砌体中的各种强度的砂浆，每搅拌机应至少检查 1 次，每次至少应制作 1 组试块（每组 6 块）；砂浆试验用料可从同一盘搅拌机或一车运送的砂浆中取出，取样应在使用地点的砂浆槽、运送车或搅拌机出料口，至少从 3 个不同部位集取，所取试样的数量应多于试验用料的 1~2 倍；砂浆拌合物取样后，应在 15min 成型试件 3d 内送检测中心标养室进行标养。

⑦ 钢材。钢材应按批进行检查和验收，每批应由同一牌号、同一炉罐号、同一规格、同一交货状态的钢材组成。

验收批：盘条应成批验收，每批由同一牌号，同一炉号（罐），同一尺寸的盘条组成，每批重量不得大于 60t。

取样方法及数量：在外观和尺寸合格的盘条中随即抽去 2 盘，在任意一盘的任意一端截去 500mm，然后截取 5 根 50~55cm 长。

检验项目：力学性能、冷弯性能。最大拉力下伸长率、重量偏差。

取样方法及数量：在外观和尺寸合格的钢筋中随机抽取 2 根，在每根的任意一端截去 500mm，共 5 个试件。

⑧ 防水材料。

A. 高聚物改性沥青防水卷材。检验批：以同一品种、同标号、同等级的卷材每 1000 卷（相当于 10000m²）为 1 批，不满此数亦按一批计。

批取样方法及数量：从重量检查合格的 10 卷中取重量最轻的，外观、面积合格的无接头的 1 卷作为物理性能试样，若最轻的 1 卷不符合抽样条件时，可取次轻的 1 卷，但要详细记录。将取样的 1 卷卷材切除距外层卷头 2500mm 后，顺纵向截取长度为 500mm 的全幅卷材两份，一份做物理试验，另一份备用。

检验项目：拉伸性能（拉力、延伸率），耐热度、柔性和不透水性。

B. 合成高分子防水卷材。检验批：以同类型、同规格、同等级的卷材每 5000m² 为 1 批，不满此数也按 1 批计。

批取样方法及数量：在批中随机抽取 1 组 3 卷用于外观、尺寸的检验，检验合格后任取 1 批在距端部 300m 处截取 3m 用于物理性能试验和其他检验的样片。

检验项目：拉伸强度、断裂伸长率、低温弯折性和不透水性。

⑨ 基础回填土检测项目。含水量、干（湿）密度以及比重、颗粒分析、界限含水量等。

⑩ 建筑装饰材料检测项目。必检项目有：黏结强度、初期干燥抗裂性、耐冷热循环性、耐沾污性。

其他项目有：低温稳定性、耐冲击性、耐候性、透水性、耐碱性等。

3）样板项、样板间计划。因工程较简单，本案例并不设置样板项、样板间计划。

4）新技术、新工艺、新材料、新设备推广应用计划。"科学技术是第一生产力"，根据本工程的具体情况，将采用以下新技术、新工艺、新材料，确保工程质量和工期，达到为业主降低工程造价，为施工单位降低工程成本的目的。

① 严格执行某市标准进行管理，全方位加强管理工作，保证工程质量。

② 应用新工艺和新技术，确保工作质量满足要求。

③ 现代化管理与计算机：现场配备 3 台计算机，一个专业 BIM 团队，完全实现工程进度计算机跟踪管理、在资料管理、预决算、竣工文件等方面全面实现计算机负责各种施工技术资料的汇总、整理、立案、建档工作和各种技术数据的分析工作，做到现场管理标准化、规范化。

因项目情况较简单，此部分不再展示试验、检验工作计划表，样板间、样板项计划一览表，新技术应用推广计划表，QC（Quality Control）活动计划表和后续技术工作计划。

（4）技术准备计划。根据各项施工准备工作的内容和时间，绘制技术准备计划（见表 3-2）。

表 3-2　技术准备计划

序号	工作内容	实施单位	完成日期	备注
1	工程导线控制网测量	项目测量组	本年 4 月中旬	建设单位配合
2	新开工程放线	项目测量组	本年 4 月 20 日	
3	施工图会审	建设单位、设计单位、施工单位、监理公司	本年 3 月中旬办公楼的图纸会审，4 月底完成变电所等会审工作	建设单位主持
4	编制施工组织设计	项目工程部	总设计：本年 4 月 15 日	
			办公楼主体：本年 4 月中旬	
			变电所等：本年 4 月底	
5	气压焊、埋弧焊焊工培训	项目工程部	本年 5 月	
6	构件成品、半成品加工订货	项目工程部	本年 5 月 10 日前	结构构件计划开工前提出，装修构件稍后提出
7	提供建筑场地红线桩水准点，地形图及地质勘察报告	建设单位	本年 3 月底	
8	原材料检验	试验站	随材料进场检验	
9	各栋号施工图预算	项目经营部	本年 4—5 月	
10	工程竖向设计	建设单位、设计单位	本年 4 月	

2. 物资准备

1）材料准备。根据施工组织设计中的施工进度计划和施工预算中的工料分析，编制工程所需材料用量计划，作为备料、供料和确定仓库、堆场面积及组织运输的依据，组织材料按计划进场，并作好保管工作。

2）施工机具准备。拟由本企业内部负责解决的施工机具，应根据需用量计划组织落实，确保按期供应。

3）施工临设及常规物资。搭建临时设施及筹备各类施工工具，测量定位仪器、消防器材、周转材料等，均应提前进场，并合理分类堆放，派专人看护。

4）施工用建筑材料视施工阶段进展情况计划材料进场时间，将预先编制采购计划，并报请业主及监理工程师的审核确认，所有进场物资按预先设定场地分类别堆放，并做好标识。

5）对于一些特殊产品，根据工程进展的实际情况编制使用计划，报业主及现场监理工程师审核及批准，组织进场，同时在管理中派专人负责供料和有关事宜，如收料登记、指定场地堆放、产品保护等工作。

6）施工现场的管材、钢材、商品混凝土、沥青混凝土、水泥稳定碎石料等均由与本公司长期合作的专业供应商供货。

7）严格按质量标准采购工程需用的成品、半成品、构配件及原材料、设备等，合理组织材料供应和材料使用并做好储运、搬运工作，做好抽样复试工作，质量管理人员对提供产品进行抽查监督。

8）根据施工组织中确定的施工方法、施工机具配备要求、数量及施工进度安排，编排施工机械设备需求计划。对大型施工机械（如挖土机、转载机、压路机、摊铺机等）的需求量和时间。向公司设备部门联系，提出要求，落实后签订合同，并做好进场准备工作。

3. 劳动组织准备

根据施工进度计划，组织施工班组继续进场，并对技术性工种的施工人员进行岗位培训，实行挂证上岗。

建立拟建工程项目的领导机构，设立现场项目部，建立精干施工队伍，集合施工力量，组织劳动力进场，向施工队伍，工人进行施工组织设计、计划技术交底并建立健全各项管理制度。对特殊及技术工种必须持有统一考核颁发的操作作业证及技术等级证书。

（1）设立现场项目部。

1）充分认识组建施工项目经理部的重要性，成立项目组织机构。

2）施工项目经理部工人选拔思想素质高、技术能力强、"一专多能"的人，既能实际操作又能胜任管理。

3）项目经理、项目工程师、技术总负责等均有大中专学历、中高级职称。确保使本工程项目管理机构的设置知识化、专业化，满足工程项目的各项要求。

4）在劳务队伍的选择上，挑选施工经验丰富、勤劳苦干的优秀施工班组组织本项目工程的施工，对特殊及技术工种均保证持证上岗。

（2）明确项目经理部领导成员职责。

1）项目总工程师。直接与甲方、监理、公司总部密切联系，及时请示汇报施工中有关情况，按要求及时报送每旬施工总结简报。全面负责工程实施过程，确保项目顺利建成。全面负责工程资材配备，协调理顺各部门关系。制定工程质量方针、目标，采取必要的组织、管理措施保证质量方针的贯彻执行。管理项目资金的运转，主持每月经济活动分析。直接参与对甲方的协调工作。

2）建筑施工项目副经理（生产）。全面负责工程技术、质量和安全工作，协调各专业施工技术管理。参与制定、贯彻工程质量方针。解决施工过程中出现的技术问题。负责施工过程中的质量监控技术资料的管理。

3）建筑施工项目副经理（后勤）。负责日常生产的财务管理及各种材料、设备的资金计划安排。协助项目经理做好成本控制，管理项目资金运转。负责项目经理部后勤管理工作。

（3）组织人员培训。培训内容为政治思想、劳动纪律、项目工程概述及承担项目任务的重要性。

4. 施工现场准备

根据各项施工准备工作的内容和时间，编制施工现场准备计划（见表 3-3）。

表 3-3　施工现场准备计划

序号	工作内容	实施单位
1	对施工区进行全封闭	工程部
2	利用原有场内道路,按平面布置作好场内外的接口道路,材料堆放场地进行级配砂石或混凝土硬化	工程部
3	通过现场详细勘察和计算,确定用电、用水计划,按平面布置做好水、电线路的敷设工作,建立施工排污系统	工程部
4	按照平面布置,搭设好设备及材料的仓库	物资部、工程部、安全质保部
5	有计划地逐步安装机械设备并调试运行	物资部、工程部、安全质保部
6	制定测量方法,会同建设单位、监理工程师或规划部门共同检验与确认红线和标准点后,即可放线建立轴控网和基准点	测量专业组、工程部

5. 施工的场外准备

配合甲方完成施工报建的有关手续，包括前期施工许可证办理，质量、安全监督备案，施工合同备案等工作，现场制作"九牌一图"（即安全宣传牌、施工人员概况牌、施工现场概况牌、安全生产纪律牌、安全生产技术牌、十项安全措施牌、消防保卫（防火责任）牌、卫生须知牌、环保牌（建筑施工场地保护牌）及施工现场平面图），并挂在醒目位置。制作好建设单位要求各种进度牌、安全文明形象牌、刀旗以及预防扬尘等一系列标语牌。

6. 完成施工准备工作计划表

为了落实各项施工准备工作，加强对其的检查和监督，根据各项施工准备工作的内容、时间和人员，编制施工准备工作计划（见表 3-4）。

表 3-4　施工准备工作计划

序号	工作内容	实施单位	完成日期	备注
1	劳动力进场	承包单位	3月中旬陆续进场	
2	临建房屋搭设	承包单位	3月中旬—5月	
3	施工水源	建设单位	当年4月	水化试验及水源主管接出、加压泵安置
4	修建临时施工道路	项目部	当年4月	建设单位配合
5	临时水、电管网布设	项目部	当年4—5月	
6	落实水源、增补容量	建设单位	当年4月	土方开挖
7	大型机具进场	机械施工专业公司	推土机:4月下旬	修整场地、施工道路
			挖掘机:4月下旬	
			搅拌站:4月初	搅拌砂浆、混凝土及后续工作
			德国 PEINE 塔式起重机:5月下旬	解决主体施工吊装

（续）

序号	工作内容	实施单位	完成日期	备注
8	组织材料、工具及构件进场	物资专业公司	本年 4—5 月	混凝土管与院内管线构件在次年 4 月开始进场
9	场地平整	建设单位	本年 3—4 月	堆土处要平整，不影响土方开挖、放线工作
10	搅拌站、井架安装	机械专业公司	本年 4—5 月	满足施工要求

任务二　劳动力计划的编制

问题 1：建筑工程中各分部工程的划分依据是什么？常见的分部工程类型有哪些？

答：1）建筑工程具有分部组合汇总的特点，计算劳动力需用量时首先要对工程建设项目进行分解，按构成进行分部计算并逐层汇总。依据《建筑工程施工质量验收统一标准》（GB 50300—2013）和工程项目设计图，对工程进行划分至分部工程。

2）分部工程是指不能独立发挥能力或效益，又不具备独立施工条件，但具有结算工程价款条件的工程。分部工程是单位工程的组成部分，通常一个单位工程可按其工程实体的各部位划分为若干个分部工程，例如，房屋建筑单位工程可按其部位划分为土石方工程、砖石工程、混凝土及钢筋混凝土工程、屋面工程、装饰工程等。

问题 2：有哪些方法可以确定各工种劳动力需用量？不同方法的选择依据是什么？

答：有三种方法：统计计算法、经验法以及企业内部预算手册。这三种方法都可以确定各工种劳动力的需用量，根据不同的工程特点、技术人员经验是否丰富以及工程所使用的定额是否明确来确定劳动力需用量的计算方法。

成果与范例

根据本项目案例中工程特点和"能力标准与项目分解篇""项目三　施工准备与资源计划编制""任务二　劳动力计划的编制"的实施内容，完成劳动力计划编制的任务。

（一）劳动力需用量的计算

1. 劳动力需用量计算方法的选择

1）劳动力需用量计算说明：本案例列举部分子分部工程中的劳动力需用量进行计算。

2）由于本案例定额信息充足，符合《建筑工程施工质量验收统一标准》（GB 50300—2013）的规定，所以采用定额计算法对劳动力需用量进行计算。

2. 计算劳动力需用量

1）定额计算法的计算公式：劳动力需用量=（工程量×劳动定额），则每日的劳动力需用量=劳动力需用量/持续时间。

2）劳动定额的确定：由于劳动力的需用量计算式中所使用的定额参数符合《房屋建筑与装饰工程消耗量定额》（TY 01-31—2015），所以在计算时要依据《房屋建筑与装饰工程消耗量定额》的劳动定额。工程的部分时间定额根据"能力标准与项目分解篇""项目三　施工准备与资源计划编制""任务二 劳动力计划编制"表 3-9～表 3-12 可知。

3）持续时间的确定：持续时间根据"问题、成果与范例篇""项目二 施工进度计划编制""任务一 基于流水施工的进度计划编制"表 2-1 与表 2-3 的计算结果可知。

4）工程量的确定：由于本案例的清单工程量与定额工程量计算规则一致，在此直接用清单工程量即可，无须进行另外换算。清单工程量根据"能力标准与项目分解篇""项目三 施工准备与资源计划编制"案例背景部分表 3-2～表 3-5 可知。

5）举例计算：截桩头劳动力需用量=工程量 244 个×劳动定额 0.143 工日/个=34.89 工日，而持续时间=5 工日，则每日劳动力需用量=（34.89÷5）人=6.978 人。需注意的是，劳动力不同于其他资源，所以人数为劳动量计算结果向上取整（如计算结果为 6.14 或 6.978 都应取 7 为最终劳动力需用量），则截桩头的劳动力需用量为 7 人。

各子分部工程所涉及的工种及其需用量计算过程具体见表 3-5～表 3-8。

表 3-5 基础工程劳动力需用量

子分部工程	施工内容		每日劳动量	每日劳动量用人数	工种	持续时间（工日）
地基	截桩头		244×0.143=34.89	7	普工	5
	桩头插钢筋		4.58×6.35=29.08	6	普工	5
土方	平整场地		（1212.15÷100）×2.802=33.96	7	普工	5
	人工挖土方		73.3×0.280=20.52	5	普工	5
	回填土		（923.58÷100）×20.58=190.07	39	普工	5
基础	桩承台垫层		（51.40÷10）×3.53=18.14	3	混凝土工	7
	桩承台混凝土	支模版	（993.2÷100）×24.859=246.90	36	木工	7
		绑钢筋	8.79×6.55=57.57	9	钢筋工	7
		混凝土	（264.21÷10）×2.537=67.03	11	混凝土工	7
	基础梁混凝土	支模版	（1017÷100）×1.771=18.01	3	木工	7
		绑钢筋	9.9×6.55=62.88	9	钢筋工	7
		混凝土	（75.4÷10）×8.83=66.58	10	混凝土工	7

表 3-6 主体工程劳动力需用量

子分部工程	施工内容	每日劳动量	每日劳动量用人数	工种	持续时间（工日）
钢筋工程	绑扎柱和剪力墙钢筋	8.79×4.98=43.77	8	钢筋工	1
	绑梁、板钢筋	28.8×4.98=143.42	8	钢筋工	3

表 3-7 建筑屋面工程劳动力需用量

子分部工程	施工内容	每日劳动量	每日劳动量用人数	工种	持续时间（工日）
防水与密封	屋面防水	（1270.71÷100）×3.644=46.30	8	抹灰工	6
保温与隔热	保温屋面	（1270.71÷100）×10.64=135.20	10	抹灰工	15

表 3-8　内装饰工程劳动力需用量

子分部工程	施工内容	每日劳动量	每日劳动量用人数	工种	持续时间（工日）
抹灰	顶棚抹灰	$(10121.93 \div 10) \times 0.677 = 685.25$	30	抹灰工	4
	内墙抹灰	$(15747.57 \div 10) \times 0.348 = 548.01$	40	抹灰工	5

（二）编制劳动力需用量汇总表

根据劳动力需用量计算结果，将各工种的劳动力需用量汇总，见表 3-9。

表 3-9　劳动力需用量汇总

工种	普工	混凝土工	木工	钢筋工	抹灰工
人数	64	24	39	18	40

任务三　材料计划的编制

问题 1：建筑工程中各子分部工程的划分依据是什么？

答：建筑工程具有分部组合汇总的特点，计算材料需用量时首先要对工程建设项目进行分解，按构成进行分部计算并逐层汇总。依据《建筑工程施工质量验收统一标准》（GB 50300—2013）和工程项目设计图，将工程进行划分至子分部工程，构建工程材料需用量清单。

问题 2：有哪些方法能确定各种材料需用量？确定材料需用量时不同方法的使用依据是什么？

答：在大多数工程中对材料需用量的计算方法大多是定额计算法，依据《房屋建筑与装饰工程消耗量定额》（TY 01-31—2015）或者企业内部规定使用的其他定额结合实际工程的工程量来确定工程材料的需用量。

成果与范例

根据本项目案例中工程特点和"能力标准与项目分解篇""项目三　施工准备与资源计划编制""任务三　材料计划编制"的实施内容，完成材料计划编制的任务。

（一）材料需用量的计算

1. 材料需用量计算方法的选择

1）材料需用量计算说明：本案例中列举部分子分部工程中的主要材料需用量进行计算。

2）由于本案例定额信息充足，符合《建筑工程施工质量验收统一标准》（GB 50300—2013）的规定，所以采用定额计算法对材料需用量进行计算。

2. 计算材料需用量

1）定额计算法的计算公式：材料需用量 = 工程量×材料定额。

2）材料定额的确定：由于材料的需用量计算式中所使用的定额参数符合《房屋建筑与

装饰工程消耗量定额》（TY 01-31—2015），所以在计算时要依据《房屋建筑与装饰工程消耗量定额》的材料定额。工程的部分材料定额根据"能力标准与项目分解篇""项目三 施工准备与资源计划编制""任务三 材料计划编制"表 3-30～表 3-33 可知。

3）工程量的确定：由于本工程的清单工程量与定额工程量计算规则一致，在此直接用清单工程量即可，无须进行另外换算。清单工程量根据"能力标准与项目分解篇""项目三 施工准备与资源计划编制"案例背景部分表 3-2～表 3-5 可知。

各子分部工程所涉及的主要材料及其需用量计算过程及结果见表 3-10～表 3-13 所示，材料计算结果保留小数点后两位数字。

表 3-10 基础工程材料需用量计算

施工内容	材料规格	材料定额	计算过程	材料需用量
桩承台垫层厚 10cm	C25 混凝土	$10.1 \text{mm}^3/10\text{m}^3$	$(51.40/10) \times 10.1$	51.92m^3
桩承台浇混凝土	C25 混凝土	$10.1\text{m}^3/10\text{m}^3$	$(264.21/10) \times 10.1$	266.86m^3
桩承台绑钢筋	$D20\text{mm}$ 钢筋	1.045t/t	8.79×1.045	9.19t

表 3-11 主体工程材料需用量计算

施工内容	材料规格	材料定额	计算过程	材料需用量
砌砖	空心砖 240mm×115mm×90mm	1.31 千块$/10\text{m}^3$	$(1177.04/10) \times 1.31$	154.20 千块
	砌筑砂浆 M7.5	$1.1\text{m}^3/10\text{m}^3$	$(1177.04/10) \times 1.1$	129.48m^3
	加气混凝土砌块 现场搅拌砂浆 M7.5	$10.22\text{m}^3/10\text{m}^3$	$(749.27/10) \times 10.22$	765.76m^3
绑柱筋	$D20\text{mm}$ 钢筋	1.045t/t	8.79×1.045	9.19t

表 3-12 屋面工程材料需用量计算

施工内容	材料规格	材料定额	计算过程	材料需用量
SBS 改性沥青屋面防水	防水卷材 3mm	$115.635\text{m}^2/100\text{m}^2$	$(1270.71/100) \times 115.635$	1469.39m^2
	石油沥青 10#	$26.992\text{kg}/100\text{m}^2$	$(1270.71/100) \times 26.992$	343.00kg
	汽油 90#	$30.128\text{kg}/100\text{m}^2$	$(1270.71/100) \times 30.128$	382.84kg
CS-XWBJ 聚苯芯板屋面保温	CS 板 90mm 厚	$99.6\text{m}^2/100\text{m}^2$	$(1270.71/100) \times 99.6$	1265.63m^2
	金属加强网片	$29\text{kg}/100\text{m}^2$	$(1270.71/100) \times 29$	368.51kg
	镀锌铁丝 $D0.7\text{mm}$	$10.22\text{kg}/100\text{m}^2$	$(1270.71/100) \times 10.22$	129.87kg
	钢筋 $D10\text{mm}$	$0.085\text{t}/100\text{m}^2$	$(1270.71/100) \times 0.085$	1.09t

表 3-13 装饰工程材料需用量

施工内容	材料规格	材料定额	计算过程	材料需用量
外墙抹灰	水泥砂浆 1:2.5(中砂)	$2.32\text{m}^3/100\text{m}^2$	$10121.93/100 \times 2.32$	234.83m^3
顶棚抹灰	水泥砂浆 1:2(中砂)	$1.13\text{m}^3/100\text{m}^2$	$15747.57/100 \times 1.13$	177.95m^3

（二）编制材料需用量汇总及进场计划表

根据表 3-9~表 3-13 中的材料需用量计算结果，将各材料需用量汇总并结合进度计划编制材料需用量汇总及进场计划表，见表 3-14。

表 3-14　材料需用量汇总及进场计划表

材料	规格	需用量	进场时间
混凝土	C25	318.78m³	按施工进度要求
钢筋	D20mm	18.38t	按施工进度要求
钢筋	D10mm	1.09t	按施工进度要求
砖	空心砖 240mm×115mm×90mm	154.20 千块	按施工进度要求
砌筑砂浆	M7.5	895.24m³	按施工进度要求
防水卷材	SBS 改性沥青防水卷材 3mm	1469.39m²	按施工进度要求
石油沥青	10#	343.00kg	按施工进度要求
汽油	90#	382.84kg	按施工进度要求
屋面保温板	CS 板 90mm 厚	1265.63m²	按施工进度要求
网片	金属加强网片	368.51kg	按施工进度要求
镀锌铁丝	D0.7mm	129.87kg	按施工进度要求
水泥砂浆	1∶2.5（中砂）	234.83m³	按施工进度要求
水泥砂浆	1∶2（中砂）	177.95m³	按施工进度要求

任务四　机械计划的编制

问题 1：单位工程施工机械需用量计算一般采用定额计算法，计算公式是什么？计算依据是什么？

答：施工机械计算方法一般采用定额计算法。

1）施工机械需用量计算公式为

$$N = \frac{QK}{TPm\varphi}$$

式中　　N——施工机械需用数量（台）；

　　　　Q——分项工程工程量；

　　　　K——施工不均衡系数；

　　　　T——工作台班日数；

　　　　P——机械台班产量定额；

　　　　m——每天工作班数（大多数施工过程中，一般都是先按照一班制进行计算，若存在赶工期等情况时，考虑增加班组）；

　　　　φ——机械工作系数（包括完好率和利用率等）。

施工机械需用量计算可直接将各参数代入得到。

2）计算依据包括：①建筑企业的施工经验；②《房屋建筑与装饰工程消耗量定额》（TY 01-31—2015）或者企业内部规定使用的其他定额；③各子分部工程的工程量清单。

问题2：什么是机械台班产量定额？什么是机械台班时间定额？两者之间有什么关系？

答：1）机械台班产量定额是指在合理劳动组织和合理使用机械的条件下，某种机械在一个台班的时间内必须完成的合格产品的数量。

2）机械时间定额是指在合理劳动组织与合理使用机械的条件下，完成单位合格产品必须消耗的时间。机械时间定额以"台班"或"台时"为单位。

3）机械台班产量定额=1/机械时间定额

由此可见，机械时间定额和机械台班产量定额是互为倒数的关系。

成果与范例

根据本项目案例中工程特点和"能力标准与项目分解篇""项目三　施工准备与资源计划编制""任务四　机械计划编制"的实施内容，完成机械计划编制的任务。

（一）机械需用量的计算

1. 机械需用量计算方法

施工机械需用量计算方法为定额计算法，根据施工过程的工程量，套用全国统一建筑工程基础定额，运用公式确定施工机械需用量。本案例中列举部分在部分施工机械在部分子分部工程中的施工机械需用量进行计算。

2. 机械需用量的综合计算

定额计算法计算式为 $N = \dfrac{QK}{TPm\varphi}$，由于机械的需用量计算式中所使用的定额参数符合《房屋建筑与装饰工程消耗量定额》（TY 01-31—2015），所以在计算时的定额要依据《房屋建筑与装饰工程消耗量定额》的机械时间定额。由于本工程的清单工程量与定额工程量计算规则一致，在此直接用清单工程量即可，无须进行另外换算。各子分部工程所涉及的主要施工机械及其需用量计算过程及结果具体如下：

（1）基础工程部分。举例计算以下几种机械的计算过程，其余机械需用量计算过程同理可得。

1）定额计算法的计算公式为 $N = \dfrac{QK}{TPm\varphi}$。

2）计算公式各参数获取途径。

① 工程量：根据"能力标准与项目分解篇""项目三　施工准备与资源计划编制"案例背景表3-2可知，在 $\phi400\text{mm}$ 管桩施工过程中，用到静压桩机，工程量为2933.76m。在土方工程挖土机挖土中，用到履带式单斗液压挖土机 1m^3，工程量为660.4 m^3。在土方工程自卸汽车运余土中，用到自卸汽车，工程量为177.06 m^3。由于本工程的清单工程量与定额工程量计算规则一致，在此直接用清单工程量即可，无须进行另外换算。

② 工作台班日数：根据"问题、成果与范例篇""项目二　进度计划编制""任务一　基于流水施工的进度计划编制"基础工程确定持续时间部分同理可确定，$\phi400\text{mm}$ 管桩施工中静压桩机的工作台班日数为5d，土方工程挖土机挖土中履带式单斗液压挖土机 1m^3 的工作台班日数为2d，土方工程自卸汽车运余土中自卸汽车的工作台班日数为5d。

③ 施工不均衡系数 K：根据"能力标准与项目分解篇""项目三　施工准备与资源计划

编制""任务四 机械计划编制"表 3-37 可知，ϕ400mm 管桩施工、土方工程挖土机挖土和土方工程自卸汽车运余土均选择项目名称为土方、混凝土的季度 K 值为 1.3。

④ 机械工作系数 φ：根据"能力标准与项目分解篇""项目三 施工准备与资源计划编制""任务四 机械计划编制"表 3-42 可知，静压桩机取 0.49，履带式单斗液压挖土机 1m³ 属于"≥1m³ 斗容量挖土机"，取 0.65，自卸汽车取 0.54。

⑤ 每天工作班数：静压桩机、履带式单斗液压挖土机 1m³ 和自卸汽车每天工作班数 m 均为 1（大多数施工过程中，一般都是先按照一班制进行计算，若存在赶工期等情况时，考虑增加班组）。

⑥ 机械时间定额：基础工程静压桩机和履带式单斗液压挖土机 1m³ 的机械时间定额根据"能力标准与项目分解篇""项目三 施工准备与资源计划编制""任务四 机械计划编制"表 3-24 可知，ϕ400mm 管桩施工中静压桩机的机械时间定额为 5.7 台班/1000m，土方工程挖土机挖土中履带式单斗液压挖土机 1m³ 的机械时间定额为 2.2 台班/1000m³，土方工程自卸汽车运余土中自卸汽车的机械时间定额为 0.058 台班/10m³。

3）计算详细过程。

① 静压桩机：机械台班产量定额 $P = \dfrac{1}{机械时间定额} = \left(\dfrac{1}{5.7} \times 1000\right)$ m/台班 ≈ 175.44m/台班

代入公式，$N = \dfrac{QK}{TPm\varphi} = \left(\dfrac{2933.76 \times 1.3}{5 \times 175.44 \times 1 \times 0.49}\right)$ 台 ≈ 8.87 台 ≈ 9 台

② 履带式单斗液压挖土机 1m³：机械台班产量定额 $P = \dfrac{1}{机械时间定额} = \left(\dfrac{1}{2.2} \times 1000\right)$ m³/台班 ≈ 454.55m³/台班

代入公式，$N = \dfrac{QK}{TPm\varphi} = \left(\dfrac{660.4 \times 1.3}{2 \times 454.55 \times 1 \times 0.65}\right)$ 台 ≈ 1.45 台 ≈ 2 台

③ 自卸汽车：机械台班产量定额 $P = \dfrac{1}{机械时间定额} = \left(\dfrac{1}{0.058} \times 10\right)$ m³/台班 ≈ 172.41m³/台班

代入公式，$N = \dfrac{QK}{TPm\varphi} = \left(\dfrac{177.06 \times 1.3}{5 \times 172.41 \times 1 \times 0.54}\right)$ 台 ≈ 0.5 台 ≈ 1 台

4）基础工程部分机械需用量计算过程总结。基础工程部分机械需用量见表 3-15。

表 3-15 基础工程部分机械需用量

施工内容	机械规格	机械定额	计算过程	需用量（台）
ϕ400mm 管桩施工	静压桩机	5.7 台班/1000m	$\dfrac{2933.76 \times 1.3}{5 \times 175.44 \times 1 \times 0.49}$	9
挖土机挖土	履带式单斗液压挖土机 1m³	2.2 台班/1000m³	$\dfrac{660.4 \times 1.3}{2 \times 454.55 \times 1 \times 0.65}$	2
自卸汽车运余土（5km）	自卸汽车	0.058 台班/10m³	$\dfrac{177.06 \times 1.3}{5 \times 172.41 \times 1 \times 0.54}$	1

（2）主体工程部分。举例计算以下几种机械的计算过程，其余机械需用量计算过程同

理可得。

1）定额计算法的计算公式：$N = \dfrac{QK}{TPm\varphi}$

2）计算公式各参数获取途径。

① 工程量：根据"能力标准与项目分解篇""项目三 施工准备与资源计划编制"案例背景表 3-3 可知，在钢筋工程绑扎柱和剪力墙钢筋阶段中，用到钢筋切断机 $D40mm$，工程量为 8.79t。在钢筋工程绑梁板钢筋阶段中，用到钢筋弯曲机 $D40mm$，工程量为 28.8t。由于本工程的清单工程量与定额工程量计算规则一致，在此直接用清单工程量即可，无须进行另外换算。

② 工作台班日数：根据"问题、成果与范例篇""项目二 进度计划编制""任务一 基于流水施工的进度计划编制"主体工程确定持续时间部分可知，在钢筋工程绑扎柱和剪力墙钢筋阶段中钢筋切断机 $D40mm$ 的工作台班日数为 1d，在钢筋工程绑梁板钢筋阶段中钢筋弯曲机 $D40mm$ 的工作台班日数为 3d。

③ 施工不均衡系数 K：根据"能力标准与项目分解篇""项目三 施工准备与资源计划编制""任务四 机械计划编制"表 3-37 可知，在钢筋工程绑扎柱和剪力墙钢筋阶段、绑梁板钢筋阶段均选择项目名称为砌砖、钢筋、模板的季度 K 值为 1.25。

④ 机械工作系数 φ：根据"能力标准与项目分解篇""项目三 施工准备与资源计划编制""任务四 机械计划编制"表 3-42 可知，钢筋切断机 $D40mm$ 和钢筋弯曲机 $D40mm$ 均取 0.35。

⑤ 每天工作班数：钢筋切断机 $D40mm$ 和钢筋弯曲机 $D40mm$ 每天工作班数 m 均为 1（大多数施工过程中，一般都是先按照一班制进行计算，若存在赶工期等情况时，考虑增加班组）。

⑥ 机械时间定额：主体工程钢筋切断机 $D40mm$ 和钢筋弯曲机 $D40mm$ 的机械时间定额根据"能力标准与项目分解篇""项目三 施工准备与资源计划编制""任务四 机械计划编制"表 3-25 可知，在钢筋工程绑扎柱和剪力墙钢筋阶段中钢筋切断机 $D40mm$ 的机械时间定额为 0.09 台班/t，在钢筋工程绑梁板钢筋阶段中钢筋弯曲机 $D40mm$ 的机械时间定额为 0.13 台班/t。

3）计算详细过程。

① 钢筋切断机 $D40mm$：机械台班产量定额 $P = \dfrac{1}{机械时间定额} = \left(\dfrac{1}{0.09}\right)$ t/台班 ≈ 11.11t/台班

代入公式，$N = \dfrac{QK}{TPm\varphi} = \left(\dfrac{8.79 \times 1.25}{1 \times 11.11 \times 1 \times 0.35}\right)$ 台 ≈ 2.83 台 ≈ 3 台

② 钢筋弯曲机 $D40mm$：机械台班产量定额 $P = \dfrac{1}{机械时间定额} = \left(\dfrac{1}{0.13}\right)$ t/台班 ≈ 7.69t/台班

代入公式，$N = \dfrac{QK}{TPm\varphi} = \left(\dfrac{28.8 \times 1.25}{3 \times 7.69 \times 1 \times 0.35}\right)$ 台 ≈ 4.46 台 ≈ 5 台

4）主体工程部分机械需用量计算过程总结。主体工程部分机械需用量见表 3-16。

表 3-16　主体工程部分机械需用量

施工内容	机械规格	机械定额	计算过程	需用量(台)
绑扎柱和剪力墙钢筋	钢筋切断机 $D40\text{mm}$	0.09 台班/t	$\dfrac{8.79\times1.25}{1\times11.11\times1\times0.35}$	3
绑梁、板钢筋	钢筋弯曲机 $D40\text{mm}$	0.13 台班/t	$\dfrac{28.8\times1.25}{3\times7.69\times1\times0.35}$	5

（3）屋面工程部分。举例计算以下几种机械的计算过程，其余机械需用量计算过程同理可得：

1）定额计算法的计算公式：$N=\dfrac{QK}{TPm\varphi}$

2）计算公式各参数获取途径。

① 工程量：根据"能力标准与项目分解篇""项目三　施工准备与资源计划编制"案例背景表 3-4 可知，在防水与密封工程中屋面防水施工过程中，用到灰浆搅拌机 200L，工程量为 1270.71m^2。在保温与隔热工程中保温与隔热屋面施工过程中，用到电动空气压缩机 $6\text{m}^3/\text{min}$，工程量为 1270.71m^2。由于本工程的清单工程量与定额工程量计算规则一致，在此直接用清单工程量即可，无须进行另外换算。

② 工作台班日数：根据"问题、成果与范例篇""项目二　进度计划编制""任务一　基于流水施工的进度计划编制"主体工程确定持续时间同理可得，在"问题、成果与范例篇""项目三　施工准备与资源计划编制"部分表 3-3 可知，在防水与密封工程中屋面防水施工过程中，用到灰浆搅拌机 200L 的工作台班日数为 6d，在保温与隔热工程中保温与隔热屋面施工过程中电动空气压缩机 $6\text{m}^3/\text{min}$ 的工作台班日数为 15d。

③ 施工不均衡系数 K：根据"能力标准与项目分解篇""项目三　施工准备与资源计划编制""任务四　机械计划编制"表 3-37 可知，在防水与密封工程中屋面防水、保温与隔热工程中保温与隔热屋面均选择项目名称为吊装、屋面的季度 K 值为 1.15。

④ 机械工作系数 φ：根据"能力标准与项目分解篇""项目三　施工准备与资源计划编制""任务四　机械计划编制"表 3-42 可知，灰浆搅拌机 200L 取 0.54，电动空气压缩机 $6\text{m}^3/\text{min}$ 取 0.54。

⑤ 每天工作班数：灰浆搅拌机 200L 和电焊机每天工作班数 m 均为 1（大多数施工过程中，一般都是先按照一班制进行计算，若存在赶工期等情况时，考虑增加班组）。

⑥ 机械时间定额：屋面工程灰浆搅拌机 200L 和电焊机的机械时间定额根据"能力标准与项目分解篇""项目三　施工准备与资源计划编制""任务四　机械计划编制"表 3-40 可知，在防水与密封工程中屋面防水施工过程中灰浆搅拌机 200L 的机械时间定额为 0.35 台班/100m^2，在保温与隔热工程中，电动空气压缩机 $6\text{m}^3/\text{min}$ 的机械时间定额为 0.29 台班/100m^2。

3）计算详细过程。

① 灰浆搅拌机 200L：机械台班产量定额 $P=\dfrac{1}{\text{机械时间定额}}=\left(\dfrac{1}{0.35}\times100\right)\text{m}^2/\text{台班}\approx285.71\text{m}^2/\text{台班}$

代入公式，$N=\dfrac{QK}{TPm\varphi}=\left(\dfrac{1270.71\times1.25}{6\times285.71\times1\times0.54}\right)$台$\approx1.58$ 台≈2 台

② 电动空气压缩机 $6m^3/min$：机械台班产量定额 $P = \dfrac{1}{机械时间定额} = \left(\dfrac{1}{0.29} \times 100\right)m^2/台班 \approx 344.83m^2/台班$

代入公式，$N = \dfrac{QK}{TPm\varphi} = \left(\dfrac{1270.71 \times 1.15}{15 \times 344.83 \times 1 \times 0.54}\right)台 \approx 0.52 台 \approx 1 台$

4）屋面工程部分机械需用量计算过程总结。屋面工程部分机械需用量见表3-17。

表3-17　屋面工程部分机械需用量计算

施工内容	机械规格	机械定额	计算过程	需用量（台）
屋面防水	灰浆搅拌机200L	0.35台班/100m²	$\dfrac{1270.71 \times 1.15}{6 \times 285.71 \times 1 \times 0.54}$	2
保温与隔热屋面	电动空气压缩机 $6m^3/min$	0.29台班/100m²	$\dfrac{1270.71 \times 1.15}{15 \times 344.83 \times 1 \times 0.35}$	1

（4）装饰工程部分。举例计算干混砂浆罐式搅拌机的计算过程，其余机械需用量计算过程同理可得。

1）定额计算法的计算公式：$N = \dfrac{QK}{TPm\varphi}$

2）计算公式各参数获取途径。

① 工程量：根据"能力标准与项目分解篇""项目三　施工准备与资源计划编制"案例背景表3-5可知，在建筑地面工程中首层地面施工过程中，用到干混砂浆罐式搅拌机，工程量为 $1117.81m^2$。由于本工程的清单工程量与定额工程量计算规则一致，在此直接用清单工程量即可，无须进行另外换算。

② 工作台班日数：根据"问题、成果与范例篇""项目二　进度计划编制""任务一　基于流水施工的进度计划编制"主体工程确定持续时间同理可得，在建筑地面工程中首层地面施工过程中干混砂浆罐式搅拌机的工作台班日数为5d。

③ 施工不均衡系数 K：根据"能力标准与项目分解篇""项目三　施工准备与资源计划编制""任务四　机械计划编制"表3-37可知，在建筑地面工程中首层地面施工过程中选择项目名称为土方、砂浆、混凝土的季度 K 值为1.3。

④ 机械工作系数 φ：根据"能力标准与项目分解篇""项目三　施工准备与资源计划编制""任务四　机械计划编制"表3-42可知，干混砂浆罐式搅拌机取0.54。

⑤ 每天工作班数：干混砂浆罐式搅拌机每天工作班数 m 均为1（大多数施工过程中，一般都是先按照一班制进行计算，若存在赶工期等情况时，考虑增加班组）。

⑥ 机械时间定额：装饰工程干混砂浆罐式搅拌机的机械时间定额根据"能力标准与项目分解篇""项目三　施工准备与资源计划编制""任务四　机械计划编制"表3-41可知，在建筑地面工程中首层地面施工过程中干混砂浆罐式搅拌机的机械时间定额为0.34台班/100m²。

3）计算详细过程。干混砂浆罐式搅拌机：机械台班产量定额 $P = \dfrac{1}{机械时间定额} = \left(\dfrac{1}{0.34} \times 100\right)m^2/台班 \approx 294.12m^2/台班$

代入公式，$N = \dfrac{QK}{TPm\varphi} = \left(\dfrac{1117.81 \times 1.3}{5 \times 294.12 \times 1 \times 0.54} \right)$ 台 ≈ 1.83 台 ≈ 2 台

4）装饰工程部分机械需用量计算过程总结。装饰工程部分机械需用量见表 3-18。

表 3-18 装饰工程机械需用量

施工内容	机械规格	机械定额	计算过程	需用量（台）
首层地面	干混砂浆罐式搅拌机	0.34 台班/100m²	$\dfrac{1117.81 \times 1.3}{5 \times 294.12 \times 1 \times 0.54}$	2

（二）编制施工机械需用量汇总及进出场计划表

根据机械需用量计算结果，将各施工机械需用量汇总并结合进度计划编制成如机械需用量汇总及进场计划表，见表 3-19 所示。

表 3-19 机械需用量汇总及进场计划表

机械	规格	需用量（台）	进场时间	出场时间
静压桩机	2000kN	9	按施工进度要求	按施工进度要求
单斗液压挖土机	反铲	2	按施工进度要求	按施工进度要求
自卸汽车	—	1	按施工进度要求	按施工进度要求
钢筋切断机	$D40mm$	3	按施工进度要求	按施工进度要求
钢筋弯曲机	$D40mm$	5	按施工进度要求	按施工进度要求
灰浆搅拌机	200L	2	按施工进度要求	按施工进度要求
电动空气压缩机	$6m^3/min$	1	按施工进度要求	按施工进度要求
干混砂浆罐式搅拌机	—	2	按施工进度要求	按施工进度要求

任务一　布置垂直运输设施

问题1：常见的垂直运输设施有哪些？

答：常见垂直运输设施有塔式起重机、施工升降机（施工电梯）、井字提升架、龙门提升架（门式提升机）、塔架、独杆提升机、墙头起重机、屋顶起重机、自立式起重架、混凝土输送泵、可倾斜塔式起重机、小型起重设备等。

问题2：垂直运输方案有哪些？各如何搭配？

答：根据项目情况，可选择合适的垂直运输方案。

1）高层建筑施工中采用的垂直运输方案：

① 塔式起重机+施工电梯+井字提升架。

② 塔式起重机+施工电梯+混凝土泵。

③ 塔式起重机+施工电梯+快速提升机。

2）多层建筑施工中采用的垂直运输方案：

塔式起重机+混凝土泵+井字架（龙门架）。

问题3：塔式起重机型号应如何确定？布置塔式起重机的过程中需要确定哪些因素？布置外用电梯时应考虑哪些因素？

答：1）起重机型号根据幅度、起重量、起重力矩、吊钩高度确定。

2）布置塔式起重机时，应考虑如下因素：

① 复核塔式起重机的工作参数。

② 绘出塔式起重机的服务范围。以塔基中心为圆心，以最大工作幅度为半径画出一个圆形，该圆形所包围的部分即为塔式起重机的服务范围。

塔式起重机布置的最佳状况应使建筑物平面尺寸均在塔式起重机服务范围之内，以保证各种材料与构件直接运到建筑物的设计部件上，尽可能不出现死角。建筑物处于塔式起重机服务范围以外的阴影部分称为死角。如果难以避免，则要求死角越小越好，且使最重、最大、最高的构建不出现在死角，有时配合龙门架以解决死角问题。并且在确定吊装方案时，提出具体的技术和安全措施，以保证处于死角的构建顺利安装。此外，在塔式起重机服务范围内应考虑有较宽的施工场地，以便安排构件堆放、搅拌设备出料后能直接起吊，主要施工道路也应处于塔式起重机的服务范围内。

③ 当采用两台或多台塔式起重机，或采用一台塔式起重机，一台井字提升架（或龙门提升架、施工电梯）时，必须明确规定各自的工作范围和二者之间的最小距离，并制定严格的切实可行的防止碰撞措施。

④ 在高空有高压电线通过时，高压电线必须高出塔式起重机，并保证规定的安全距离，否则应采取安全防护措施。

⑤ 固定式塔式起重机安装前应制定安装和拆除施工方案，塔式起重机位置应有较宽的空间，可以容纳两台汽车式起重机安装或拆除塔式起重机吊臂的工作需要。

3）布置外用电梯时应考虑：

① 便于安装附墙装置，减少砌墙时留槎和以后的修补工作。

② 使地面及楼面上的水平运距最小或运输方便。

③ 应避开塔式起重机搭设，保证施工安全。

④ 接近电源，有良好的夜间照明。

任务二　布置临时性建筑设施

问题1：根据铁路、水路、公路三种运输方式的不同，仓库与材料堆场的布置各有什么要求？仓库与材料堆场的形式有哪些？具体计算和布置流程是怎样的？

答：1）运输方面，通常考虑设置在位置适中、运距较短并且符合安全防火要求的地方，并应区别不同材料设备和运输方式来设置仓库与材料堆场。铁路运输时，仓库通常沿铁路线布置，如果没有足够的装卸前线，必须在附近设置转运仓库。水路运输时，在码头附近设置转运仓库。公路运输时，仓库的布置较灵活。一般中心仓库布置在工地中央或靠近使用的地方，也可以布置在靠近与外部交通连接处；砂石、水泥、石灰、木材等仓库或堆场布置在搅拌厂、预制场和木材加工厂附近；砖、瓦和预制构件等直接使用的材料应该直接布置在施工对象附近，以免二次搬运。

2）集中临时仓库和堆场的形式有：转运仓库、中心仓库和工地仓库。

3）仓库与材料堆场具体计算和布置流程是：①确定各种材料、设备的储存量；②确定仓库与堆场的面积及外形尺寸；③确定仓库和堆场的位置。

问题2：常见搅拌站与加工厂有哪些？混凝土搅拌站、预制加工厂、钢筋加工厂、木材加工厂、砂浆搅拌站以及金属结构、锻工、电焊和机修等车间根据工程具体情况有哪些布置方式？

答：1）搅拌站或加工厂类型有：混凝土搅拌站，预制加工厂，钢筋加工厂，木材加工厂，砂浆搅拌站，金属结构、锻工、电焊和机修等车间。

2）以上常见搅拌站与加工厂的布置方式大致可分为集中布置和分散布置。混凝土搅拌站运输条件好时适宜集中布置；运输条件较差时适宜分散布置。钢筋加工厂对于需进行冷加工、对焊、电焊的钢筋和大片钢筋网，宜设置中心加工厂；对于小型加工件，利用简单机具成型的钢筋加工，可在靠近使用地点的分散的钢筋加工棚里进行。砂浆搅拌站对于工业建筑工地，由于砂浆使用量小且位置分散，可以分散设置在使用地点附近。金属结构、锻工、电焊和机修等车间由于它们在生产上联系密切，应尽可能布置在一起。

问题3：临时性房屋指什么？临时性房屋布置方法是什么？

答：1）临时性房屋为现场施工和管理人员所用的行政管理和生活福利建筑物。临时性房屋的计算和布置包括使用人员人数、临时建筑物的结构形式等。

2）临时性房屋布置方法如下：①计算施工期间内使用这些临时性房屋的人数；②确定临时性房屋的修建项目及其建筑面积；③确定临时性房屋的位置布置。

任务三　布置场内运输道路

问题1：场内运输道路布置的依据是什么？

答：道路的最小宽度和回转半径。

问题2：运输道路路面结构和道路宽度应如何确定？

答：运输道路路面结构和道路宽度的确定为：汽车单行道≥3.0m，汽车双行道≥6.0m，平板拖车单行道≥4.0m，平板拖车双行道≥8.0m。

小客车、三轮汽车路面内侧最小曲率半径：场地无拖车时6m。二轴载重汽车、三轴载重汽车、重型载重汽车最小曲率半径：单车道9m，双车道7m；有1辆拖车时，为12m；有2辆拖车时，为15m。公共汽车无拖车时12m；有1辆拖车时，为15m；有2辆拖车时，为19m。超重型载重汽车无拖车时，为15m；有1辆拖车时，为18m；有2辆拖车时，为21m。

任务四　布置水电管网和动力设施

问题1：施工现场临时用水包括哪些部分？临时供水系统涉及水源的选择和给水系统的布置，其具体流程是什么？

答：1）临时供水包括生产用水（一般生产用水和施工机械用水）、生活用水（施工现场生活用水和生活区生活用水）和消防用水三个方面。

2）具体流程是：①选择供水水源；②确定临时给水系统；③管径的选择；④管材的选择；⑤水泵的选择。

问题2：临时供电系统具体布置流程是什么？计算用电量时应该考虑哪些因素？

答：1）临时供电系统具体布置流程为：①用电量计算；②变压器确定；③导线截面选择；④供电线路布置。

2）计算用电量时，可从以下各点考虑：

① 在施工进度计划中施工高峰期同时用电机械设备的最高数量。

② 各种机械设备在施工过程中的使用情况。

③ 现场施工机械设备及照明灯具的数量。

问题3：单位工程施工平面图的技术经济评价指标有哪些？应如何确定？

答：1）单位工程施工平面图的技术经济评价指标包括施工用地面积及施工占地系数、施工场地利用率、施工用临时房屋面积、道路面积、临时供水管线长度及临时供电线路长度、临时设施投资率。

2）具体可通过下式计算确定：

① 施工用地面积及施工占地系数。

$$施工占地系数 = \frac{施工用地面积}{场地面积} \times 100\%$$

② 施工场地利用率。

$$施工场地利用率 = \frac{施工设施占用面积}{施工用地面积} \times 100\%$$

③ 施工用临时房屋面积、道路面积、临时供水管线长度及临时供电线路长度。本处涉及公式较多，具体可见"能力标准与项目分解篇""项目四 单位工程施工平面图设计"相关内容。

④ 临时设施投资率。

$$临时设施投资率 = \frac{临时设施费用总和}{工程总造价} \times 100\%$$

成果与范例

根据本项目案例中工程特点和"能力标准与项目分解篇""项目四 单位工程施工平面图设计"中的各任务实施内容，完成单位工程施工平面图设计。

（一）确定地理坐标、气候及地形

该项目地理坐标位于某教育园，地块为空旷场地，市区环境，场地无现场绿化率要求（最低绿化率）。基于案例信息和 Revit 软件实施指南，在软件中创建案例位置，如图 4-1 所示。

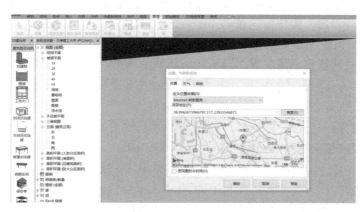

图 4-1 创建案例位置

气候条件数据由最近的气象站提供。观察风玫瑰图可知，西南风为项目所在地区的主导风向。创建案例天气示意图如图 4-2 所示。

（二）确定垂直运输设施位置

1. 确定垂直运输设施类型

规划地块总占地面积约为 $15000 \mathrm{m}^2$，楼层层数为 6 层，标高为 22.5m。结构形式为框架剪力墙结构，总建筑面积为 $7845 \mathrm{m}^2$，不属于大体量建筑。起重机需要提升的高度不高，设备能力和起重能力的要求不高。根据常用的起重机械，可选用整装式塔式起重机。

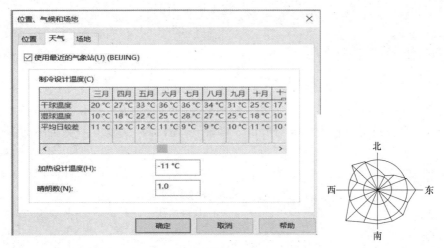

图 4-2　创建案例天气示意图

2. 确定垂直运输方案

该项目顶层标高为 22.5m，为多层建筑，确定采用塔式起重机+混凝土泵+井字提升架（龙门提升架）的垂直运输方案。

3. 塔式起重机的选定

（1）确定塔式起重机类型。根据常用的起重机械，有自行式起重机（履带式、汽车式、轮胎式）和塔式起重机（轨道式、自升式）。一般 5 层以下的民用建筑、高度在 18m 以下的多层工业厂房或外形不规则的房屋，宜选用自行式起重机；10 层以下或房屋总高度在 25m 以下，宽度在 15m 以内，构件重量在 2~3t，一般可选用塔式起重机或具有相同性能的其他轻式塔式起重机。因此，本案例选取塔式起重机。

（2）确定塔式起重机平面布置。因为建筑物宽度较小，利用起重半径计算公式：

$$R \geqslant B+A$$

式中　R——起重机吊最远构件时的起重半径（m）；

　　　B——房屋宽度（m）；

　　　A——房屋外侧至塔轨中心线的距离（$a=3~5$m）。

所以经过计算与分析比较，房屋宽度未超过 15m，采用单侧布置。

放置起重机后，参考其参数：吊臂长度为 40m，后臂长度为 10m，架笼高度为 3.5m，基础长、宽为 6m，基础高为 1.5m，经过测定后，可满足施工要求，起重机无工作死角（见图 4-3）。

在选择辅助施工机械时，必须充分发挥主导施工机械的生产率，使它们的生产能力协调一致，如土方工程中自卸汽车的载重量应为挖土机斗容量的整数倍，汽车的数量应保证挖土机连续工作，使挖土机的效率充分发挥。为便于施工机械化管理，同一施工现场的机械型号尽可能少，当工程量大而且集中时，应选用专业化施工机械；当工程量小而分散时，要选择多用施工机械。

（三）确定临时性建筑设施位置

1. 确定仓库和材料堆场的布置

（1）确定各种仓库和材料设备的类型。根据实际施工需要，现场需设置砖堆场、砂堆

图 4-3 创建塔式起重机示意图

场、砌块堆场、型钢堆场、钢筋堆场、装饰材料堆场以及建筑垃圾站等。（加工棚设计图中应标明，囿于软件问题无法标出。）

（2）确定仓库与堆场的面积及外形尺寸。

1）某材料 i 储备量。

根据已知条件，$T_c = 20\text{d}$，$Q_i = 5500\text{t}$，$T = 90\text{d}$

取 $K_i = 1.05$，经计算得 $Q_i = (15 \times 5500.00 \times 1.05/90)\text{t} = 962.5\text{t}$。

2）该材料所占仓库面积。

取 $q = 1.5\text{t}$，$K = 0.60$，经计算得 $F = [962.5/(1.50 \times 0.60)]\text{m}^2 = 1070\text{m}^2$。

3）钢结构构件堆放场地总面积。

取 $q = 0.30\text{t}$，$K = 0.60$，经计算得 $F = [600.00/(0.30 \times 0.60)]\text{m}^2 = 3334\text{m}^2$。

（3）确定仓库和堆场的位置。因本项目为公路运输，仓库的布置较灵活。中心仓库布置在工地中央或靠近使用的地方；砂石、水泥、石灰、木材等仓库或堆场布置在搅拌站、预制厂和加工厂附近；砖、瓦和预制构件等直接使用的材料直接布置在施工对象附近，以免二次搬运。

遵循使用顺序与习惯、大宗材料先放置，小宗材料后放置的规则，且尽可能都在施工范围之内，以减少二次搬运，提高施工效率。

注意：案例所在地区为西南风向，石灰池、沥青堆场需布置于下风口。其中，需预留安全通道，其中建筑高度与安全通道关系如下：

① $H \leq 15\text{m}$，$L > 3\text{m}$；

② $H < 30\text{m}$，$L > 4\text{m}$；

③ $H > 30\text{m}$，$L > 5\text{m}$。

由于本工程建筑高度为 22.5m，所以选择第二种方案进行安全通道设计，安全通道宽度 L 大于 4m（见图 4-4）。

2. 确定搅拌站与加工厂位置

（1）明确布置类型。根据项目特点，需设置混凝土搅拌站、临时性混凝土预制厂、木

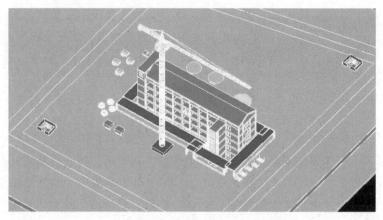

图 4-4 创建仓库和堆场示意图

材加工厂、钢筋加工厂及作业棚、钢筋拉直对焊作业棚、卷扬机棚、金属结构加工厂等。

（2）明确布置方式。现场施工条件较好，故采用集中布置。

（3）明确布置面积。可根据"能力标准与项目分解篇"表 4-8 查得。

3．确定行政、生活用房位置

（1）确定临时性房屋的修建项目及其建筑面积。设立门卫室 2 个，用于工地安全；在非办公区中，设立多个双层活动板房作为员工宿舍，供工人休息；在非办公区设立活动室，在其内布置乒乓球台与单双杠等健身器材，供员工在工作之余放松、锻炼；设立员工食堂，供员工在工作后就餐，同时可以作为开展大型活动的礼堂使用；设立医务室、浴室，供员工医疗和生活所需。在办公区，建立一个多层活动板房作为办公区，并在其附近设立休息区（吸烟区）、开水房，办公区与非办公区均配备 1 个卫生间与 1 个生活垃圾站以保证工地环境卫生清洁。

根据题干信息，施工现场工人峰值平均人数为 180 人，技职人员为 70 人。关于这些面积的计算，可以区分施工总人数、施工现场工人峰值人数、不住宿工人人数等分别计算。本案例中，除办公室建筑面积按技职人数的 70%外，其他建筑面积均根据施工现场工人峰值人数进行大致估算（已被实践检验是一种可行的方法）。

办公室人均建筑面积按 3m^2 计算；宿舍建筑面积计算，有时需要区分是单层通铺、单人床、双层床等分别取定不同指标，但不论如何计算，必须满足相关规范中人均宿舍建筑面积不低于 2.5m^2 的规定，因此本案例人均建筑面积按 2.5m^2 计算；食堂兼礼堂人均建筑面积按 0.9m^2 计算，医务室按人数计算的建筑面积小于 30m^2，因此取 30m^2；浴室人均建筑面积按 0.1m^2 计算，活动室人均建筑面积按 0.1m^2 计算，门卫室取 6m^2/间，开水房面积取 15m^2，厕所人均建筑面积按 0.05m^2 计算，每个生活垃圾站取 3m^2。

因此，临时性房屋的建筑面积 = $(3×70×0.7+2.5×180+0.9×180+30+0.1×180+0.1×180+0.15×180+2×6+15+2×0.05×180+2×3)\text{m}^2 = 903\text{m}^2$

备注：分别按照办公室、工人宿舍、食堂、医务室、浴室、活动室、工人休息室、门卫室、开水房、厕所、垃圾站的顺序计算取值。

（2）确定临时性房屋的位置布置。取决于地势地形条件，且考虑到工程项目需要，场地布置时将非办公区（生活区）与办公区分隔开（见图 4-5）。

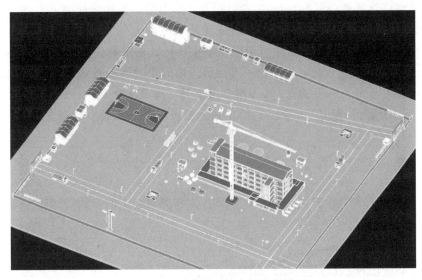

图 4-5　创建临时性房屋示意图

4. 项目九牌一图

位于两个大门相邻处，且配备 LED 屏幕供工程演示与进度检查；道路两侧每 15m 间隔放置照明用路灯，供施工车辆与施工人员照明用。

（四）确定场内运输道路位置

本案例大批材料是由公路运入工地的，地理位置不属于闹市区，人流密集程度较低，且建筑体量较小，所以选用公路运输，路线布置更加灵活。基于多方规划以及实地考察，最终设计工程施工周边环境图（见图 4-6）。

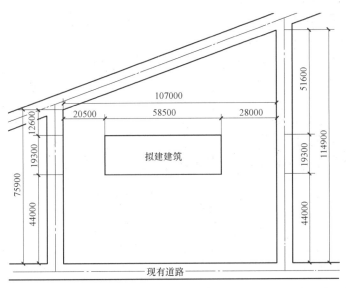

图 4-6　案例场内道路示意图

围墙与工地大门依据规划来设计场地，其中，道路布置要求为：

1）单行道路宽 S 不小于 3m。

2）双行道路宽 S 不小于 5.5m，本项目布置环形道路，因此设计如下：单行道为路宽为 4m，双行道路宽为 8m，道路外连接永久道路（见图 4-7）。

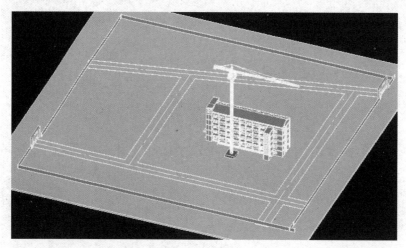

图 4-7 案例场内道路示意图

（五）确定水电管网和动力设施位置

1. 临时供水

（1）计算所需用水量。

1）计算现场施工用水量 q_1。

取 $K_1 = 1.15$，$K_2 = 1.5$，$Q_1 / T_1 = 400 \mathrm{m^3/d}$，$t = 1$；$N_1$ 查表取 $250 \mathrm{L/m^3}$。

则 $q_1 = \left(\dfrac{1.15 \times 250 \times 400 \times 1.5}{8 \times 3600 \times 1} \right) \mathrm{L/s} = 5.99 \mathrm{L/s}$

2）计算施工机械用水量 q_2：因施工中不使用特殊机械 $q_2 = 0$。

3）计算施工现场生活用水量 q_3。

取 $K_4 = 1.5$，$P_1 = 180$ 人，$t = 1$；N_3 按生活用水和食堂用水计算，得：

$N_3 = 0.025 \mathrm{m^3/(人 \cdot d)} + 0.015 \mathrm{m^3/(人 \cdot d)} = 0.04 \mathrm{m^3/(人 \cdot d)} = 40 \mathrm{L/(人 \cdot d)}$

则 $q_3 = \left(180 \times 40 \times \dfrac{1.5}{8 \times 3600} \right) \mathrm{L/s} = 0.375 \mathrm{L/s}$

4）计算生活区用水量 q_4。

取 $P_2 = 300$ 人，$N_4 = 100 \mathrm{L/(人 \cdot d)}$，$K_s = 2.5$。

$$q_4 = \left(\dfrac{300 \times 100 \times 2.5}{24 \times 3600} \right) \mathrm{L/s} = 0.87 \mathrm{L/s}$$

5）计算消防用水量 q_5。$1 \mathrm{hm^2} = 10^4 \mathrm{m^2}$

本工程现场使用面积为 $12000 \mathrm{m^2}$，即 $1.2 \mathrm{hm^2}$ 小于 $25 \mathrm{hm^2}$，故 $q_5 = 10 \mathrm{L/s}$。

6）计算总用水量 Q。

由于工地面积小于 $5 \mathrm{hm^2}$，且

$$q_1 + q_2 + q_3 + q_4 = (5.99 + 0.375 + 0.87) \mathrm{L/s} = 7.235 \mathrm{L/s} < q_5 = 10 \mathrm{L/s}$$

故 $Q = q_5$。

考虑不可避免的漏水损失，故

$$Q_{\text{总}} = 1.1 \times 10 \text{L/s} = 11 \text{L/s}$$

即本工程用水量为 11L/s。

（2）供水管井的计算。

$$d = \left(\sqrt{\frac{4000 \times 11}{3.14 \times 1.5}} \right) \text{mm} = \sqrt{9341.83} \text{mm} = 97 \text{mm} (u = 1.5 \text{m/s})$$

取管径为 100mm 的上水管。

（3）室外消防栓的布置。现场总供水管需采用直径为 100mm，工地内采用直径为 100mm 管环绕施工现场，楼内部位消防及施工用水，项目部准备利用拟建建筑物内消防水池做蓄水池，增设离心水泵 1 台，以解决楼层部位消防及施工用水，施工现场的重点防火部位布设了 16 只消防栓，楼层分区每一层各设 1 台消火栓箱。

2. 临时用电

（1）确定施工用电设备。假设施工用电设备如表 4-1 所示（注：此处设备应与资源计划中施工机械计划中规格、数量一致）。

表 4-1　施工用电设备一览表

序号	机械设备名称	规格型号	数量	单位	功率/kW		备注
					每台	小计	
1	塔式起重机	PEINE	1	台	150	150	臂长 60m
2	钢井架		3	座	13	39	主体施工及装修施工用
3	电焊机	BX3-120-1	2	台	9	18	
4	钢筋弯曲机	GW40	1	台	3	3	
5	钢筋切断机	QJ40-1	1	台	5.5	5.5	
6	钢筋调直机	GT3/9	1	台	7.5	7.5	
7	电渣压力焊	17kVA	1	台	3	3	基础及主体施工用
8	平板振动器	ZB11	1	台	1.1	1.1	
9	插入式振动器	ZX50	2	套	1.1	2.2	
10	木工圆盘锯	MJ114	1	台	3	3	
11	卷扬机	JJ1K	3	台	7	21	
12	打夯机	1.5kW	2	台	1.5	3	
13	自然式混凝土搅拌机	JD350	1	台	15	15	

（2）用电量计算。

1）电动机额定功率。

$$P_1 = (150+39+3+5.5+7.5+1.1+2.2+3+21+3+15) \text{kW} = 250.3 \text{kW}$$

2）电焊机额定容量。

$$P_2 = (18+3) \text{kW} = 21 \text{kW}$$

3）室内外照明容量。

按照简化计算方法，在动力用电量之外增加 10% 计算。

4）计算用电量。

取 $K = 1.05$；电动机数量为 17 台，取 $K_1 = 0.6$；电焊机数量为 3 台，取 $K_2 = 0.6$；此处

电动机的平均功率因数 $\cos\varphi$ 取 0.7；再增加 10% 的室内外照明用电。

$$P = K\left(K_1 \sum \frac{P_1}{\cos\varphi} + K_2 \sum P_2\right) \times (1+10\%)$$

$$= 1.05 \times \left(\frac{0.6 \times 250.3}{0.7} + 0.6 \times 21\right) \times 1.1\text{kW} = 262.35\text{kW}$$

（3）变压器功率的计算。

此处变电所的功率损失系数 K 取 1.05；功率因数 $\cos\varphi$ 一般取 0.75。

$$W = \frac{1.05P}{\cos\varphi} = 1.4P = (1.4 \times 262.35)\text{kW} = 367.29\text{kW}$$

检索常用变压器型号后，选用 SL7-400/10 型号的变压器。

（4）导线截面选择。

1）按机械强度选择。结合"能力标准与项目分解篇"中表 4-24 得，选用铝线户外方式敷设，导线截面面积为 10mm^2。

2）按允许电压降选择。

以钢筋加工场导线截面为例说明如下。已知 $\sum(PL) = 20.746\text{kW} \cdot \text{m}$；结合"能力标准与项目分解篇"中表 4-23 得，三相四线铝线 $C = 46.3$；取 $[\varepsilon] = 5\%$。

$$S = \frac{\sum(PL)}{C[\varepsilon]} = \left(\frac{207.46}{46.3 \times 5\%}\right)\text{mm}^2 = 8.96\text{mm}^2$$

3）按允许电流选择。三相四线制电路上的电流计算：

$$I = \frac{1000P}{\sqrt{3}\,U_{线}\cos\varphi} = \left(\frac{253 \times 1000}{1.732 \times 380 \times 0.75}\right)\text{mA} = 0.513\text{A}$$

通过查配电导线持续允许电流表，选用 BLX 型铝芯橡皮线，截面面积为 2.5mm^2。

综上所述，为满足要求，选用导线截面面积为 10mm^2。

居民区同施工区，选择导线截面面积为 10mm^2。

（5）供电线路布置。城市供水源、总电源位于建筑项目东侧，靠近生产区，水管道地下埋设，进后支管连接生活区与办公区各用水设施，以及生产区消防及用水设施，给水排水管道分离（图 4-8 中给水排水管道圈于软件问题未标出）。给水、用电图例如下：给电为三级配电现场，配有配电房、配电箱，用于生产区、办公区与非办公区（生活区）的用电设施。

3. 消防设备

消防栓配备规则：

1）距离建筑物 ≥5m 且 ≤25m。

2）距离地面高度 0.9~1.7m。

3）两消防栓间距不大于 120m。

因此，考虑到成本管理与安全问题，本项目消防栓配备间距设置在 80m，消防栓用水器连接给水管道。

（六）绘制整体平面布置图

根据案例中工程特点任务要求，完成单位工程施工平面设计图，案例整体布局立体图如图 4-8 所示，平面图如图 4-9 所示。

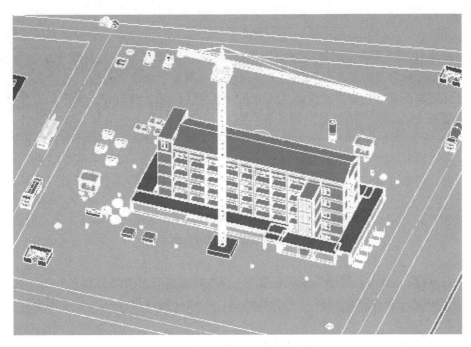

图 4-8 案例整体布局立体图

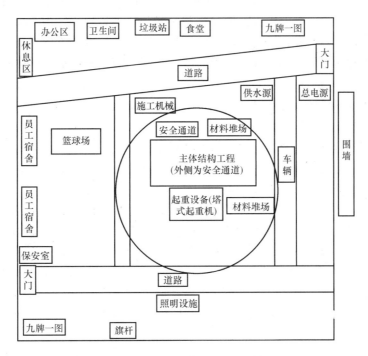

图 4-9 案例整体布局平面图

5

项目五
土石方工程施工方案编制

任务一　场地平整方案编制

问题1：场地平整土方量计算步骤有哪些？其中土方量计算方法有哪些？如何选择？

答：1）场地平整土方量可按以下步骤确定：①计算场地设计标高；②调整设计标高；③计算场地土方量。

2）场地土方量计算的方法通常有方格网法和断面法两种。

3）对场地土方量的计算，依据为适用地形和控制形态。方格网法适用于地形较为平坦、挖填土方量相等的项目，用方格网控制整个场地，方格边长一般为 10~40m，通常采用 20m。断面法适用于地形起伏变化较大的项目，需满足挖填土方量平衡和总土方量最小两个条件，沿场地取若干个相互平行的断面，将所取的每个断面划分成若干个三角形和梯形。

问题2：土方调配的原则有哪些？土方调配图表应如何编制？

答：（1）土方调配原则。

1）挖方与填方基本达到平衡，减少重复挖运。

2）挖填方量与运距的乘积之和尽可能为最小，即总土方运输量或运输费用最小。

3）好土应用在回填密实度要求较高的地区，以避免出现质量问题。

4）取土或弃土应尽量不占农田或少占农田，弃土尽可能有规划地造田。

5）分区调配应与全场调配相协调，避免只顾局部平衡，任意挖填而破坏全局平衡。

6）调配应与地下构筑物的施工相结合，地下设施的填土应予预留。

7）选择恰当的调配方向、运输路线、施工顺序，避免土方运输出现对流和乱流现象，同时便于机具调配、机械化施工。

总之，进行土方调配，必须根据现场的具体情况、有关技术资料、进度要求、土方施工方法与运输方法，综合考虑上述原则，并经过计算比较，选择出经济合理的调配方案。

（2）土方调配图表的编制。场地土方调配，需做成相应的土方调配图表，以便施工中使用。其编制方法如下：

1）划分调配区。在场地平面图上画出挖、填区的界线（即前述的零线），根据地形及地理等条件，可在挖方区和填方区适当地分别划分出若干调配区（其大小应满足土方机械的操作要求），并计算出各调配区的土方量，在图上标明。

2）求出每对调配区之间的平均运距。平均运距即挖方区土方中心至填方区土方中心的距离。因此，求平均运距，需先求出各调配区土方的重心。

成果与范例

根据案例中工程特点和"能力标准与项目分解篇""项目五　土石方工程施工方案编制""任务一　场地平整方案编制"中任务实施内容，完成场地平整方案的编制。

（一）场地平整施工准备

1. 选择场地平整施工方式

结合工程特点，本项目工期较紧迫，选择边平整场地、边开挖基坑（槽）的场地平整方案。

2. 机械选择

根据"能力标准与项目分解篇""项目五　土石方工程施工方案编制"中表 5-3 和《建筑地基处理技术规范》（JGJ 79—2012）规定进行选择。本案例处于平原地区，地形平坦，选用推土机和铲运机。

3. 选择土方量计算方法

本工程省略了初步设计标高计算和调整的过程，调整后的地面设计标高已在案例信息中标识、此处进行土方量计算示意。

（二）场地平整土方量计算

填方区边坡坡度系数为 1.0，挖方区边坡坡度系数为 0.5，用公式计算挖方和填方的总土方量。

1. 计算土方量

根据所给方格网各角点的地面设计标高和自然标高，计算结果由公式得：

$h_1 = 251.50 - 251.40 = 0.10m$　　$h_2 = 251.44 - 251.25 = 0.19m$

$h_3 = 251.38 - 250.85 = 0.53m$　　$h_4 = 251.32 - 250.60 = 0.72m$

$h_5 = 251.56 - 251.90 = -0.34m$　　$h_6 = 251.50 - 251.60 = -0.10m$

$h_7 = 251.44 - 251.28 = 0.16m$　　$h_8 = 251.38 - 250.95 = 0.43m$

$h_9 = 251.62 - 252.45 = -0.83m$　　$h_{10} = 251.56 - 252.00 = -0.44m$

$h_{11} = 251.50 - 251.70 = -0.20m$　　$h_{12} = 251.46 - 251.40 = 0.06m$

2. 计算零点位置

从图 5-1 中可知，1—5、2—6、6—7、7—11、11—12 五条方格边两端的施工高度符号不同，说明此方格边上有零点存在。由零点公式求得：

1—5 线 $x = 4.55m$

2—6 线 $x = 13.10m$

6—7 线 $x = 7.69m$

7—11 线 $x = 8.89m$

11—12 线 $x = 15.38m$

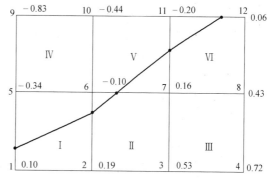

图 5-1　施工高度及零点位置示意图

将各零点标于图上，并将相邻的零点连接起来，即得零线位置。

3. 计算方格土方量

方格Ⅲ、Ⅳ底面为正方形，土方量：

$$V_{\text{Ⅲ}}(+) = [202/4 \times (0.53+0.72+0.16+0.43)]\,\text{m}^3 = 92.9\,\text{m}^3$$

$$V_{\text{Ⅳ}}(-) = [202/4 \times (0.34+0.10+0.83+0.44)]\,\text{m}^3 = 86.4\,\text{m}^3$$

方格Ⅰ底面为两个梯形，土方量为

$$V_{\text{Ⅰ}}(+) = [20/8 \times (4.55+13.10) \times (0.10+0.19)]\,\text{m}^3 = 12.80\,\text{m}^3$$

$$V_{\text{Ⅰ}}(-) = [20/8 \times (15.45+6.90) \times (0.34+0.10)]\,\text{m}^3 = 24.59\,\text{m}^3$$

方格Ⅱ、Ⅴ、Ⅵ底面为三边形和五边形，土方量为

$$V_{\text{Ⅱ}}(+) = 65.73\,\text{m}^3$$

$$V_{\text{Ⅱ}}(-) = 0.88\,\text{m}^3$$

$$V_{\text{Ⅴ}}(+) = 2.92\,\text{m}^3$$

$$V_{\text{Ⅴ}}(-) = 51.10\,\text{m}^3$$

$$V_{\text{Ⅵ}}(+) = 40.89\,\text{m}^3$$

$$V_{\text{Ⅵ}}(-) = 5.70\,\text{m}^3$$

方格网总填方量为

$$\sum V(+) = (92.9+12.80+65.73+2.92+40.89)\,\text{m}^3 = 215.24\,\text{m}^3$$

方格网总挖方量：

$$\sum V(-) = (86.4+24.59+0.88+51.10+5.70)\,\text{m}^3 = 168.67\,\text{m}^3$$

4. 边坡土方量计算

如图 5-2 所示，④、⑦按三角棱柱体计算外，其余均按三角棱锥体计算，可得：

$$V_{①}(+) = 0.003\,\text{m}^3$$

$$V_{②}(+) = V_{③}(+) = 0.0001\,\text{m}^3$$

$$V_{④}(+) = 5.22\,\text{m}^3$$

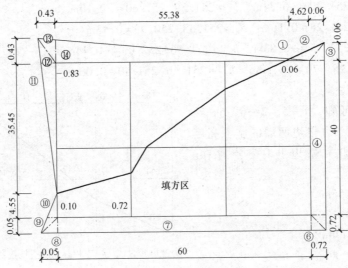

图 5-2 场地边坡平面图

$V_{⑤}(+) = V_{⑥}(+) = 0.06\text{m}^3$

$V_{⑦}(+) = 7.93\text{m}^3$

$V_{⑧}(+) = V_{⑨}(+) = 0.01\text{m}^3$

$V_{⑩}(+) = 0.01\text{m}^3$

$V_{⑪}(-) = 2.03\text{m}^3$

$V_{⑫}(-) = V_{⑬}(-) = 0.02\text{m}^3$

$V_{⑭}(-) = 3.18\text{m}^3$

边坡总填方量为

$$\sum V(+) = (0.003 + 0.0001 + 5.22 + 2\times0.06 + 7.93 + 2\times0.01 + 0.01)\text{m}^3 = 13.30\text{m}^3$$

边坡总挖方量为

$$\sum V(-) = (2.03 + 2\times0.02 + 3.18)\text{m}^3 = 5.25\text{m}^3$$

（三）土方调配

土方调配的原则：力求达到挖方与填方平衡和运距最短的原则，近期施工与后期利用的原则进行土方调配，必须依据现场具体情况、有关技术资料、工期要求、土方施工方法与运输方法，综合上述原则，并经计算比较，选择经济合理的调配方案。

调配方案确定后，绘制土方调配图。在土方调配图上要注明挖填调配区、调配方向、土方数量和每对挖填之间的平均运距。

任务二　基坑开挖与支护方案编制

问题1：基坑开挖类型分为哪几类？不同的开挖类别适用建筑类型是什么？

答：基坑开挖根据其实现形式，大致分为两大类：

（1）有支护开挖。其适用于民用与工业建筑，要求工程规模小、施工工期较短、施工问题较少。

（2）无支护开挖。其适用于高层建筑地下部分，基础深度多在5~15m，宽度在20m以上，施工工期较长、施工问题较多。

问题2：放坡开挖的具体流程是什么？基坑开挖形式有哪些？各适用于何种情况？

答：1）在放坡开挖中，具体流程为：选择施工机械→测量放样→引截地表水→基坑开挖施工。

2）基坑开挖形式有直角边坡、不同深度折线边坡、不同土层折线边坡和阶梯边坡。

直角边坡适用土质较均匀，上下层状态一致，无明显分层，具有相同坡度的情况。不同深度折线边坡适用土质较均匀，上下层状态一致的情况。不同土层折线边坡适用无明显分层但其自稳性不够且坡高太大，两种坡度的折线边坡（上部坡度应更平缓）的情况。阶梯边坡适用岩质或自稳性强、坡高太大的情况。

问题3：有支护开挖中，支护结构分为哪几类？不同安全等级的基坑应采用的支护方式是什么？

答：1）支护结构可根据基坑确定，常见基坑类型有一级基坑、二级基坑、三级基坑。

2）安全等级一、二级的深基坑，常用的支护方式有水泥挡土墙、排桩与板墙、边坡稳定式和拟作拱墙式。

3）安全等级三级，深度不大的基坑，常用的支护方式有短柱横隔板支撑、临时挡土墙支撑、斜柱支撑和锚拉支撑。

成果与范例

根据案例中工程特点和"能力标准与项目分解篇""项目五　土石方工程施工方案编制""任务二　基坑开挖与支护方案编制"中任务实施内容，完成基坑开挖与支护方案的编制。

（一）基坑开挖方式选择

根据"能力标准与项目分解篇""项目五　土石方工程施工方案编制"中表5-10、《建筑地基基础设计规范》（GB 50007—2011）和《建筑基坑支护技术规程》（JGJ 120—2012）规定。

为防止办公楼及住宅楼随着地基的开挖出现事故，确保周边的安全，结合该工程地质现场勘察的地质情况，遵循安全可靠、技术可行、经济合理、节约工期的原则，该工程土方开挖时，拟采用土钉墙支护技术对基坑部分边坡进行支护加固处理。

（二）土钉墙施工

土钉墙支护随基坑逐层开挖，逐层进行支护，直至坑底施工时在基坑开挖坡面，用洛阳铲人工成孔或机械成孔，孔内放锚杆并注入水泥浆，在坡面安装钢筋网，喷射强度等级不低于C20的混凝土，使土体、土钉锚杆及喷射混凝土面层结合，为深基坑土钉支护。

1. 主要技术参数的确定

根据《基坑土钉支护技术规程》（CECS 96：97）规定，结合"能力标准与项目分解篇""项目五　土石方工程施工方案编制"中表5-12，对主要技术参数做出如下规定：

1）土钉孔径100mm，孔内注浆体强度等级M15。

2）钻孔深度（自上而下分两排）：第一排为7m，第二排为8m。

3）钻孔间距：水平间距为1.2m，竖向间距为1.5m。

4）土钉锚杆：HRB335级热轧带肋钢筋ϕ20mm。

5）土钉布置形式：三角形。

6）网片钢筋：CRB550ϕ5mm，间距为200mm。

7）喷射混凝土强度等级：C20。

8）喷射混凝土厚度：80～100mm。

9）坡顶混凝土：外延1.0m，做好护坡顶排水。

2. 施工方法

（1）材料。矿渣硅酸盐32.5级水泥，5mm碎石，中砂，CRB550级ϕ5mm冷轧带肋钢筋。

（2）施工。

1）挖土应按土钉垂直间距挖土并修坡面。机械挖土时应预留0.1m，之后人工修整，根据边坡土质情况，可采取全面或分段挖土支护。

2）土钉定位成孔：按设计孔深，人工或机械成孔。

3）注浆：按配比制浆，注浆采用底部注浆法，注浆管应插入距孔底 250～500mm 处，随浆液的注入缓慢匀速拔出，为保证注浆饱满，孔口宜设止浆塞或止浆袋。

4）铺设钢筋网片：网片筋应顺直，按设计间距绑扎牢固。在每步工作面上的网片筋应预留与下一步工作面网筋搭接长度。钢筋网应与土钉连接牢固。埋设控制喷层混凝土厚度的标志。

5）喷射混凝土：按配合比要求拌制混凝土干料。为使回弹率减少到最低限度，喷头与受喷面应保持垂直，喷头与作业面间距宜为 0.6～1.0m。喷射顺序应自下而上，喷射时应控制用水量，使喷射面层无干斑或移流现象。喷射混凝土终凝 2h 后，应喷水养护，养护时间根据气温确定，宜为 3～7d。以此类推，下一步工作面重复 1～6 次工序循环，直至支护到基坑底标高。

此外，基础施工前应设置坡顶和坡脚排水设施。

3. 质量保证措施

质量保证措施中需要如下技术准备：

1）了解地质情况和地下管网、构筑物情况，认真编制基坑支护的设计、施工方案，做好施工前的技术交底和安全交底。根据现场实际情况，对可能出现的突发情况采取有效措施防范，必要时现场商定、调整技术参数，以便应急施工。

2）提前计算施工用材料量，以便备料。

3）根据水泥浆和混凝土的强度及工艺要求，提前做好配合比的试配和优选。

4）严格按照基坑支护施工方案精心施工，技术人员跟班指导作业，确保每道工序符合要求。

5）严把钢材、水泥、砂、石等材料的质量关，原材料应具有合格证。

6）对每个施工环节严格把关，质检员必须对工作认真、及时到位，对施工质量进行监督检查，检查合格后方可进行下道工序施工。

7）设专人对坡顶水平位移、坡顶沉降观测点进行测量，每天将测量结果反馈给责任工程师以指导施工。

4. 安全生产、文明施工的技术组织措施

该支护工程具有离周边建筑物近、地质条件复杂、交叉作业、工期紧等特点，安全工作十分重要，严禁施工中在坡顶堆放材料及重物，以免造成未成形的坡体滑移，各级管理人员应高度重视。

1）施工现场必须认真贯彻"安全第一，预防为主"的方针，坚持"管生产，必须管安全"的原则。建立安全管理生产责任制。

2）建立并认真执行安全交底制度，班前安全活动制度。

3）进入施工现场施工人员必须戴好安全帽，现场临时搭设的脚手架，支撑杆必须稳固。

4）土方坍落和滑坡是本工程最容易出现的安全隐患。在危险处设置醒目的警示标志。施工过程中设专人对边坡进行监测。

5）施工前应提前做好防雨准备工作，遇雨天应停止施工，对施工用材料、机具及坡面进行覆盖防护，雨后复工须认真检查边坡情况。决定是否有必要采取措施，之后才能施工。

6）施工现场要做到及时清理，保持场容整洁，道路畅通。

7）施工期间严格遵守安全用电操作规程。

8）认真贯彻执行国家有关安全生产和文明施工的规定，确保支护施工的顺利进行。

5. 施工中注意的问题

1）土方开挖、支护施工应分段进行，土方开挖后应尽量减少基坑边坡暴露时间，遇雨天应大面积覆盖，同时在坡脚堆载以防止滑坡。

2）成孔时遇砾石、砖块、管网或地下构筑物时，孔位及其下倾角可以调整，如遇到砾石层可改用钢管做锚杆。

3）护坡坡脚的处理：喷射混凝土面层伸入基坑底标高下至少0.2m，以形成护脚。

4）基坑支护完毕，应及时进行后序施工，同时做好有序排水，防止水浸渗入坡脚底下。

6. 应急措施

支护施工完成至基坑回填之前，如遇暴雨洪水等，必须将施工人员和设备撤离现场，支护坡面上需覆盖篷布以免造成塌方，同时增加监测次数，并做好相应的措施（如临时回填或在坡脚增加堆载）防止滑坡。如遇重物垂落，需要修复的地方，重新喷射混凝土或抹水泥砂浆，防止雨水灌入，造成不必要的损失。

任务三　基坑（槽）降水方案编制

问题1：基坑（槽）的降水方法分为哪几类？不同的降水方法适用施工情况是什么？

答：根据场区水文地质条件，结合工程各单体结构特点，基坑降水方法有：

（1）重力降水。分为明沟排水和集水井。

（2）强制降水。分为轻型井点、喷射井点、电渗井点和管井（深井）。

明沟排水、集水井、轻型井点和喷射井点适用于含薄层粉砂的粉质黏土、黏质粉土、砂质粉土、粉细砂。

电渗井点适用于黏土、淤泥质黏土、粉质黏土。

管井（深井）适用于含薄层粉砂的粉质黏土、砂质粉土、砂土、砂砾、卵石。

问题2：影响轻型井点布置的因素有哪些？轻型井点应如何布置？

答：1）降水深度3~6m为单级轻型井点，6~12m为多级轻型井点。

2）确定轻型井点过程是：①确定平面位置；②确定高程布置；③确定井点管数量与井距；④安装轻型井点。

3）轻型井点具体施工过程包括：放线定位→敷设总管→冲孔→安装井点管，真砂砾滤料，上部填黏土密封→用弯联管将井点管与总管接通→安装集水箱→开动水泵抽水→测量观测井中地下水位变化。在此过程中，需明确挖土前降水时间与降水系统停止时间。

成果与范例

根据案例中工程特点和"能力标准与项目分解篇""项目五　土石方工程施工方案编制""任务三　基坑（槽）降水方案编制"中任务实施内容，完成基坑（槽）降水方案的编制。

（一）基坑降水方式选择

根据给定案例信息，可知本案例降水深度小于6m；再根据相关规范规定，结合水文地质情况和土层渗透系数，对照"能力标准与项目分解篇""项目五 土石方工程施工方案编制"中表5-13，本案例可以采用一级轻型井点降水方法，将地下水位降低至满足工程要求。

（二）轻型井点降水施工

1. 井点降水施工准备

（1）抽水设备的选择和数量的配备。根据《建筑与市政工程地下水控制技术规范》（JGJ 111—2016）规定，确定选用真空泵，考虑到每台真空泵的抽水能力，抽水设备为7.5kW真空泵，每台泵可连接30根降水管。

（2）材料要求。

1）井点管。根据《建筑与市政工程地下水控制技术规范》（JGJ 111—2016）规定，井点管宜采用金属管或U-PVC管，直径根据单井设计出水量确定，宜为38~110mm。

根据本案例实际情况，采用直径38mm硬塑料管，下端为长1m、钻有10mm梅花形孔（6排）的滤管，外缠8号钢丝（直径为4mm），间距20mm，外包尼龙砂布2层，棕皮3层，缠20号铁丝，间距40mm。

2）连接管。用塑料透明管，胶皮管，管径为38~55mm，顶部装铸铁头。

3）集水总管。采用直径75~100mm的无缝钢管作为集水总管。

4）滤料。根据《建筑与市政工程地下水控制技术规范》（JGJ 111—2016）规定，井点安装到位后，应向孔内投放滤料，滤料粒径宜为0.4~0.6mm。

本案例采用粒径为0.5mm的石子为滤料，含泥量小于1%。

2. 布置井点

（1）确定平面布置。结合"能力标准与项目分解篇""项目五 土石方工程施工方案编制"中表5-14，考虑到基坑面积较大，本案例轻型井点采用环形布置。

绘制井点降水布置图（见图5-3），先挖符合深度和宽度要求的沟槽，在沟槽内插入井点管，井点管通过软胶皮管与集水总管连接，集水总管与抽水调配连接。

图5-3 井点降水布置图

（2）确定高程布置。假设井点管露出地面200mm，井点管距离基坑边缘距离为1m。环形布置时水力坡度 $i=0.1$。

若选用6m井点管，则除去200mm的高度，井点管埋深 $h=5.8$m。

基坑沿长边的井点管到基坑中心的水平距离

$$L=（21×0.5+3.8×0.4+1）\text{m}=13.02\text{m}$$

$$\Delta h=h-h_1-iL=（5.8-3.8-0.1×13.02）\text{m}=0.7\text{m}>0.5\text{m}$$

所以本工程井点管选用6m管可以满足降水要求。

另选用长1m滤管。

（3）井点数量与间距计算。由于井点管没有达到不透水层，故涌水量按无压非完整群井计算。根据已知信息可得，含水层厚度 $H=8$m；井点管处水位降低高度

$S = (6 - 0.2 - 1)\,\text{m} = 4.8\,\text{m}$，故 $S/(S+l) = 4.8/(4.8+1.2) = 0.8$。

根据"能力标准与项目分解篇"中表 5-15，$H_0 = 1.84(S+l) = 1.84 \times (4.8+1.2)\,\text{m} = 11.04\,\text{m} > H = 8\,\text{m}$，所以 $H_0 = H = 8\,\text{m}$。

$$F = (60 + 3.8 \times 0.4 \times 2 + 2) \times (21 + 3.8 \times 0.4 \times 2 + 2)\,\text{m}^2 = 1693.64\,\text{m}^2$$

$$R = 2S\sqrt{HK} = 2 \times 4.8 \times \sqrt{8 \times 18}\,\text{m} = 115.2\,\text{m}$$

由于基坑长宽比小于 5，所以 $x_0 = \sqrt{\dfrac{F}{\pi}} = \sqrt{1693.64/3.14}\,\text{m} = 23.22\,\text{m}$

根据相关规范规定的计算公式，得出如下数据。

1）基坑总涌水量计算。

$$Q = \left[1.366 \times 18 \times (2 \times 8 - 4.8) \times \frac{4.8}{\lg(115.2 + 23.22) - \lg 23.22}\right]\,\text{m}^3/\text{d} = 1704.87\,\text{m}^3/\text{d}$$

2）单井出水量计算。

$$q = (65 \times 3.14 \times 0.038 \times 1.0 \times \sqrt[3]{18})\,\text{m}^3/\text{d} = 20.33\,\text{m}^3/\text{d}$$

3）井点数量及间距。

井点数量：$n = 1.1Q/q = 1.1 \times 1704.87/20.33 \cong 92$ 根。

井点间距：$D = (2 \times (65.04 + 26.04)/92)\,\text{m} = 1.98\,\text{m}$。

虽然 1.98m 比 2m 小，但非常接近，如果井点管间距设为 2.0m，这样配置的井点管数基本满足 1.1 倍的井点管最少数量要求。因此，井点管水平布置间距按 2m 设置，转角处可增设 2 根。

3. 井点管施工

（1）开沟。从自然地面挖宽 1m、深 1.1m 左右沟槽，为排放冲孔用水；若表面杂填土较厚，必须清除杂填土至原土。

（2）冲孔和置管。井点管埋设成孔和用高压水冲击式成孔，孔径为 300mm，井点设计深 50cm；井点用机架吊起徐徐插入进孔中央，使其露出地面 200mm。

（3）填砂。倒入粒径为 5~30mm 石子，使管底有 500mm 高，再沿井点管四周均匀投放 2~4mm 粒径的粗砂，上部 1.0mm 深度内用黏土填实，以防漏气。

（4）安装。集水总管设在井点管外侧 50cm 处，总管之间采用法兰连接。端头法兰穿上螺栓，垫上橡胶密封圈，然后拧紧法兰螺栓，总管端部，用法兰封牢。一旦井点干管敷设好后，用吸水胶管将井点管与干管连接，并用 8 号钢丝绑牢。

（5）抽水。根据《建筑与市政工程地下水控制技术规范》（JGJ 111—2016）规定，先开动真空泵排气，再开动离心泵抽水，井点降水系统运行后，井点管系统运行，应保证连续抽水，并准备双电源，正常出水规律为"先大后小，先浑后清"。如不上水，或水一直较浑，或出现清后又浑等情况，应立即检查纠正。真空度是判断井点系统良好与否的尺度，应经常观察，一般真空度应不低于 55.3kPa。如真空度不够，通常是因为管路漏气，应及时修好。井点管淤塞，可通过听管内水流声，手扶管壁感到振动，手扶管子较热等简便方法进行检查，当井点管淤塞太多，严重影响降水效果时，应逐个用高压水冲洗井点管或拔除重新埋设。井点降水时，应对水位降低区域内的建筑物及管线进行沉降观测，发现沉陷或水平位移过大时，应及时采取防护技术措施。

（6）降水观测。根据《建筑基坑工程监测技术标准》（GB 50497—2019）规定，在降水过程中需进行降水观测。

1）井点监测。在重要的工程中，或者降水工地周围有较为重要的需要保护的建筑物或地下管线时，还需布置井点监测。

2）流量观测。流量观测很重要，一般可以用流量表或堰箱。若发现流量过大而水位降低缓慢甚至降不下去时，可考虑改用流量较大的离心水泵；若是流量较小而水位降低却较快，则可改用小型水泵以免离心泵无水发热，并可节约电力。

3）地下水位观测。地下水位观测井的位置和间距可按设计需要布置，可用井点管作为观测井。在开始抽水时，每隔 4~8h 测一次，以观测整个系统的降水机能。降水达到预定标高前，每日观测 1~2 次。地下水位降到预期标高后，可数日或一周测一次，但若遇下雨时，须加密观测。

4）孔隙水压力观测。通过降水期间观测地层中孔隙水压力的变化，可预计地基强度、变形以及边坡的稳定性。孔隙水压力的观测平常每天 1 次。在有异常情况时，如发现边坡裂缝、基坑周围发生较大沉陷等，须加密观测，每天不少于 2 次。

5）沉降观测。对于抽水影响范围以内的建筑物和地下管线，应进行建筑物的沉降和地下管线处地层沉降的观测。沉降观测的基准点应设置在井点影响范围之外。沉降观测可用水准仪和分层沉降仪进行。观测次数通常每天 1 次，在异常情况下须加密观测，每天不少于 2 次。

4. 质量标准

1）井点管间距、埋设深度应符合设计要求，一组井点管和接头中心，应保持在一条直线上。

2）井点埋设应无严重漏气、淤塞、出水不畅或死井等情况。

3）埋入地下的井点管及井点连接总管均应除锈并刷防锈漆一道，各焊接口处焊渣应凿掉，并刷防锈漆一道。

4）各组井点系统的真空度应保持在 55.3~66.7kPa，压力应保持在 0.16MPa。

5. 成品保护

1）井点成孔后，应立即下井点管并填入豆石滤料，以防塌孔。不能及时下井点管时，孔口应盖盖板，防止杂物掉入孔内堵孔。

2）井点管埋设后，管口要用木塞堵住，以防异物掉入管内堵塞。

3）井点使用应保持连续抽水，并设备用电源，以避免泥渣沉淀淤管。

4）冬期施工，井点连接总管上要覆盖保温材料，以防冻坏管道。

6. 安全措施

1）冲、钻孔机操作时应安放平稳，防止机具突然倾倒或钻具下落，造成人员伤亡或设备损坏。

2）已成孔尚未下井点前，井孔应用盖板封严，以免掉土或发生人员安全事故。

3）各机电设备应由专人看管，电气设备必须一机一闸一漏，严格接地、接零和安全漏电保护器，水泵和部件检修时必须切断电源，严禁带电作业。

任务四　基坑回填方案编制

问题 1：基坑填方土料的选择规定有哪些？

答：1）填土应尽量采用同类土填筑；当采用不同的土填筑时，应按土类有规则地分层铺填，将透水性大的土层置于透水性较小的土层之下。

可用土包括：碎石类土、砂土和爆破石渣（粒径不大于每层铺土厚的2/3），可用于表层下的填料；含水量符合压实要求的黏性土，可作各层填料；淤泥和淤泥质土，一般不能作填料，但在软土地区，经过处理，含水量符合压实要求的，可用于填方中的次要部位。

不可用土包括：含有大量有机物的土壤、石膏或水溶性硫酸盐含量大于2%的土壤，冻结或液化状态的泥炭、黏土或粉状砂质黏土。

2）填土应从最低处开始，由下向上整个宽度分层铺填碾压或夯实。

3）在地形起伏之处，应做好接茬。

4）填土应预留一定的下沉高度，以备在行车、堆重或干湿交替等自然因素作用下，土体逐渐沉落密实。

问题2：基坑填土压实的方法有哪些？影响填土压实的因素有哪些？

答：1）基坑压实方法包括：碾压法、夯实法和振动压实法。三种方法根据适用工程土质类型和配套机械确定。

2）基坑回填的竣工验收主要是填土压实的质量检查。回填土实行各层的夯实处理后，应结合相关的规范实行环刀取样工作。再对干土的密实度进行测量，若能够满足范围的要求，可实行上层的铺土施工。待完成全部的回填工作后，应做好表面拉线找平处理，观察到相关位置高出标准高程的时候，需结合平线做好铲平处理工作。低标准的高程位置，可实行补土、找平、夯实处理。

成果与范例

根据案例中工程特点和"能力标准与项目分解篇""项目五　土石方工程施工方案编制""任务四　基坑回填方案编制"中任务实施内容，完成基坑回填方案编制。

（一）清理基坑

1. 清理基坑

1）基坑基底的垃圾、建筑废料、泥土等已清除干净，所有准备工作按设计要求完成或处理好，并按规定程序办好验收手续。

2）地下室外墙脚手架及脚手板等周转料已拆除完毕，地下外墙、地下防水层、保护层、防白蚁工程及各预埋水、电管道等已检查完毕，办好隐蔽验收手续，且结构已达到规定强度。

3）基坑内回填土时，应将填区内的积水和有机杂物等清除干净后进行。

2. 填料准备

根据《土方与爆破工程施工及验收规范》（GB 50201—2012）和《建筑地基处理技术规范》（JGJ 79—2012）规定，为了保证回填质量及对外墙防水层的保护，本工程采用2∶8灰土进行回填，采用就近外购置素土，回填压实系数为0.94，现场预留土中土质较好的砂石土或砂土，不得含有杂草、树根、垃圾等杂质，不得含有淤泥质土。含泥量不得超过5%，含水率为8%~12%。石灰颗粒不得大于5mm，且不应夹有未熟化的生石灰块粒及其他杂质，也不得含有过多的水分。灰土为体积比，施工时严格控制执行配合比，拌和均匀一致，拌和好的灰土颜色要求一致，保证当天拌和的灰土当天用。办公楼管网回填应先进行。

3. 机具、劳力配备

根据《建筑地基处理技术规范》（JGJ 79—2012）规定，结合"能力标准与项目分解篇"中表 5-16，确定本案例选择如下回填机械：

1）装运土方机械：自卸汽车 5 辆，铲土机 2 辆。

2）一般机械及劳力：每 20m 一段劳动人数 30 人，小推车 10 辆，铁锹 15 把，蛙式打夯机 3 台。

（二）施工工艺

1. 回填施工工艺流程

基坑清理→材料检验→拌土→分层铺土、耙平→分层回填→夯打密实→环刀取样→修整找平验收。

2. 回填方法及措施

根据《建筑地基处理技术规范》（JGJ 79—2012）规定，结合本案例，在基坑回填时还应满足如下规定：

1）基坑清理：外墙的防水卷材施工验收合格，坑底清理完毕，隐蔽工程检查验收合格。保护层已施工完毕，并验收合格。基坑清理需完成地下室基坑内外墙脚手架的拆除工作，然后对基坑内冰雪、冻土、钢筋、模板、木方等材料进行清理，最后完成基坑内杂物清理工作。

2）检验回填土及石灰：土方每批进场应检验回填土的含水率是否在控制范围内，若含水率偏高，则可采用翻松、晾晒或均匀掺入干土等措施；若遇到回填土的含水率偏低，则可采用预先洒水润湿等措施。将含水率合格的土需过筛，筛网眼尺寸为 50mm。石灰采用熟化透的消石灰粉，粒径不大于 5mm。拌土严格按照 2∶8 的比例进行拌土，即 2 车石灰加 8 车土。灰土翻拌不少于两遍，拌好后的灰土颜色应均匀一致。

3）回填作业中由于场地受限，运土：土方由西侧大门进入，土方临时堆放在施工道路路边，宽度为 3.5m，高位 1.5m，后采用手推车运至溜槽进行回填。

在基槽四周每 10~20m 搭设一处溜槽供土方倾倒，用脚手管支设，宽 0.8m，坡度 2∶1，表面铺旧瓦楞铁。人工用铁锹将拌和好的回填土从通过溜槽送入坑内。

4）每一阶段回填作业完成后，应进行表面拉线找平，凡超过标准高程的地方，及时依线铲平；凡低于标准高程的地方，应补土找平夯实。分层回填，回填土应分层铺摊，每层需铺设厚度为 200~250mm，每层铺摊后用木耙耙平；夯实后厚度为 200mm 一步，保证回填土灰土压实系数不小于 0.94。每层铺摊后，随之用木耙耙平。每层回填土夯实之后都要根据分层厚度在防水保护墙上弹出下一层厚度控制线。

5）回填区域划分及回填路线：根据现场施工场地布置及施工进度安排。

3. 压实

根据"能力标准与项目分解篇""项目五 土石方工程施工方案编制""任务四 基坑回填方案编制"中方法介绍，本案例采用夯实法。对回填土夯打密实，每层打夯 3~4 遍，打夯应一夯压半夯，夯夯相连，行行相连，纵横交叉，不多夯，不漏夯。边缘部位要适当地加强其夯实遍数。靠近防水保护层处要用人力小心夯打，避免破坏防水保护层。

4. 竣工验收

1）密实度检查。当各阶段回填压实后，都应做密实度试验，检测由质检站或监理单位依据《土方与爆破工程施工及验收规范》（GB 50201—2012）进行检测，密实性必须达到设计要求方可进行下一道工序。

2）修整找平验收。土方回填前，由专业测量人员按低于室外建筑标高 0.6m 测出土方回填标高控制线，并将其在地下室外墙上用红实线标出。土方回填完成后，表面按标高控制线拉线找平，超过标高控制线的地方依线铲平；低于标高控制线的地方，补土、找平、夯实。

5. 质量要求

1）基坑处理必须符合设计要求和施工规范规定。

2）回填土的工料必须符合设计要求和施工规范规定。

3）回填土必须按规定分层夯压密实，所取试样的干密度测定值必须有 90% 以上符合施工规范要求，其余 10% 的最低值与规范计算值允许偏差不应大于 $0.08t/m^3$。且应分散不集中。

4）根据《建筑地基检测技术规范》（JGJ 340—2015）规定，允许偏差项目见表 5-1。

表 5-1 允许偏差项目

序号	项目	允许偏差/mm	检验方法
1	顶面标高	0～50	水准尺测量
2	表面平整度	±20	2m 靠尺和楔形塞尺

6. 安全文明施工

1）回填施工时，对标准水准点、轴线控制标记、定位标准桩等，在填运土方时应注意保护，不得碰撞。回填施工完后，对这些控制点位、标记等应复测检查其标识是否清楚，位置是否准确。

2）夜间回填施工时，应合理安排施工顺序，配备足够的照明设施，防止每层铺填超厚。严禁用汽车将土直接倒入基坑内。

3）每层回填土应测定夯实后的干土质密度，达到设计要求后才能铺摊下一层土。测定结果应以试验报告的形式记录清楚，注明土类、试验日期、结论及试验人员签字。对测定未达要求的土层制订专门处理方案，并做好记录。

4）回填时，为防止管道中心线位移或损坏管道，应用人工先在管子周围填土夯实，并应从管道两边同时进行，直至管顶 0.5m 以上。在不损坏管道的情况下，才能用机械回填和夯实。

5）非机电设备操作人员不准擅自动用机电设备。使用蛙式打夯机时，要两人操作，其中一人负责移动胶皮线。操作夯机人员，必须戴胶皮手套，以防触电。打夯时要精神集中，两机平行间距不得小于 3m；在同一夯行路线上，前后距离不得小于 10m。

项目六
桩基础工程施工方案编制

任务一 预制桩施工方案编制

问题1：预制混凝土桩的制作、起吊、运输和堆放有哪些基本要求？

答：预制混凝土桩制作时应有工程地质资料、桩基施工平面图、桩基施工组织设计或方案。桩应该达到设计强度的75%方可起吊，100%方可运输和压桩。

桩的堆放应当符合下列要求：

1）堆放场地应当平整、坚实，不得产生不均匀沉降。

2）垫木与吊点位置应相同，并应保持在同一平面内。

3）同型号（规格）的桩应当堆放在一起，桩尖应保持指向一端，便于施压。

4）多层的垫木应上下对齐，最下层的垫木应当适当加宽，堆放的层数一般不宜超过四层。预应力管桩堆放时，层与层之间可设置垫木，当层间没有设置垫木时，最下层的贴地垫木不得省去。垫木边缘处的管桩应用木楔塞紧，防止滚动。

问题2：预制桩的沉桩方法和沉桩特点是什么？

答：预制桩沉桩方法常见的有锤击法、静力压桩法、振动法和水冲法。

（1）锤击法。桩锤自由下落，利用锤的重力夯击桩顶，使之入土。其落锤装置简单、使用方便、费用低，但效率低、桩顶易被破坏、噪声大。

（2）静力压桩法。利用桩基自身的自重平衡沉桩阻力，在沉桩压力的作用下，克服压桩过程中的侧摩擦力及桩端阻力而将桩压入土中。该施工方法中，无振动、无噪声、无空气污染，对桩身的应力也大大减少。

（3）振动法。利用振动锤沉桩，将桩与振动锤连接在一起，利用高频振动激振桩身，使桩身周围的土体液化而减少沉桩力，并靠桩锤和桩体的自重将桩沉入土中。该施工方法施工速度快、使用方便、费用低，但其耗电量大、噪声大。

（4）水冲法。水冲法沉桩大多与锤击或振动相辅使用，视土质情况可采取先用射水管冲桩孔，然后将桩身随之插入（锤可置于桩顶，以增加下沉的重量）；或一面射水，一面锤击（或振动）；或射水锤击交替进行或以锤击或振动为主，射水为辅等方式。

问题3：预制桩施工顺序应注意哪些问题？

答：当桩的中心距小于4倍桩径时，打桩顺序尤为重要。对于密集桩群，应采用自中间向两个方向或自中间向四周对称施打。施工区毗邻建筑或地下管线，应有毗邻被保护的一侧向另一方向施打。此外，根据设计标高及桩的规格，宜先深后浅、先大后小、先长后短，这样可以减少后施工的桩对先施工的桩的影响。

问题 4：锤击沉桩法施工停锤的规定是什么？

答：1）当桩端位于一般土层时，应以控制桩端设计标高为主，贯入度为辅。

2）当桩端达到坚硬、硬塑的黏性土、中密以上粉土、砂土、碎石类土及风化岩时，应以贯入度控制为主，桩端标高为辅。

3）当贯入度已达到设计要求而桩端标高未达到时，应继续锤击 3 阵，并且每阵 10 击的贯入度不大于设计规定的数值，必要时，施工控制贯入度应通过试验确定。

问题 5：预制桩施工中常见的质量问题有哪些？如何避免？

答：（1）在预制桩施工过程中经常出现的质量问题主要包括：桩身断裂、桩顶位移、接桩处松脱开裂、沉桩达不到设计要求。

（2）对于常见的质量问题在施工过程中的应对措施如下：

1）桩身断裂的预防措施。①施工前，应将地下障碍物，如旧墙基、条石、大块混凝土清理干净，尤其是桩位下的障碍物，必要时可对每个桩位用钎探检查；②对桩身质量要进行检查，发生桩身弯曲超过规定，或桩尖不在桩纵轴线上时，不宜使用；③一节桩的细长比不宜过大，一般不超过 30；④在初沉桩过程中，若发现桩不垂直应及时纠正，若有可能，应把桩拔出，清理完障碍物并回填素土后重新沉桩；⑤桩打入一定深度发生严重倾斜时，不宜采用移动桩架来校正；⑥接桩时要保证上下两节桩在同一轴线上，接头处必须按照设计及操作要求执行；⑦采用"植桩法"施工时，钻孔的垂直偏差要严格控制在 1% 以内。植桩时，桩应顺孔植入，出现偏斜也不宜用移动桩架来校正，以免造成桩身弯曲；⑧桩在堆放、起吊、运输过程中，应严格按照有关规定或操作规程执行，发现桩开裂超过有关规定时，不得使用；⑨普通预制桩经蒸压达到要求强度后，宜在自然条件下再养护一个半月，以提高桩的后期强度；⑩施打前桩的强度必须达到设计强度的 100%（指多为穿过硬夹层的端承桩）的老桩方可施打。而对纯摩擦桩，强度达到设计强度的 70% 便可施打；⑪遇有地质比较复杂（如有老的洞穴、古河道等）的工程，应适当加密地质探孔，详细描述，以便采取相应措施。

2）桩顶位移的预防措施。①采用井点降水、砂井或盲沟等降水或排水措施；②沉桩期间不得同时开挖基坑，需待沉桩完毕后相隔适当时间方可开挖，相隔时间应视具体地质条件、基坑开挖深度、面积、桩的密集程度及孔隙压力消散情况来确定，一般宜 2 周左右；③采用"植桩法"可减少土的挤密及孔隙水压力的上升；④认真按设计图放好桩位，做好明显标志，并做好复查工作；⑤施工时要按图核对桩位，发现丢失桩位或桩位标志，以及轴线桩标志不清时，应由有关人员查清、补上。

3）接桩处松脱开裂的预防措施。①接桩前，对连接部位上的杂质、油污等必须清理干净，保证连接部件清洁；②检查校正垂直度后，两桩间的缝隙应用薄铁片垫实，必要时要焊牢，焊接应双机对称焊，一气呵成，经焊接检查，稍停片刻，冷却后再行施打，以免焊接处变形过多；③检查连接部件是否牢固、平整和符合设计要求，如有问题，必须进行修正后才能使用；④接桩时，两节桩应在同一轴线上，法兰或焊接预埋件应平整服贴，焊接或螺栓拧紧后，锤击几下再检查一遍，看有无开焊、螺栓松脱、硫黄胶泥开裂等现象，如有应立即采取补救措施，如补焊、重新拧紧螺栓并把丝扣凿毛或用电焊焊死；⑤采用硫黄胶泥接桩法时，应严格按照操作规程操作，特别是配合比应经过试验，熬制及施工时的温度应控制好，保证硫黄胶泥达到设计强度。

4）沉桩达不到设计要求的修改措施。①详细探明地质情况，必要时应补充勘探，正确选择持力层或标高，根据工程地质条件、桩断面及长度，合理选择桩工机械、施工方法及行车路线；②防止桩顶打碎或桩身断裂。例如，采取法兰盘下加钢套箍、加垫减振材料、选老桩、严格校正垂直度等措施；③遇有硬厚夹层，可采用"植桩法"、射水法或气吹法等措施。无论采用哪种方法，桩尖至少应进入未扰动土6倍桩径（保证设计要求）；④施打前平整场地时，清除掉地下障碍物，必要时，放桩位时以钎探法探明地下物，及时清除。正式施打前，可在正式桩位上进行工艺试桩（选不同部位试打3~5根），以校核勘探与设计要求的可能性和合理性。

成果与范例

根据本项目案例中的工程特点和"能力标准与项目分解篇""项目六 桩基础施工方案编制""任务一 预制桩施工方案编制"中任务实施内容，完成预制桩基础施工方案编制。

1. 预制桩沉桩方法选择

该地区施工环境位于郊区，且该地区土层地质较软，根据"能力标准与项目分解篇""项目六 桩基础施工方案编制""任务一 预制桩施工方案编制"中表6-3，选择锤击沉桩法施工。锤击沉桩的适用范围和施工特点适用于松软土质和空旷地区，施工速度快、机械化程度高，且选择锤击沉桩方法对周边环境影响不大。

2. 锤击沉桩施工机械选择

根据"能力标准与项目分解篇""项目六 桩基础施工方案编制""任务一 预制桩施工方案编制"中表6-4，施工机械可选用柴油锤，柴油锤适用于较硬黏性土和砂质性的地基中，柴油锤的锤击频率高、工效显著，施工设备安装方便、施工准备周期短。因此，锤击沉桩适宜于本工程基础的施工。

（1）桩锤的选择。①选择桩锤时，桩的夯实能量必须克服桩的贯入阻力，包括克服桩尖阻力、桩侧摩擦力和桩回弹产生的能量损失等。如果桩锤的能量不能满足上述要求，则会引起桩的头部产生局部压曲，难以将桩送到设计标高；②桩锤一般应大于桩重，落锤施工中锤重以相当于桩重的1.5~2.5倍为宜；③落锤高度通常为1~3m，采用重锤低击就不宜击碎桩，避免因回弹损失较多的能量而大幅减弱打入效果。故宜在保证桩锤落距在3m内能将桩打入的情况下选定桩锤的重量。对于桩锤的选择鉴于本工程有软、硬两种土层，根据案例背景中预应力管桩的重量为3.27t，根据"能力标准与项目分解篇""项目六 桩基础施工方案编制""任务一 预制桩施工方案编制"中表6-5，综合选用了柴油锤（5t）。

（2）桩架的选择。作业过程中，需要通过桩架为桩锤和桩身提供足够的支撑力以及引导桩身沿着正确的方向沉桩。根据"能力标准与项目分解篇""项目六 桩基础施工方案编制""任务一 预制桩施工方案编制"中表6-6，履带式桩架适用性广，优点较多。结合本案例项目所在施工环境和地质特点，宜选用履带式桩架。

3. 预制桩施工过程中的质量控制

（1）桩的测设。测量放线时依据设计图对高程点和施工控制点进行复核，验收合格后方能进行现场放线。根据已测轴线与桩位关系，采用经纬仪运用极坐标法测放出桩位，对这些桩点位置要根据放线的控制桩经常检查，防止受外界因素造成偏位、移动。

（2）锤击施工。在充分了解现场施工环境条件、要求工期和设计文件下，对施工方法、施工机械、施工工期定制切实可行的计划。

（3）沉桩。起桩就位，桩尖的中心须对正已放好的桩中心位，并用垂线校正入桩的垂直度，以确保打桩过程中桩的垂直度。

桩被打入的过程中修正桩的角度较困难，因此就位时要正确安放。第一节管桩插入地下时，要尽量保持位置方向正确。开始时要轻轻打入，认真检查，若有偏差应及时纠正，必要时要拔出重打。校核桩的垂直度可采用经纬仪保持垂直。通过桩机导架的旋转、滑动及停留进行调整。经纬仪应设置在不受打桩影响处，并经常加以调平，使它保持垂直。

（4）锤打。沉桩后，应调整桩锤、桩帽、桩垫及打桩机导杆，使它与打入方向成一直线，可使用经纬仪进行控制，经纬仪设置在不受打桩机移动及打桩作业影响的地方，并经常与打桩机导杆成直角的移动。

桩的打入初期要徐徐试打，在确认桩的中心位置无误后，再转入正式打入。地质勘查资料显示：杂填土层厚度约为1m，粉土及细砂土层厚度约为7m。根据经验，在这种地质条件下，混凝土管桩自重加桩锤自重便可穿透，无须锤打，所以在该阶段施工时，应徐徐将锤放在桩顶，直至桩自沉到某一深度不动为止，在使桩中心不偏移地缓慢打入。在开始锤击作业时，应先进行缓慢的间断试打，直至桩进入地层一定深度时止，间断试打一般为2~3m。在桩的垂直度得到正确调整以后，即可连续正常施打。

（5）接桩。本工程根据设计桩长，采购相应的管桩，主要有3m、6m、9m、12m几种规格，在施工过程中需依据沉桩深度进行合理配桩才能到达设计要求长度。当存在多节接桩时，桩的垂直承载能力和水平承载能力将受到影响，桩的贯入阻力也将有所增大，影响程度主要取决于桩的数量、结构形式和施工质量。因此，对接桩质量必须严格控制，接桩的接触面必须紧密，以减少锤击能量损耗。

在桩长不够的情况下，采用焊接接桩法：在接桩时，下节桩的地面预留高度一般为50~80cm，上、下桩节中心线偏差小于或等于5mm，节点弯曲矢高不得大于0.1%桩长，且不大于20mm。

（6）送桩。为将管桩打到设计标高，需要采用送桩器。送桩前，将送桩的下端套在桩顶上，上端置于桩帽下，起替打作用。送桩器的中心线与桩身吻合一致方能进行送桩。

（7）收锤。在锤击沉桩施工中，如何确定沉桩已符合设计要求（收锤标准）是施工中必须解决的重要问题。对于桩尖位于坚硬土层的端承型桩，以贯入度控制为主，桩端标高可作为参考。如贯入度已达到设计要求而桩端标高未达到时，应继续锤击3阵，并按每阵10击的贯入度不大于设计规定的数值加以确认，必要时应通过试验或与有关单位会商确定。对于桩端位于一般土层的摩擦型桩，应以控制桩端设计标高为主，贯入度可作为参考。

任务二　灌注桩施工方案编制

问题1：混凝土灌注桩施工常用的成孔机械方法的种类、适用范围和特点有哪些？

答：1）混凝土灌注桩施工成孔机械的常用成孔方法分为长螺旋钻机成孔法、冲击钻机成孔法、旋挖钻机成孔、人工挖孔法等。

2）常用的灌注桩施工成孔方式的特点与适用范围如下：

① 长螺旋钻机成孔法。螺旋钻孔机成孔是一种无泥浆循环的机械式干作业连续成孔、成桩的施工方法，是利用动力旋转钻杆使钻头的螺旋叶片旋转削土，土块沿螺旋叶片上升排出孔外。因不采取护壁措施，一般仅适用于地下水位以上的填土、黏性土、粉土、砂性土、卵砾石层等。

② 冲击钻机成孔法。冲击钻进成孔是采用冲击式钻机用卷扬机带动一定质量的冲击钻头（或称为冲锥），在一定的高度内周期性地做自由落体运动，冲击破碎岩层或冲挤土层形成桩孔，再用捞渣筒或泥浆循环等方法将岩屑钻渣排出的成孔方法。其适应范围较广，能适应各类地质条件，在施工中使用也较多。

③ 旋挖钻机成孔。旋挖钻机成孔，首先是通过钻机自有的行走功能和桅杆变幅机构使得钻具能正确地到达桩位，利用桅杆导向下放钻杆，将底部带有活门的桶式钻头置放到孔位，钻机动力头装置为钻杆提供扭矩，加压装置通过加压动力头的方式将加压力传递给钻杆和钻头，钻头回转破碎岩土，并直接将其装入钻头内，然后由钻机提升装置和伸缩式钻杆将钻头提出孔外卸土，这样循环往复，不断地取土、卸土，直至钻至设计深度。

旋挖钻机一般适用黏土、粉土、砂土、淤泥质土、人工回填土及含有部分卵石、碎石的地层。根据不同的地质条件选用不同的钻杆、钻头及合理的斗齿刃角。对于具有大扭矩动力头和自动内锁式伸缩钻杆的钻机，可以适应微风化岩层的施工。

④ 人工挖孔法。人工挖孔是一种通过人力开挖而形成井筒的成孔方法。在人工开挖送土的过程中，要用混凝土或钢筋混凝土井圈护壁。一般适用于土质较好、地下水位较低的黏土、含少量砂卵石的黏土层。

问题2：泥浆护壁钻孔灌注桩的施工流程、泥浆循环的方式类别与效果是什么？

答：1）泥浆护壁钻孔灌注桩的施工工艺流程：桩位放线、开挖泥浆池和排浆沟、护筒埋设、钻机就位与孔位校正、成孔、第一次清孔、质量验收、下放钢筋笼和混凝土导管、第二次清孔、浇筑水下混凝土、成桩。

2）泥浆循环方式可以分为正循环回转和反循环回转。正循环是从钻杆内注循环泥浆，钻渣因比重轻于泥浆而自浮于泥浆中，并随泥浆上升到孔顶排出，随着钻渣逐渐加多，泥浆浓度越来越大，又因钻渣沉淀而致重复碾磨，故效率较低，但浓泥浆有利于钻孔护壁，不易塌孔，用于流沙等容易塌孔的土层是适应的。反循环是钻杆吸出夹带钻渣的循环泥浆，并孔顶补充泥浆以保持孔内液面，从而保证孔壁的稳定性。反循环可大大减少重复碾磨钻渣的无效劳动，可使钻进效率大幅度提高，用于岩层、砾石及密实土层较合适。

问题3：沉管灌注桩的施工流程是什么？

答：桩机就位→锤击（振动）沉管→上料→边轻击（振动）边拔管→边浇筑混凝土→下钢筋笼→继续拔管→浇筑混凝土→成桩。

问题4：灌注桩施工质量控制有哪些基本要求？应当如何控制？

答：1）灌注桩施工质量控制的基本要求有：地基承载力的鉴定、桩身强度的控制、沉渣量的检查。

2）灌注桩施工质量的控制要点如下：

① 地基承载力的鉴定。混凝土灌注桩发挥有效作用的前提是确保地基承载力符合设计

要求。影响地基承载力的因素有很多，如岩层的构造情况、桩嵌入岩石的深度等。有时候施工地区在断裂带上，岩层存在夹层，在孔钻至夹层上破碎岩石时，常常会认为已经到了微风化岩石，但是破碎岩石层下还有一层软夹层，直到抽芯时才发现桩的底部坐落于软土上，致使桩基承载力达不到设计要求。

② 桩身强度的控制。施工工艺的控制决定了桩本身的强度，在施工质量控制中，如果只有地基承载力符合设计要求，而桩身强度不够的话，桩的承载力也不会达到设计要求。桩身的质量与混凝土的质量有关，钢筋笼的制作质量和混凝土的质量决定了桩身强度。其中，桩身质量主要受混凝土的质量的影响，因为相对于钢筋笼，混凝土的质量受很多因素的影响，有很大的不确定性。

③ 沉渣量的检查。沉渣量的检查是钻孔灌注桩的控制关键。对于摩擦桩而言，它的受力机理是通过桩表面和周围土壤之间的摩擦力和依附力，慢慢将荷载从桩顶传递到周围的土体中，若在设计中端反力不大，那么其对桩承载力的影响也不大；但是对于端承型桩，若沉渣量过大，一定会造成桩受荷时发生大量沉降，让桩不能发挥作用。因此，钻孔灌注桩的沉渣厚度对端承桩应不大于 50mm；对摩擦桩应不大于 100mm；对抗拔、抗水平力桩应不大于 200mm。

成果与范例

一、灌注桩施工成孔方法的选择

根据"能力标准与项目分解篇""项目六　桩基础施工方案编制""任务三　灌注桩施工方案编制"中表 6-8 和表 6-9，结合拓展案例背景工程地质特点，采用泥浆护壁反循环回转钻进成孔、二次清孔排渣、导管法灌注水下混凝土的施工工艺。

二、施工工艺流程

1. 测量放线定位

在孔位定位准确后，以桩孔的中心为圆心，以护筒管为半径画圆，作为孔口开挖线，开孔钢套管稳定后，可把孔位十字点布设在钢套壁管上，这样可随时调整钻孔钢丝绳的垂直度，确保孔位准确。

2. 桩机就位

为防止桩位不准，施工中要定好中心位置和正确地安装钻机，钻机应准确定位，钻机位置的偏差不大于 5cm，使钻头、固定钻杆的卡孔与护筒中心在同一垂线上，纵横 2 个方向上的垂直度偏差控制在 0.02% 以内。对准桩位后，用枕木设置工作平台，保证其有足够的稳定性和平整度，减少操作时发生位移情况。

3. 埋设护筒

桩机就位后，进行护筒的埋设。护筒的作用是稳定孔口，提高水位，增加净水压力和围护孔壁，固定水位，防止孔壁坍塌。以桩心为中心挖土，埋设厚度为 5mm、直径为 1.8m、高度为 2~3m 的钢护筒，顶端设 200mm×400mm 的出浆口，排浆洞口对准泥浆沉泥池方向，护筒中心要求与桩的中心在同一垂线上，护筒四周必须回填夯实，防止翻砂和漏浆。

4. 泥浆制备

泥浆的作用主要是护壁和浮渣，还具有浮悬钻渣，冷却钻头，润滑钻具，增大静水压力，并在孔壁形成泥皮，隔断孔内外渗流，防止塌孔的作用。调制的钻孔泥浆及经过循环净化的泥浆，应根据钻孔方法和地层情况来确定泥浆稠度，泥浆稠度应视地层变化或操作要求机动掌握。根据地质特点，该工程地质为粉质黏土夹粉土，故采用泥浆的相对密度为1.25，泥浆黏度1.8~2.2Pa·s，含砂率不大于4%~8%，胶体率不小于90%。

5. 钻孔和一次清孔

钻孔是关键工序，在施工中必须严格按照操作要求进行，才能保证成孔质量。要注意开孔质量、保证钻杆、钻具与桩的中心重合，并压好护筒，施工过程随时检查成孔是否有偏斜现象。钻孔的顺序按照施工方案实施，既要保证下一个桩孔的施工也不能不影响上一个桩孔质量，又要使钻机的移动距离不要过远及相互干扰。

在护筒内注满泥浆后，开始钻进，开钻时，应在钻头降至距孔口5cm左右首先启动泥浆泵，待泥浆循环5min后，再启动钻机慢度回转，同时慢慢降下钻头，孔口位置先低档慢速钻进，再启动钻机慢慢回转，同时慢慢降下钻头，孔口位置先低档慢速钻进，钻至护筒下1m，且孔口稳定后逐渐增加转速正常钻进。转速的控制对成孔及后期水下混凝土浇筑有非常重要的影响。若进尺速度过快，孔壁不易形成一定厚度的泥浆护壁层，容易发生塌孔等事故；若进尺速度过慢，可能形成扩孔，影响工程施工速度，也不可取。因而在针对地质具体情况，钻孔时，必须针对砂层黏性土层、砂砾层等不同土层适时调整钻速，确保成孔质量。钻进过程中要随时不断补充泥浆，使孔内始终保持高于地下水位1~1.5m的水头高度，同时应根据土质情况调整泥浆配方和相对密度。钻进至设计深度时，立即开始清理沉渣（一次清孔）。

6. 吊装钢筋笼

一次清空经检查合格后，进行钢筋笼的吊放。吊装时要对准孔位、扶稳、缓慢，避免碰撞；多节钢筋笼吊放，应将钢筋笼逐步接长后再放入孔内，利用先插入孔内的钢筋笼上部架立筋，将笼体固定牢固，利用吊装机械将上节钢筋笼吊起，进行两节钢筋笼之间的焊接，冷却后将钢筋笼徐徐下放到位。吊装完毕，经测量标高无误后，应采取可靠的固定措施，防止灌注混凝土时钢筋笼上浮或下沉。

7. 下导管和二次清孔

钢筋笼固定后，开始下导管，导管的壁厚不宜小于3mm，直径约200~250mm，底管的长度不宜小于4m，管径不宜过小，以确保导管良好的通导性。导管使用前，检查导管是否有砂眼，法兰盘是否有变形，密封是否严密。导管安放至孔底以后，提升约300mm，进行二次清孔。然后根据泥浆比重情况，泵入相对密度和含砂率较小的泥浆，直到孔内的泥浆的相对密度在1.05~1.2，含砂率与换入泥浆的含砂率接近为止，确保孔底的沉渣厚度不大于10cm。

8. 灌注水下混凝土

清孔完成，由导管上部塞入隔水塞，塞入深度以临近水为准，首次灌注混凝土量，须保证导管底端能埋入混凝土中不少于1m。随着不断地灌注，孔内混凝土面的上升，随时提升和拆卸导管，导管底端必须保证埋入管外的混凝土面以下2~3m。为了保证混凝土连续灌注，导管不脱离混凝土面，且有一定的埋置深度，要求详细计算混凝土灌注料斗、储料斗及导管的体积，并根据不同的成桩孔径，以此推算每次拔的高度，禁止导管脱离混凝土面和混凝土灌注的中断，否则易出现断桩现象。

7

项目七
砌筑工程施工方案编制

任务一 砖砌体工程施工方案编制

问题1：常用的砌筑材料类别有哪些？这些砌筑材料使用时有哪些基本要求？

答：常用的砌筑材料主要包括砖、石或砌块及砌筑砂浆。

1）砖、石与砌块的质量应符合国家现行有关规范和标准，对石材则应符合设计要求的等级与岩种。常温下，在砌砖前1~2d应将砌筑材料浇水湿润，普通黏土砖、多孔砖的含水率应当控制在10%~15%；灰砂砖、粉煤灰砖含水率在8%~10%为宜；对混凝土小型砌块，其表面有浮水时不得施工。干燥的砖在砌筑后会过多地吸收砂浆中的水分而影响砂浆中的水泥水化，降低其与砖的黏结力。但浇水也不宜过多，以免发生砌体走样或滑动。混凝土砌块含水率控制在其自然含水率。当气候干燥时，混凝土砌块及石料也可先喷水润湿。

2）砌筑砂浆有水泥砂浆、石灰砂浆和混合砂浆。砂浆种类选择及其等级应根据设计要求确定。

① 水泥砂浆和混合砂浆可用于砌筑潮湿环境和强度要求较高的砌体，但对于基础一般只用水泥砂浆。

② 石灰砂浆宜用于砌筑干燥环境中以及强度要求不高的砌体，不宜用于潮湿环境的砌体及基础。砂浆用砂宜选用中砂，毛石砌体的砂浆宜选用粗砂，砂中不得含有有害杂物，砂在使用前应过筛。砂的含泥量对水泥砂浆及强度等级不小于M5的水泥混合砂浆不应超过10%。

③ 制备混合砂浆和石灰砂浆用的石灰膏应经筛网过滤，并在化灰池中熟化，时间不少于7d，严禁使用脱水硬化的石灰膏。

④ 砂浆的拌制一般用砂浆搅拌机，要求拌和均匀。为改善砂浆的保水性，可掺入黏土、电石膏、粉煤灰等塑化剂。砂浆应随拌随用，若砂浆出现泌水现象，则应再次拌和。水泥砂浆和混合砂浆必须分别在搅拌后3h和4h内使用完毕，若气温在30℃以上，则必须在2h和3h内用完。对掺用缓凝剂的砂浆，其使用时间可根据具体情况延长。

⑤ 砂浆稠度的选择主要根据墙体材料、砌筑部位及气候条件而定。普通砖砌体砂浆的稠度宜为70~90mm；普通砖平拱过梁、空斗墙、空心砌块宜为50~70mm；多孔砖、空心砖砌体宜为60~80mm；石砌体宜为30~50mm。

问题2：砖砌体施工砌筑质量的要求是什么？

答：砖砌体工程质量要求为横平竖直、厚薄均匀、砂浆饱满、上下错缝、内外搭接、接槎牢固。

1）灰缝要横平竖直，实心砖砌体水平灰缝的砂浆饱满度不得低于80%。水平缝厚度和竖缝宽度规定为：10±2mm。

2）砖砌体上、下两皮砖的竖缝应当错开，以避免上下通缝。"接槎"指相邻砌体不能同时砌筑而设置的临时间断，它可用于先砌砌体与后砌砌体之间的接合。

问题3：构造柱的施工流程与施工要求有哪些？

答：钢筋构造柱应遵循"先砌筑、后浇筑"的程序进行。施工程序为：绑扎钢筋→砖砌墙→支模板→浇筑混凝土→拆模。

1）构造柱与墙体连接处的马牙槎，从每层柱脚开始，先退后进，马牙槎沿墙体高度方向不宜超过300mm，齿深为60~120mm，沿墙高每500mm设2φ6mm拉结钢筋。

2）马牙槎砌好后，应立即支设模板，模板必须与墙的两侧严密贴紧、支撑牢固，防止模板漏浆。模板底部应留出清理孔，以便清除模板内的杂物，清除后封闭。

3）浇筑构造柱混凝土之前，应将砌体及模板浇水湿润。利用柱底预留的清理孔清理落地灰、砖渣及其他杂物，清理完后立即封闭洞眼。

4）浇筑混凝土前，在结合面处注入适量与混凝土配比相同的去石水泥砂浆，构造柱混凝土砂浆分段浇灌，每段高度不大于2m，振捣时，严禁振捣器触碰砖墙。

任务二　砌块砌体工程施工方案编制

问题1：常用的填充墙材料有哪些？

答：填充墙砌体所用的材料密度小而强度低，以减轻结构自重。常用的材料有空心砖、加气混凝土砌块、轻骨料混凝土小型空心砌块等。

问题2：空心砖填充墙的施工工艺有哪些？

答：1）砌筑前，先在楼地面上弹出空心砖墙的边线，然后依边线位置，用烧结普通砖先平砌三皮，皮数杆立于每道墙两端，先砌两端在拉准线砌中间部分墙体。

2）空心砖墙一般侧立砌筑，孔洞呈水平方向，上下皮竖向灰缝相互错开1/2砖长，采用全顺侧砌。

3）空心砖宜采用刮浆法，竖缝应先挂灰后再砌筑。

4）空心砖墙的转角处及丁字交接处，宜用烧结普通砖，砌筑240mm长，与空心墙相接，门窗洞口两侧及窗台也应用烧结普通砖砌成实体，其宽度不小于240mm，并每隔2皮空心砖高度，在水平灰缝中加设2φ6mm的拉结钢筋。

5）空心砖墙中不够整砖部分，可用无齿锯加工制作非整块砖，不得用砍凿方法将砖打断。

6）空心砖墙中不得留脚手眼。管槽留置时，可采用弹线定位后凿槽或开槽，不得采用砍砖预留槽。

7）空心砖应同时砌起，不得留有斜槎。

成果与范例

根据本项目案例中的工程特点和"能力标准与项目分解篇""项目七　砌体工程施工方

案编制""任务二 砌块砌体工程施工方案编制"中任务实施内容，完成蒸压加气混凝土砌块填充墙工程施工方案编制。

（一）施工前准备

1. 施工机具准备

起重机、混凝土搅拌车、筛子、小车、砖车、皮数杆、填筑工具、检测工具。

2. 材料准备

（1）蒸压加气混凝土砌块。±0.000 以上采用 A3.0 的加气混凝土砌块，用 M5 混合砂浆砌筑。使用过程中，其产品使用周期控制在 28d 内。砌块中的蒸压加气混凝土砌块在运输过程和放置过程中，不允许抛掷和不按照行业标准摆放；产品到达目的地后应按种类、尺寸依次堆放，最后砖块的堆放高度不得超过 2m。为防止雨淋，蒸压加气混凝土砌块堆放完成后应设置保护装置。

（2）水泥。水泥应选择等级为 32.5 级矿渣硅酸盐袋原装水泥。

（3）砂。按照标准使用中砂。按照行业标准泥量不得超过 5%，检测符合标准后方可使用。

（4）白灰。按照标准用石灰膏。但是，石灰膏里若有脱水硬化的现象则不允许使用。

（5）砌筑砂浆。选择 M5.0 混合砂浆砌筑。砂浆搅拌必须按实验室的配比单操作，选择机械搅拌，搅拌过程在 2min 以上。砂浆根据搅拌要求执行混合砂浆必须在 3h 内结束使用，当其环境温度高于 30℃时，则在 2h 内完成。

（二）蒸压加气混凝土填充墙砌筑施工工艺

1. 作业条件准备

将结构外部清扫整洁，用砂浆测平验平，进行拉线，用水平工具检查其基层是否平整。

2. 排砖与砌筑

1）进行排砖墙体砌筑工作时，先依据墙体尺寸和砌块的规格要求，开始砌块预排，长度尺寸不够整块尺寸时可以锯割成需要的长度。

2）砌筑前在构造柱钢筋骨架上立好皮数杆。皮数杆采用 40mm×90mm 方木。基底标高尺寸不一样的情况下，选择从低处开始砌起，并在高处逐渐往低处搭砌；不同种类砌块必须单独成皮，不得与其他种类砌块混在一起。

3）蒸压加气混凝土砌块灰缝应保持竖缝、水平缝在 15mm 以内；进行灌浆时，要求整体密实，并迅速将挤出的砂浆进行清理，使砌体从外观上看干净整洁，砂浆充实，灌缝达到要求标准。

4）在最下一皮的水平方向灰缝厚大于 20mm 标准时，应用豆石混凝土进行找平工作。砌筑时，砌块应铺挤充实，上下错缝成丁字，搭接尺寸不能小于砌块尺寸的 1/3，竖向通缝控制在 2 皮以内。按照要求预留的洞口、通道、缝槽在砌筑过程中按标准留出或预埋，宽度尺寸高于 300mm 的洞口上部，应提前安装过梁。

3. 砌块与梁底（板底）安装

楼板底与梁底的砌体，按照标准用斜砌块楔紧。将墙砌填充至楼板底（梁底）时，先计算留取一定空隙，空隙最大不得大于 230mm，最小不得小于 190mm，待填充墙砌筑完毕，间隔 14d 后，再将其补砌挤紧。

4. 构造柱

构造柱必须沿建筑物高度对准贯通，不允许层与层之间构造柱有错位现象；与墙体的连接处必须砌成马牙槎，马牙槎按照先退后进的顺序，马牙槎沿墙高尺寸控制在300mm以内。

安装构造柱模板前，必须先把模板内的灰尘、渣质和杂物收拾干净，浇筑开始前，首先砌体留槎地方和模板进行浇水，结合面先浇5~10cm尺寸高，与构造柱混凝土强度要求相同的去石子水泥砂浆，使用混凝土时，不允许触碰墙体，通过墙体传震。构造柱的混凝土浇筑到梁底时，留出楔口，将混凝土处理密实。

5. 墙体的拉结筋

砌体填充墙必须沿结构高度尺寸每隔500mm植尺寸为2φ6mm拉筋，居中安装，拉筋伸入填充墙墙内700mm以上，拉筋搭接200mm以上，不考虑接头位置，沿墙全长贯通。

6. 过梁设置

填充墙洞口过梁可根据施工图洞口尺寸按过梁通用图集选用荷载按二级取用。当洞口一侧紧贴柱时，过梁主筋植入柱内；当洞口两侧紧贴柱时，过梁主筋两侧植入柱内，两侧钢筋搭接长度为320mm，搭接接头位置不受限制；当两侧为砌体墙时，过梁可预制或现浇，伸入两侧墙体250mm。

（三）填充墙砌体施工质量控制标准

填充墙砌体施工质量控制标准可依据"能力标准与项目分解篇""项目七 砌筑工程施工方案编制""任务二 砌块砌体工程施工方案编制"中实施内容中第（三）条内容执行。

8

项目八
钢筋工程施工方案编制

任务一　钢筋进场验收的施工方案编制

问题1：成型钢筋进场检查内容有哪些？

答：成型钢筋进场应检查的内容：

1）成型钢筋的质量证明文件。

2）成型钢筋所用材料的质量证明文件及检验报告。

3）抽样检验成型钢筋的屈服强度、抗拉强度、伸长率和重量偏差。

4）检验批量可由合同约定，同一工程、同一原材料来源、同一组生产设备生产的成型钢筋。检验批量不宜大于30t。

问题2：进场检验时，钢筋数量如何确定？

答：若有关标准中对进场检验数量做了具体规定，遵照执行即可；若有关标准中只对产品出厂检验数量做了规定，则在进场检验时，检验数量可按下列情况确定：

1）当一次进场的数量大于该产品的出厂检验批量时，应划分为若干个出厂检验批量，然后按出厂检验的抽样方案执行。

2）当一次进场的数量小于或等于该产品的出厂检验批量时，应作为一个检验批量，然后按出厂检验的抽样方案执行。

3）对连续进场的同批钢筋，当有可靠依据时，可按一次进场的钢筋处理。

任务二　钢筋加工施工方案编制

问题1：钢筋下料长度计算时应注意什么事项？

答：钢筋下料长度计算时，首先，应判定钢筋给定信息，如识别每类构件中钢筋的编号类型，钢筋的直径，光圆钢筋还是带肋钢筋等；已知信息是构件长度还是简图标注尺寸；如果是构件长度，还要注意不同类构件、不同施工环境下混凝土保护层厚度的差异。其次，确定每一种编号的钢筋中，弯曲、弯钩的角度和个数，是否弯起筋等，钢筋的直径。再次，根据钢筋型号和弯曲、弯钩情况，进行相应增减值的调整。最后，汇总成相应的钢筋配料单，所有钢筋的编号、简图、钢号、直径、下料长度、单位根数、合计根数、重量等信息。

问题 2：钢筋加工的施工流程包括什么？

答：钢筋加工的施工流程为：钢筋调直→钢筋除锈→钢筋下料切断→钢筋弯曲成型。

1）钢筋调直（除了规定的弯曲外，其直线段不允许有弯曲现象），一是为了保证钢筋在构件中的正常受力；二是有利于钢筋准确下料和钢筋成型的形状。

2）钢筋除锈应将清除干净。表面有颗粒状、片状老锈或有损伤的钢筋不得使用。

3）钢筋下料切断保证钢筋成型的形状、几何尺寸准确的关键环节。钢筋在下料切断前应进行钢筋下料长度的计算。

4）钢筋弯曲成型是保证钢筋成型的形状、几何尺寸准确的决定性环节。

任务三　钢筋连接施工方案编制

问题 1：钢筋连接的方法有哪些？连接原则有哪些？

答：1）钢筋连接方法包括：机械连接、焊接连接、绑扎连接。

2）钢筋连接原则：由于钢筋通过连接接头传力的性能总不如整根钢筋，因此钢筋接头宜设置在受力较小处，同一根钢筋不宜设置 2 个以上接头，同一构件中的纵向受力钢筋接头宜相互错开。

① 直径大于 12mm 以上的钢筋，应优先采用焊接接头或机械连接接头。

② 轴心受拉和小偏心受拉构件的纵向受力钢筋、直径 $d>28mm$ 的受拉钢筋、直径 $d>32mm$ 的受压钢筋不得采用绑扎搭接接头。

③ 直接承受动力荷载的构件，纵向受力钢筋不得采用绑扎搭接接头。

④ 接头末端到钢筋弯起点的距离不应小于钢筋公称直径的 10 倍。

问题 2：焊接接头位置如何设置？如何检验焊接接头？

答：1）当纵向受力钢筋采用焊接接头时，接头的设置应符合有关规范。

① 同一构件内的接头宜相互错开。

② 接头连接区段的长度应为 $35d$，且不小于 500mm，凡接头中点位于该连接区段长度内的接头均应属于同一连接区段，其中 d 为相互连接的两根钢筋的较小直径。

③ 同一连接区段内，纵向受力钢筋接头面积百分比为该区段内有接头的纵向受力钢筋截面面积与全部纵向受力钢筋截面面积的比值；纵向受力钢筋的接头面积百分比应符合下列规定：

A. 受拉接头，不宜大于 50%，受压接头可不受限制。

B. 装配式混凝土结构构件连接处受拉接头，可根据实际情况适当放宽。

C. 直接承受动力荷载的结构构件中，不宜采用焊接接头。

2）焊接接头的检验方法有拉伸试验和弯曲试验。

① 拉伸试验。

A. 合格品：3 个试件的抗拉强度均不小于该牌号钢筋规定的抗拉强度；RRB400 钢筋接头试件的抗拉强度均不小于 $570N/mm^2$。

B. 不合格品：有 2 个试件的抗拉强度小于规定值或 3 个试件均在焊缝或热影响区发生脆性断裂时，则该批接头为不合格品。

C. 复检：试验结果有 1 个试件的抗拉强度小于规定值或 2 个试件在焊缝或热影响区发

生断裂，其抗拉强度均小于规定值的 1.1 倍时，则应切取 6 个试件进行复检。复检结果仍有 1 个试件的抗拉强度小于规定值，或有 3 个试件断于焊缝或热影响区，呈脆性断裂，其抗拉强度均小于规定值的 1.1 倍时，则该批接头为不合格品。

② 弯曲试验。闪光对焊接头、气压焊接头应进行 90°弯曲试验。

A. 合格品：弯至 90°时，有 2 个或 3 个试件外侧（含焊缝或热影响区）未发生破裂，则该批接头弯曲试验合格。

B. 不合格品：当 3 个试件均发生破裂，则一次判定该批接头为不合格品。

C. 复检：当有 2 个试件发生破裂，则应切取 6 个试件进行复检。复检结果仍有 3 个试件发生破裂时，则该批接头为不合格品。

问题 3：常用的机械连接方法有哪些？

答：钢筋常用的机械连接方法有钢筋套筒挤压连接、钢筋锥螺纹套筒连接、钢筋镦粗直螺纹套筒连接、钢筋滚压直螺纹套筒连接（包括直接滚压、挤肋滚压、剥肋滚压等方式）。

任务四　钢筋绑扎安装与验收施工方案编制

问题 1：钢筋绑扎的准备工作有哪些？

答：钢筋绑扎准备工作具体包括：熟悉图样、核对钢筋配料单、准备工具、画钢筋位置线。

问题 2：钢筋绑扎的要求有哪些？

答：钢筋绑扎应符合下列要求：

1）钢筋的绑扎搭接接头应在接头中心和两端，并用钢丝扎牢。

2）墙、柱、梁钢筋骨架中各竖向面钢筋网交叉点应全数绑扎，板上部钢筋网的交叉点应全数绑扎，底部钢筋网除边缘部分外可间隔交错扎牢。

3）梁、柱的箍筋弯钩及焊接封闭箍筋的焊点应沿纵向受力钢筋方向错开设置。

4）构造柱纵向钢筋宜与承重结构同步绑扎。

5）梁及柱中箍筋、墙中水平分布钢筋、板中钢筋距构件边缘的起始距离宜为 50mm。

问题 3：钢筋质量检查的内容包括什么？

答：1）钢筋的级别、直径、根数、间距、位置和预埋件的规格、位置、数量是否与设计图相符，要特别注意悬挑结构，如阳台、雨篷等上部钢筋位置是否正确，浇筑混凝土时是否会被踩下。

2）钢筋接头位置、数量、搭接长度是否符合规定。

3）钢筋绑扎是否牢固，钢筋表面是否清洁，有无污物、铁锈等。

4）混凝土保护层是否符合要求。

成果与范例

根据案例中工程特点和"能力标准与项目分解篇""项目八　钢筋工程施工方案编制"中任务实施内容，完成钢筋工程施工方案的编制。

（一）钢筋进场及加工

1. 钢筋进场检查

检查钢筋的质量证明文件，每捆钢筋上挂有两个牌号（注明生产厂、生产日期、钢筋级别、直径等标记），附有质量证明文件。

2. 钢筋的加工

钢筋加工成型严格按照《混凝土结构工程施工质量验收规范》（GB 50204—2015）和设计要求执行。钢筋加工包括调直与断料、成型。

1）根据"能力标准与项目分解篇""项目八　钢筋工程施工方案编制""任务二　钢筋加工施工方案的编制"中确定钢筋配料的部分实施内容，对 L_1 梁部分钢筋的下料长度进行计算。

L_1 的相关尺寸信息如下：构件长度为4240mm。根据"能力标准与项目分解篇""项目八　钢筋工程施工方案编制""任务二　钢筋加工施工方案编制"中表8-3可知，梁在露天环境下混凝土保护层厚度为25mm。本案例中钢筋为光圆钢筋，根据该部分表8-4，180°弯钩增加值取 $6.25d$；根据表8-5，45°和90°弯曲度量差分别取 $0.3d$ 和 $1.75d$；根据钢筋下料长度计算公式，当箍筋为光圆钢筋时，单根箍筋下料长度需要整体增加 $8.55d$。其中，①号钢筋末端为180°弯钩的直钢筋；②号钢筋为弯起钢筋，计算下料长度时注意斜段钢筋与相应直段钢筋的长度差。①～④号单根钢筋的下料长度计算如下：

①号直钢筋的下料长度 $= [（4240-2×25）+2×6.25×10]mm = 4315mm$

②号钢筋下料长度 $= [（4240-2×25）+2×(\sqrt{2}-1)×(400-2×25)+2×150-4×0.3×20-2× 1.75×20]mm = 4685.8mm$

③号钢筋下料长度 $= [（4240-2×25）+2×100+2×6.25×18-2×1.75×18]mm = 4552mm$

④号箍筋下料长度 $= [2×(200+400)-8×25+8.55×6]mm = 1051.3mm$

计算完成 L_1 梁各种编号单根钢筋的下料长度后，与该梁各种编号钢筋的单位根数以及 L_1 梁的数量相乘，并换算成重量。不同类型构件中钢筋的下料长度计算过程类似。最后将所有钢筋的编号、简图、钢号、直径、下料长度、单位根数、合计根数、重量等信息，分列填写在钢筋配料单中。此处不再详细展示。

2）钢筋的调直、除锈。直径在 $\phi10mm$ 以下（不包括 $\phi10mm$）盘条，圆钢下料使用前必须放盘调直，采用机械调直机调直钢筋，减少占地空间。

$\phi10mm$ 以上（包括 $\phi10mm$）的直条螺纹钢筋有弯曲时，必须先将钢筋平放到操作台上，或将钢筋弯折处放在弯曲机卡盘的立柱间，用平头板子将钢筋弯折处板直，调直后钢筋分规格一头齐放置于边上，及时进行下料。

调直后钢筋表面必须洁净无锈，钢筋的质量由调直区负责人控制，钢筋工长、质检员检查落实。

3）钢筋的下料（切断）。

① 下料人员必须经过按本方案进行安全、技术、现场文明施工的教育并进行考核。

从选料、下料、成型及现场堆放方面严格把关，熟悉安全操作规程，机械操作人员持证上岗，达到文明施工的目的。

② 根据配料单和施工图复核下料钢筋种类、直径、尺寸、根数是否正确。

③ 根据原料长度，将同规格钢筋根据不同长度进行长短搭配，统筹配料，先长后短，

减少短头。

④ 断料时严禁用短尺量长料，防止在量料过程中产生累计误差，必须在工作台上钉尺寸刻度板控制。

⑤ 螺纹钢无论切料还是弯曲，在机械上操作一律保持通肋向上，用于滚压直螺纹、大模板顶针、定位梯子筋用三根的钢筋断料一律用切割机，切口与钢筋垂直。

4）钢筋弯曲成型。

① 钢筋弯曲成型前，必须根据钢筋弯曲加工的规格形状和各部分尺寸，确定弯曲操作步骤，选好弯曲挡轴、卡盘、扳子等配套工具。

② 对形状复杂的钢筋要用石笔将各弯曲点画出，并在工作台上用钉子钉出长度卡位。

③ 成批钢筋弯曲前，各类型的弯曲钢筋都要试弯一根，然后根据配料单检查其钢筋的型号、规格、形状、尺寸是否符合设计及规范要求，经过调整完全符合要求，再成批生产。

（二）钢筋连接

根据"能力标准与项目分解篇""项目八　钢筋工程施工方案编制""任务三　钢筋连接施工方案编制"中表8-6，得到本工程的连接方法。钢筋的连接方式如下：

部位	钢筋直径	连接方式
竖向结构（墙、柱）	Φ 8 ~ Φ 12	绑扎搭接
	Φ 8 ~ Φ 12	绑扎搭接
	Φ 14 ~ Φ 18	电渣压力焊连接
	Φ 20 ~ Φ 25	直螺纹套筒连接
梁、板、承台结构	Φ 8 ~ Φ 14	绑扎搭接
	Φ 16 ~ Φ 18	电弧焊连接

1. 电弧焊连接

根据本工程钢筋连接方式梁纵筋直径 $16mm \leqslant D \leqslant 18mm$ 的采用电弧焊焊接连接。

（1）工艺流程。检查设备→选择焊接参数→试焊作模拟试件→送试→确定焊接参数→施焊→质量检验。

（2）操作要点。

1）检查电源、焊机及工具。焊接地线应与钢筋接触良好，防止因起弧而烧伤钢筋。

2）选择焊接参数。根据钢筋级别、直径、接头形式和焊接位置，选择适宜的焊条直径、焊接层数和焊接电流，保证焊缝与钢筋熔合良好。

3）试焊、做模拟试件。在每批钢筋正式焊接前，焊接3个模拟试件做拉力试验，经试验合格后，可按确定的焊接参数成批生产。

4）施焊操作。引弧：引弧应在形成焊缝的部位，防止烧伤主筋。

定位：焊接时应先焊定位点再施焊。

运条：直线前进、横向摆动和送进焊条3个动作要协调平稳。

收弧：收弧时，应将熔池填满，注意不要在工作表面造成电弧擦伤。

多层焊：当钢筋直径较大，需要进行多层施焊时，应分层间断施焊，每焊1层后，应清渣再焊接下一层。应保证焊缝的高度和长度。

熔合：焊接过程中应有足够的熔深。主焊缝与定位焊缝应结合良好，避免气孔、夹渣和烧伤缺陷，并防止产生裂缝。

平焊：平焊时，要注意熔渣和铁水混合的现象，防止熔渣流到铁水前面。熔池也应控制成椭圆形，一般采用右焊法，焊条与工作表面成70°。

2. 电渣压力焊连接

根据本工程钢筋连接方式柱、墙纵筋直径 14mm≤D≤20mm 的采用电渣压力焊连接。

（1）工艺流程。电渣压力焊的工艺流程为：闭合电路→引弧→电弧过程→电渣过程→挤压→断电。

（2）操作要点。

1）闭合回路、引弧：通过操纵杆或操纵盒上的开关，先后接通焊机的焊接电流回路和电源的输入回路，在钢筋端面之间引燃电弧，开始焊接。

2）电弧过程：引燃电弧后，应控制电压值。借助操纵杆使上下钢筋端面之间保持一定的间距，进行电弧过程的延时，使焊剂不断熔化而形成必要深度的渣池。

3）电渣过程：随后逐渐下送钢筋，使上钢筋端部插入渣池，电弧熄灭，进入电渣过程的延时，使钢筋全断面加速熔化。

4）挤压断电：电渣过程结束，迅速送上钢筋，使其端面与下钢筋端面相互接触，趁热排除熔渣和熔化金属。同时切断焊接电源。

5）接头焊丝，应停歇 20~30s 后（在寒冷地区施焊时，停歇时间应适当延长），才可回收焊剂和卸下焊接夹具。

3. 直螺纹套筒连接

根据本工程钢筋连接方式柱、墙、梁、板、承台纵筋直径 D≥20mm 采用剥肋滚压直螺纹连接。

（1）工艺流程。钢筋下料切割→套丝→检查合格后戴上塑料保护套→分类堆放→运到现场→用套筒对接钢筋→扳手拧紧定位→检查套筒两端外露丝不超过一个完整丝扣→记录。

（2）操作要点。

1）钢筋下料要求端部平直，不得有马蹄形。

2）钢筋在套丝前必须对钢筋规格及外观质量进行检查，若发现钢筋端头弯曲，则必须先做调直处理。

3）钢筋套丝操作前应先调整好定位尺的位置，并按照钢筋规格配以相对应的加工导向套，对于大直径钢筋要分次车削规定的尺寸，以保证丝扣的精度，避免损坏环刀。

4）对于加工好的丝头，要认真检查螺纹中径尺寸、螺纹加工长度、螺纹牙型，螺纹表面不得有裂纹、缺牙、错牙，螺纹用卡尺检验，牙面完好率在80%以上，合格后方可套上塑料保护套，挂上合格标识牌。

5）钢筋连接：检查套筒与钢筋的型号是否一致，检查丝扣是否完好无损、清洁，并做除杂和除锈处理。钢筋连接时，注意两根钢筋顶紧，使外露部分不超过一个完整丝扣，施工完成后，并将已验收合格后的接头用红油漆做好标识。

6）采用直螺纹套筒连接的钢筋接头，相邻钢筋之间应互相错开，间距为35d（d为钢筋直径），有接头的受力钢筋截面面积占受力钢筋总截面面积的百分比应符合规定，详见相关规范。

（三）钢筋的绑扎安装

本工程钢筋连接方法中柱、墙纵筋φ8~φ12、Φ8~Φ12采用绑扎搭接；梁、板钢筋Φ8~Φ14采用绑扎搭接。各个混凝土构件的钢筋绑扎施工按照"能力标准与项目分解篇""项目八　钢筋工程施工方案编制""任务四　钢筋绑扎安装与验收施工方案编制"中表8-14的质量控制点进行布置。

1. 作业条件

1）钢筋进场后检查是否有出厂证明、复试报告，并按施工平面图中指定的位置，按规格、使用部位、编号分别加垫木堆放。

2）钢筋绑扎前，检查有无锈蚀，除锈之后再运至绑扎部位。

3）熟悉图样，按设计要求检查已加工好的钢筋规格、形状、数量是否正确。

4）做好抄平放线工作，弹好水平标高线，柱、墙外皮尺寸线。

5）根据弹好的外皮尺寸线，检查下层预留搭接钢筋的位置、数量、长度，当不符合要求时，进行处理。绑扎前先整理调直下层伸出的拉结筋，并将锈蚀、水泥砂浆等污垢清除干净。

2. 剪力墙钢筋绑扎

（1）工艺流程。立2~4根竖筋→画水平筋间距→绑定位横筋→绑其余横竖筋→检查。

（2）剪力墙钢筋绑扎的施工内容。

1）立2~4根竖筋：将竖筋与下层伸出的搭接筋绑扎，在竖筋上画好水平筋分档标志，在下部及齐胸处绑两根横筋定位，并在横筋上画好水平分档标志，接着绑其余筋，最后再绑其余横筋。横筋在竖筋里面符合设计要求。

2）竖筋与伸出搭接处须绑3根水平筋，其搭接长度及位置均要符合设计要求。

3）剪力墙筋逐点绑扎，双排钢筋之间绑拉筋或支撑筋，其纵横间距不大于600mm，钢筋外皮绑扎垫块或用塑料卡。

4）剪力墙与框架柱连接处，剪力墙的水平横筋锚固到框架柱内，其锚固长度要符合设计要求。先浇筑柱混凝土后绑剪力墙筋时，柱内要预留连接筋或柱内预埋铁件，待柱拆模绑墙筋时作为连接用。其预留长度要符合设计或规范的规定。

5）剪力墙水平筋在两端头、转角、十字节点、连梁等部位的锚固长度以及洞口周围加固筋等，均要符合抗震设计要求。

6）合成模板后，对伸出的竖向钢筋进行修整，宜在搭接处绑一道横筋定位，浇筑混凝土时要有专人看管，浇筑后再次调整以保证钢筋位置的准确。

3. 柱钢筋绑扎

（1）柱钢筋的施工工艺。套柱箍筋→搭接绑扎竖向受力筋→画箍筋间距线→绑箍筋→检查。

（2）柱钢筋的施工内容。柱钢筋施工方案根据"能力标准与项目分解篇""项目八　钢筋工程施工方案编制""任务四　钢筋绑扎安装与验收施工方案编制"中表8-14进行具体操作。

1）套柱箍筋：按图样要求间距，计算好每根柱箍筋数量，先将箍筋套在下层伸出的搭接筋上，然后立柱子钢筋，在搭接长度内，绑扣不少于3个，绑扣要向柱中心。如果柱子主筋采用光圆钢筋搭接时，角部弯钩与模板成45°，中间钢筋的弯钩与模板成90°。

2）画箍筋间距线：在立好的柱子竖向钢筋上按图样要求用粉笔划箍筋间距线。

3）柱箍筋绑扎。

① 按已划好的箍筋位置线，将已套好的箍筋往上移动，由上往下绑扎，宜采用缠扣绑扎。

② 箍筋与主筋要垂直，箍筋转角处与主筋交点均要绑扎，主筋与箍筋非转角部分交错绑扎。

③ 箍筋的弯钩叠合处沿柱子竖筋交错布置，并绑扎牢固。

④ 有抗震要求的地区，柱箍筋端头弯成135°，平直部分长度不小于10mm+d（d为箍筋直径）。

⑤ 柱上下两端箍筋加密，加密区长度及加密区内箍筋间距符合设计图要求。要求箍筋设拉筋，拉筋钩住箍筋。

⑥ 柱筋保护层厚度要符合规范要求，柱筋外皮为25mm，垫块绑在柱竖筋外皮上，间距一般1000mm，（或用塑料卡卡在外竖筋上）保证主筋保护层厚度准确。当柱截面尺寸有变化时，柱在板内弯折，弯后的尺寸要符合设计要求。

4. 梁钢筋绑扎

（1）梁钢筋绑扎的施工工艺。验梁底模标高和位置→确定梁钢筋标高的位置→运钢筋到使用位置→钢筋的搭接连接→画钢筋位置线→套箍筋→箍筋的绑扎→钢筋的调整、垫垫块→检查。

（2）梁钢筋绑扎的施工内容。

1）梁箍筋的形状和加密区的控制。梁的箍筋采用封闭箍，当梁柱节点做封闭箍困难时可做开口箍，弯钩角度采用135°，其弯钩长度直段部分≥10d；箍筋加密区位置在支座的两边。凡主梁上有次梁或集中荷载作用处均按图增加附加箍筋及吊筋。

2）钢筋的摆放位置。相交于框架柱上的框架梁，不论梁高是否相同，受力大的梁的底筋设在最下层，受力较小的梁的底筋设在较上层。梁的纵向受力筋放在柱纵筋里面。主次梁梁高相同时，次梁底筋放在主梁的底筋上；框架梁梁侧外皮与框架柱外皮重合时，梁主筋斜向锚入柱内竖筋里，相梁的箍筋改小。过梁箍筋自洞边5cm起线，因过梁与暗柱的保护层为25mm，钢筋交叉处保证柱截面将过梁筋伸进暗柱筋里边，且过梁箍筋绑进暗柱内至少1个，顶层须通绑。

5. 板的钢筋绑扎

（1）板钢筋绑扎的工艺流程。验板底模标高和位置→确定板钢筋标高的位置→运钢筋到使用位置→钢筋的搭接连接→画钢筋位置线→套箍筋→箍筋的绑扎→钢筋的调整、垫垫块→检查。

（2）板钢筋绑扎的施工内容。

1）清理模板上的杂物，用粉笔在模板上画好主筋、分布筋的间距。

2）按照画好的间距，先摆放受力主筋，后放分布筋。

3）绑扎板的钢筋一般用顺扣或八字扣，除外围两根钢筋的相交点全部绑扎外，其余各点可交错绑扎。本工程的板是双层钢筋，两层钢筋之间需要加马凳筋，以确保上部钢筋的位置。负弯矩钢筋的每个相交点都要绑扎。

4）在钢筋的下面垫好砂浆垫块，间距为1.5m。垫块的厚度等于保护层的厚度，满足本工程设计要求。

任务一　混凝土运输施工方案编制

问题1：混凝土运输要求有哪些？

答：1）运输过程中应保证混凝土拌合物的均匀性和工作性；在运输过程中，混凝土拌合物的坍落度可能损失，还可能出现混凝土离析，需要采取措施加以防止。

2）应采取保证连续供应的措施，并满足现场施工需要。

问题2：混凝土输送过程中，如何选择输送泵管？

答：混凝土输送泵管的选择，应符合下列规定：

1）混凝土输送泵管应根据输送泵的型号、拌合物性能、总输出量、单位输出量、输送距离以及粗骨料粒径等进行选择。

2）混凝土粗骨料最大粒径不大于25mm时，可采用内径不小于125mm的输送泵管；混凝土粗骨料最大粒径不大于40mm时，可采用内径不小于150mm的输送泵管。

3）输送泵管安装接头应严密（漏气、漏浆造成堵泵），输送泵管道转向宜平缓（弯管采用较大的转弯半径）。

问题3：输送泵输送混凝土过程中，需要注意的有哪些？

答：输送泵输送混凝土过程中，需要注意管道润湿、输送速度以及混凝土供应量。

1）先进行泵水检查，并应湿润输送泵的料斗、活塞等直接与混凝土接触的部位；泵水检查后，应清除输送泵内积水。

2）输送混凝土前，应先输送水泥砂浆对输送泵和输送管进行润滑，然后开始输送混凝土。

3）输送混凝土速度应先慢后快，逐步加速，应在系统运转顺利后再按正常速度输送。

4）输送混凝土过程中，应设置输送泵集料斗网罩，并应保证集料斗有足够的混凝土余量。

任务二　混凝土浇筑与振捣施工方案编制

问题1：混凝土施工缝如何留设？

答：混凝土施工缝就是指先浇混凝土已凝结硬化，再继续浇筑混凝土的新旧混凝土间的结合面，它是结构的薄弱部位，因而宜留在结构受剪力较小且便于施工的部位。施工缝留设界面应垂直于结构构件和纵向受力钢筋。柱、墙应留水平缝，梁、板、墙应留垂直缝。

施工缝的留置位置应符合下列规定：

1）柱、墙水平施工缝可留设在基础、楼层结构顶面，柱施工缝与结构上表面的距离宜为 0~100mm，墙施工缝与结构上表面的距离宜为 0~300mm。

2）柱、墙水平施工缝也可留设在楼层结构底面，施工缝与结构下表面的距离宜为 0~50mm；当板下有梁托时，可留设在梁托下 0~20mm。

3）有主次梁的楼板垂直施工缝应留设在次梁跨度中间的 1/3 范围内。

4）单向板垂直施工缝应留设在平行于板短边的任何位置。

5）楼梯梯段垂直施工缝宜设置在梯段板跨度端部的 1/3 范围内。

6）墙的垂直施工缝宜设置在门洞口过梁跨中 1/3 范围内，也可留设在纵横交接处；特殊结构部位留设施工缝应征得设计单位同意。

问题2：不同构件混凝土强度等级不同，浇筑方法有何不同？

答：柱、墙混凝土设计强度等级高于梁、板混凝土设计强度等级时，混凝土浇筑应符合下列规定：

1）柱、墙混凝土设计强度比梁、板混凝土设计强度高一个等级时，柱、墙位置梁、板高度范围内的混凝土经设计单位同意，可采用与梁、板混凝土设计强度等级相同的混凝土进行浇筑。

2）柱、墙混凝土设计强度比梁、板混凝土设计强度高两个及以上等级时，应在交界区域采取分隔措施。分隔位置应在低强度等级的构件中，且与高强度等级构件边缘的距离不应小于 500mm。

3）宜先浇筑高强度等级混凝土，后浇筑低强度等级混凝土。

问题3：对于现浇框架结构，不同构件混凝土的浇筑顺序是什么？各构件的浇筑方法是什么？

答：框架结构的主要构件有基础、柱、梁、楼板等。其中，柱、梁、板等构件是沿垂直方向重复出现的，施工时，一般按结构层来划分施工层。当结构平面尺寸较大时，还应划分施工段，以便组织各工序流水施工。

框架柱基形式多为台阶式基础。台阶式基础施工时一般按台阶分层浇筑，中间不允许留施工缝；倾倒混凝土时宜先边角后中间，确保混凝土充满模板各个角落，防止一侧倾倒混凝土挤压钢筋造成柱插筋出现位移；浇筑各台阶时最好留有一定时间间歇，以便给下面台阶混凝土段留有初步沉实的时间，避免上下台阶出现裂缝，也便于上一台阶混凝土的浇筑。

在框架结构每层每段施工时，混凝土的浇筑顺序是先浇柱，后浇梁、板。柱的浇筑宜在梁板模板安装后进行，以便利用梁板模板稳定柱模，并作为浇筑混凝土的操作平台用；一排柱子浇筑时，应从两端向中间推进，以避免模板在横向推力作用下向另一方向倾斜；柱在浇筑前，宜在底部先铺设一层不大于30mm厚的，与所浇混凝土成分相同的水泥砂浆，以避免底部产生蜂窝现象。

如柱、梁和板混凝土是一次连续浇筑，则应在柱混凝土浇筑完毕后停歇 1~1.5h，待其初步沉实，排除泌水后，再浇筑梁、板混凝土。

梁、板混凝土一般同时浇筑，浇筑方法应先将梁分层浇捣成阶梯形，当达到板底位置时即与板的混凝土一起浇捣。而且倾倒混凝的方向与浇筑方向相反。当梁高超过 1m 时，可先单独浇筑梁混凝土，水平施工缝设置在板下 20~30mm 处。

问题 4：混凝土振捣设备有哪些？如何确定混凝土拌合物已被振实？

答：1）混凝土振捣设备包括插入式振动器、表面振动器、附着式振动器以及振动台。

2）若在现场可观察其表面气泡已停止排除，拌合物不再下沉并在表面出现砂浆，则表示其已被充分振实。

成果与范例

根据案例中工程特点和"能力标准与项目分解篇""项目九　混凝土工程施工方案编制""任务二　混凝土浇筑与振捣施工方案编制"中任务实施内容，完成混凝土浇筑与振捣施工方案的编制。

1. 混凝土浇筑与振捣中机械的选用

本工程所使用的混凝土均为商品混凝土。

（1）混凝土泵的选配。根据"能力标准与项目分解篇""项目九　混凝土工程施工方案编制""任务一　混凝土运输施工方案编制"中表 9-3，为了混凝土的浇筑强度，考虑施工进度，本工程混凝土搅拌运输车和混凝土泵完成混凝土的运输。根据案例背景和"能力标准与项目分解篇""项目九　混凝土工程施工方案编制""任务一　混凝土运输施工方案编制"中表 9-4，选择 HB-8 混凝土输送泵进行泵送。

（2）混凝土振捣设备的选配。根据"能力标准与项目分解篇""项目九　混凝土工程施工方案编制""任务二　混凝土浇筑与振捣施工方案编制"中表 9-9，本工程混凝土振捣时，涉及柱、梁、板及墙的振捣，选用插入式振动器、表面振动器。

（3）其他工器具的准备。铁抹子、木抹子、混凝土标尺杆和串筒等。

2. 施工准备

1）浇筑混凝土前将模板内、垫层上的垃圾、泥土等杂物及钢筋上的油污清除干净（柱子模板的扫除口在清除杂物及积水后再封闭），并检查钢筋的保护层垫块是否垫好，钢筋的保护层垫块是否符合规范要求，并检查模板。

2）浇筑混凝土前浇水使模板湿润，并检查模板支撑的稳定性以及接缝的密合情况，保证模板在混凝土浇筑过程中不失稳、不跑模和不漏浆。

3）施工缝的松散混凝土及混凝土软弱层已剔除干净，露出石子，并浇水湿润，无明显积水。

4）梁、柱钢筋的钢筋定距框已安装完毕，并经过预检、隐蔽性检验。

3. 混凝土工程的施工工艺流程

作业准备→商品混凝土运送到现场→商品混凝土运送到浇筑部位→C30 柱、剪力墙混凝土浇筑振捣→C30 梁、板混凝土浇筑振捣→表面找平、压实。

4. 剪力墙、柱混凝土的浇筑与振捣

根据"能力标准与项目分解篇""项目九　混凝土工程施工方案编制""任务二　混凝土浇筑与振捣施工方案编制"表 9-7 中柱以及"能力标准与项目分解篇""项目九　混凝土工程施工方案编制""任务二　混凝土浇筑与振捣施工方案编制"表 9-8 中墙的质量控制

点，完成混凝土的浇筑方案。

1）墙、柱浇筑前底部先填 5~10cm 厚，与混凝土配合比相同的减石子砂浆，柱混凝土分层浇筑振捣，使用插入式振捣器时，每层厚度不大于 50cm，振捣棒不得触动钢筋和预埋件。

2）墙、柱高在 2m 之内，可在柱顶直接下灰浇筑，本工程剪力墙及柱的高度超过 2m 时，采取措施（用串筒）或在模板侧面开洞口安装溜槽分段浇筑。分段后每段高度不得超过 2m，每段混凝土浇筑后，将洞口处模板封闭严实，并用箍筋箍牢。

3）墙、柱混凝土的分层厚度经过计算确定，并且计算每层混凝土的浇筑量，用专制料斗容器称量，保证混凝土的分层准确，并用混凝土标尺杆计量每层混凝土的浇筑高度，混凝土振捣人员必须配备充足的照明设备，保证振捣人员能够看清混凝土的振捣情况。

4）柱混凝土一次浇筑完毕，需留施工缝时，将施工缝留在主梁下面或无梁楼板柱帽下面，与梁板整体浇筑。柱浇筑完毕后停歇 1~1.5h，使其初步沉实，再继续浇筑。

5）浇筑完后，及时将伸出的搭接钢筋整理到位。

5. 梁、板混凝土浇筑

根据"能力标准与项目分解篇""项目九 混凝土工程施工方案编制""任务二 混凝土浇筑与振捣施工方案编制"表 9-7 中梁、板的质量控制点及浇筑顺序，完成混凝土的浇筑方案。

1）梁、板同时浇筑，浇筑方法由一端开始用"赶浆法"，即先浇筑梁，根据梁高分层浇筑成阶梯形，当达到板底位置时再与板的混凝土一起浇筑，随着阶梯形不断延伸，梁板混凝土浇筑连续向前进行。

2）浇捣时，浇筑与振捣必须紧密配合，第一层下料慢些，梁底充分振实后再下第二层料，用"赶浆法"保持水泥浆沿梁底包裹石子向前推进，每层均振实后再下料，梁底及梁侧部位要注意振实，振捣时不得触动钢筋及预埋件。

3）梁柱节点钢筋较密时，此处用小粒径石子同强度等级的混凝土浇筑，并用小直径振捣棒振捣。

4）浇筑板混凝土的虚铺厚度略大于板厚，用平板振捣器垂直浇筑方向来回振捣，厚板可用插入式振捣器顺浇筑方向拖拉振捣，并用铁插尺检查混凝土厚度，振捣完毕后用长木抹子抹平。施工缝处或有预埋件及插筋处用木抹子找平。浇筑板混凝土时不允许用振捣棒铺摊混凝土。

5）施工缝位置。沿次梁方向浇筑楼板，施工缝留置在次梁跨度的中间 1/3 范围内。施工缝的表面与梁轴线或板面垂直，不得留斜槎。施工缝宜用木板或钢丝网挡牢。

6）施工缝处须待已浇筑混凝土的抗压强度不小于 1.2MPa 时，才允许继续浇筑。在继续浇筑混凝上前，施工缝混凝土表面凿毛，剔除浮动石子和混凝土软弱层，并用水冲洗干净后，先浇一层同配比减石子砂浆，然后继续浇筑混凝土，细致操作振实，使新旧混凝土紧密结合。

任务三 混凝土养护施工方案编制

问题 1：混凝土养护方法有哪些？不同养护方法如何施工？

答：混凝土养护包括自然养护、加热养护和蓄热养护。其中自然养护包括：洒水养护、覆盖养护、喷涂养护剂、塑料薄膜养护；加热养护包括蒸汽室养护、热模养护等。

(1) 洒水养护：在混凝土裸露表面覆盖麻袋或草帘后进行。

(2) 覆盖养护：在混凝土裸露表面覆盖塑料薄膜、塑料薄膜加麻袋、塑料薄膜加草帘进行。

(3) 喷涂养护剂：在混凝土裸露表面喷涂覆盖质密的养护剂进行养护。

(4) 塑料薄膜养护：以塑料薄膜为覆盖物，使混凝土表面与空气隔绝，可防止混凝土内的水分蒸发，水泥依靠混凝土中水分完成水化作用而凝结硬化，达到养护目的。

(5) 蒸汽室养护：将混凝土构件放在充满蒸汽的养护室内，使混凝土在高温高湿度条件下，迅速达到要求强度。

(6) 热模养护：将蒸汽通在模板内，热量通过模板与刚成型的混凝土进行热交换进行养护。

(7) 蓄热养护：利用混凝土中含有的热量，再用保温材料将混凝土结构覆盖防止内含热量过快散失，延缓混凝土冷却速度，使混凝土在正温下增长强度至受冻临界强度。

问题 2：如何确定混凝土的养护时间？

答：混凝土养护应在混凝土浇筑完毕 12h 以内，进行覆盖和洒水养护。混凝土的养护时间主要与水泥品种有关。混凝土的养护时间应符合下列规定：

1）采用硅酸盐水泥、普通硅酸盐水泥或矿渣硅酸盐水泥配制的混凝土，不应少于 7d；采用其他品种水泥时，养护时间应根据水泥性能确定。

2）采用缓凝型外加剂、大掺量矿物掺合料配制的混凝土，不应少于 14d。

3）抗渗混凝土、强度等级在 C60 及以上的混凝土，不应少于 14d。

4）后浇带混凝土的养护时间不应少于 14d。

5）地下室底层墙、柱和上部结构首层墙、柱宜适当增加养护时间。

成果与范例

根据案例中工程特点和"能力标准与项目分解篇""项目九　混凝土工程施工方案编制""任务三　混凝土养护施工方案编制"中任务实施内容，完成混凝土的养护施工方案的编制。

1. 混凝土养护时的一般要求

混凝土浇筑完毕后，为保证已浇筑好的混凝土在规定龄期内达到设计要求的强度，并防止产生收缩，应按施工技术方案及时采取有效的养护措施，并符合下列规定：

1）在浇筑完毕后的 12h 以内对混凝土表面加以覆盖并保湿养护，当日气温低于 5℃时，不得浇水。

2）混凝土浇水养护的时间：对采用硅酸盐水泥、普通硅酸盐水泥或渣硅酸盐水泥拌制的混凝土，不得少于 7d；对掺用缓凝型外加剂或有抗渗要求的混凝土，不得少于 14d；当采用其他品种水泥时，混凝土的养护时间根据所采用水泥的技术性能确定。

3）浇水次数能保持混凝土处于湿润状态，混凝土养护用水与拌制用水相同。

2. 养护方法的选择及施工

根据"能力标准与项目分解篇""项目九　混凝土工程施工方案编制""任务三　混凝土养护施工方案编制"中表 9-11 的内容，剪力墙采用洒水养护，柱、梁、板采用塑料薄膜覆盖养护。

（1）剪力墙的养护。本工程结构形式为部分剪力墙结构，框架柱较多。混凝土浇筑完成后，每天最少保持 3 次浇水养护；考虑到养护的便利性，采用麻袋、工程布或塑料薄膜养护，在模板拆除后立即在混凝土的表面进行覆盖养护。

（2）柱的养护。采用塑料薄膜布包裹养护，先将柱子进行润湿，然后用塑料薄膜裹紧，用塑料胶布进行封口。

（3）梁、板的养护。梁、板在表面用塑料布覆盖，防止水分蒸发过快而使混凝土失水，每天浇水次数以使混凝土表面处于湿润状态为宜。混凝土的养护要成立专门养护小组进行，特别是前三天要养护及时。

任务四　混凝土施工质量检查及外观修复施工方案编制

问题 1：混凝土结构外观缺陷有几种？产生缺陷的原因有哪些？

答：结构缺陷可分为尺寸偏差缺陷和外观缺陷。尺寸偏差缺陷和外观缺陷可分为一般缺陷和严重缺陷。若混凝土结构尺寸偏差超出规范规定，但尺寸偏差对构性能和使用功能未构成影响，则属于一般缺陷；若尺寸偏差对结构性能和使用功能构成影响，则属于严重缺陷。

问题 2：混凝土的强度检验评定方法有哪些？

答：（1）统计方法评定。

1）当混凝土的生产条件在较长时间内保持一致，且同一品种混凝土的强度变异性能保持稳定时，一个检验批的样本容量应为连续的三组试件，其强度应同时满足下列要求：

$$m_{fcu} \geqslant f_{cu,k} + 0.7\sigma_0$$

$$m_{cu,min} \geqslant f_{cu,k} - 0.7\sigma_0$$

检验批混凝土立方体抗压强度的标准差应按下式计算：

$$\sigma_0 = \sqrt{\frac{\sum_{i=1}^{n} f_{cu,i}^2 - nm_{fcu}^2}{n-1}}$$

当混凝土强度等级不高于 C20 时，其强度的最小值尚应满足下列要求：

$$f_{cu,min} \geqslant 0.85 f_{cu,k}$$

当混凝土强度等级高于 C20 时，其强度的最小值尚应满足下列要求：

$$f_{cu,min} \geqslant 0.90 f_{cu,k}$$

式中　m_{fcu}——同一检验批混凝土立方体抗压强度的平均值（N/mm²）；

$f_{cu,k}$——混凝土立方体抗压强度标准值（N/mm²）；

σ_0——检验批混凝土立方体抗压强度的标准差（N/mm²）；当检验批混凝土强度标准差 σ_0 计算值小于 2.5N/mm² 时，应取 2.5N/mm²；

$f_{cu,min}$——同一检验批混凝土立方体抗压强度的最小值（N/mm²）；

$f_{cu,i}$——前一个检验期内同一品种、同一强度等级的第 i 组混凝土试件的立方体抗压强度代表值；

n——前一检验期内的样本容量，在该期间内样本容量不应少于 45。

每个检验期持续时间不应超过 3 个月，且在检验期内验收批总批数不得少于 15 组。

2）当混凝土的生产条件在较长时间内不能保持一致，其强度变异性能不稳定，或在前一检验期内的同一品种混凝土没有足够的强度数据用以确定验收批混凝土强度标准差时，应由不少于10组的试件代表一个验收批。其强度应同时符合下列要求：

$$m_{\text{fcu}} \geq f_{\text{cu,k}} + \lambda_1 S_{\text{fcu}}$$

$$f_{\text{cu,min}} \geq \lambda_2 f_{\text{cu,k}}$$

同一检验批混凝土立方体强度的标准差应按下式计算：

$$S_{\text{fcu}} = \sqrt{\frac{\sum\limits_{i=1}^{n} f_{\text{cu},i}^2 - n m_{\text{fcu}}^2}{n-1}}$$

式中　S_{fcu}——同一检验批混凝土立方体抗压强度的标准差（N/mm^2），当检验批混凝土标准差 S_{fcu} 计算值小于 $2.5 N/mm^2$ 时，应取 $2.5 N/mm^2$；

λ_1，λ_2——合格判定系数；

n——验收批内混凝土试件的总组数。

（2）非统计法评定。当用评定的样本容量小于10组时，对于零星生产的预制构件的混凝土或现场搅拌批量不大的混凝土，应采用非统计方法评定混凝土强度。按非统计方法评定混凝土强度时，其强度应符合下列规定：

$$m_{\text{fcu}} \geq \lambda_3 f_{\text{cu,k}}$$

$$f_{\text{cu,min}} \geq \lambda_4 f_{\text{cu,k}}$$

式中　λ_3，λ_4——合格判定系数。

当对混凝土试件强度的代表性有怀疑时，可采用非破损检验方法或从结构、构件中钻取芯样的方法，按有关标准的规定，对结构构件中混凝土强度进行推定，作为是否进行处理的依据。

任务五　大体积混凝土施工方案编制

问题1：大体积混凝土的浇筑方法有哪些？适用范围是什么？施工方法是什么？

答：大体积混凝土的浇筑方法有全面分层、分段分层和斜面分层三种方法。

全面分层。全面分层就是在整个结构内全面分层浇筑混凝土，要求一层的混凝土浇筑必须在下层混凝土初凝前完成。此浇筑方案适用于平面尺寸不太大的结构，施工时宜从短边开始，顺着长边方向推进，有时也可从中间开始向两端进行或从两端向中间推进。

分段分层。如采用全面分层浇筑方案，当混凝土的浇筑强度太高，施工难以满足时，则可采用分段分层浇筑方案。它是将结构从平面上分成几个施工段，厚度上分成几个施工层，混凝土从底层开始浇筑，进行一定距离后就回头浇筑第二层混凝土，如此依次浇筑以上各层。施工时要求在第一层第一段末端混凝土初凝前，开始第二段的施工，以保证混凝土接触面结合良好。该方案适用于厚度不大而面积或长度较大的结构。

斜面分层。当结构的长度超过厚度的三倍，宜采用斜面分层浇筑方案。要求斜面坡度不大于1/3。施工时，混凝土的振捣需从浇筑层下端开始，逐渐上移，以保证混凝土的施工质量。

问题2：大体积混凝土温度裂缝产生原因有哪些？

答：混凝土在凝结硬化过程中，水泥进行水化反应会产生大量的水化热。强度增长初期，水化热产生越来越多，蓄积在大体积混凝土内部，热量不易散失，致使混凝土内部温度显著升高，而表面散热较快，这样在混凝土内外形成温差，混凝土内部产生压应力，而混凝土外部产生拉应力，当温差超过一定程度后，易拉裂外表混凝土，即在混凝土表面形成裂缝。在混凝土内逐渐散热冷却产生收缩时，由于受到基岩或混凝土垫层的约束，接触处将产生很大的拉应力。一旦拉应力超过混凝土的极限抗拉强度，便在与约束接触处产生裂缝，甚至形成贯穿裂缝。这将严重破坏结构的整体性，对于混凝土结构的承载能力和安全极为不利，在工程施工中必须避免。

成果与范例

根据拓展案例中工程特点和"能力标准与项目分解篇""项目九　混凝土工程施工方案编制""任务五　大体积混凝土施工方案编制"中任务实施内容，完成大体积混凝土施工方案的编制。

1. 大体积混凝土施工特点

1）本工程主楼底板最厚处达 4.4m，裙房区域底板最薄处也达 1.4m，属于大体积混凝土。本工程底板混凝土分三次浇捣完毕。底板采用 C40 混凝土，抗渗要求为 P6。由于混凝土板较厚需采用设置测温点，施工中严密监控内外温差，控制温度变形引起的裂缝开展。由于大体积混凝土硬化期间水泥水化热产生的温度变化和混凝土收缩共同作用，由此产生温度应力和收缩应力是导致底板产生裂缝的根本原因。因此，对于大体积混凝土除了需满足强度、刚度、整体性和耐久性等要求外，如何控制温度变形引起的裂缝开展至关重要。

2）本工程大体积混凝土中，控制温度应力，防止裂缝开展是技术的关键。

2. 大体积混凝土浇筑与振捣

底板共分三块区域进行混凝土浇筑与振捣，对每块分区浇捣混凝土时，浇筑与振捣顺序都自西向东或自南向北朝一个方向进行浇捣，且因底板较厚浇捣混凝土时在小区域内分层浇捣，各分层厚度为 50~80cm，以确保底板混凝土不会产生冷缝。

混凝土浇筑必须连续进行。混凝土表面做到"三压三平"。首先按面标高用铁锹拍板压实，并用长刮尺刮平；其次初凝前用铁滚筒碾压数遍；最终终凝前，用木打磨压实、整平，防止混凝土出现收水裂缝。

3. 大体积混凝土控制温度裂缝的方案

（1）优化配合比。

1）影响浆体组合强度的主要因素是水化，水灰比选用 0.45，坍落度可选用 18~20mm。

2）水泥-集料黏结可采用碎石，这样可有利于黏结，从而有较好的强度。

3）水泥采用矿粉，质量要满足《〈通用硅酸盐水泥〉国家标准第 3 号修改单》（GB 175—2007/XG3—2018）的要求。

4）碎石由 5~25mm 单粒径规格组合，空隙率控制在 40%左右。

5）砂采用细度模数为 2.4~2.9mm 的中粗砂。

6）复合型外加剂可用高效减水剂配合保塑剂等复合而成。

（2）降低内外温差。

1）切实做好混凝土保温养护，缓慢降温，充分发挥混凝土渐变特性，减小温度应力。

2）保温措施采用一层塑料薄膜、适量麻袋覆盖，覆盖工作必须严格认真贴实，塑料薄膜间搭接宽度不少于10cm，麻袋边口要拼紧。

任务六 模板的安装与拆除施工方案编制

问题1：模板的类型及分类？模板的优点和缺点有哪些？

答：（1）模板的分类。

1）按其所用材料：模板分为木模板、钢模板和其他材料模板（胶合板模板、塑料模板、压型模板、钢木组合模板等）。

2）按施工方法：模板分为拆移式模板和活动式模板。拆移式模板由预制配件组成，现场组装，拆模后稍加清理再周转使用，常用的木模板和组合钢模板以及大型的工具式定型模板（如大模、台模、隧道模等）皆属于拆移式模板；活动式模板是指按结构的形状制作成工具式模板，组装后随工程进展而进行垂直或水平移动，直至工程结束后才拆除，如滑升模板、提升模板、移动式模板等。

（2）模板的优点和缺点。

1）木模板：方便拆卸、周转使用，降低成本。

2）组合钢模板：组装灵活，加工精度高，接缝严密，尺寸准确，表面平整，强度和刚度好，不易变形，使用寿命长。

3）竹、木胶合模板：具有防水、耐磨、耐酸碱的保护膜，保温性能好，易脱模，可两面使用。维修方便，施工效果好。

问题2：模板工程设计应考虑哪些荷载？模板及支架设计的内容是什么？

答：1）模板设计应考虑以下几种荷载：模板及支撑自重、新浇混凝土重量、钢筋重量、施工人员及施工设备重量、振捣混凝土时产生的荷载和新浇混凝土对模板的侧压力。

2）模板及支架的形式和构造应根据工程结构形式、荷载大小、地基土类别、施工设备和材料供应等条件确定。

① 模板及支架设计应包括下列内容：

A. 模板及支架的选型及构造设计。

B. 模板及支架上的荷载及其效应计算。

C. 模板及支架的承载力、刚度验算。

D. 模板及支架的抗倾覆验算。

E. 绘制模板及支架施工图。

② 模板及支架的设计应符合下列规定：

A. 模板及支架的结构设计宜采用以分项系数表达的极限状态设计方法。

B. 模板及支架的结构分析中所采用的计算假定和分析模型应有理论或试验依据，或经过工程验证。

C. 模板及支架应根据施工过程中各种受力工况进行结构分析，并确定其最不利的作用效应组合。

D. 承载力计算应采用荷载基本组合，变形验算可仅采用永久荷载标准值。

项目十
装配式建筑施工方案编制

任务一　预制构件装车码放与运输控制

问题1：预制构件进场前的准备工作和预制构件运输应满足哪些要求？

答：（1）预制构件进场前的准备工作包括的内容。

1）预制构件生产，包括各类预制构件生产工艺及流程因实际工程具体情况编制。

2）预制构件运输，包括车辆数量、运输路线、现场装卸方法等，因实际工程具体情况编制。

3）施工场地布置，包括场内通道、吊装设备、吊装方案、构件码放场地等。

（2）预制构件的运输要求。预制构件运输首先应考虑公路管理部门的要求和运输路线的实际状况，以满足运输安全为前提。装载构件后，货车的总宽度不得超过 2.5m，货车高度不得超过 4.0m，总长度不得超过 15.5m。一般情况下，货车总重量不得超过汽车的允许载重，且不得超过 40t。特殊预制构件经公路管理部门批准并采取措施后，货车总宽度不得超过 3.3m，总高度不得超过 4.2m，总长度不超过 24m，总载重不得超过 48t。

预制构件运输可采用低平板半挂车或专用运输车，并根据构件的种类不同而采取不同的固定方式，墙板通过专用运输车运输到工地。

问题2：装配式建筑的施工工艺流程是什么？

答：装配式建筑施工工艺流程主要分为基础工程、主体结构工程、装饰工程三个部分。基础工程和装饰工程与现浇式建筑大体相同，主要对主体结构工程进行描述。装配式建筑主体结构工程施工工艺流程如图 10-1 所示。

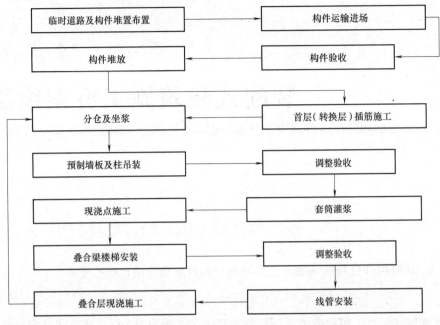

图 10-1　装配式建筑主体结构工程施工工艺流程

任务二　现场装配准备与安装

问题 1：如何选择合适的起重机械？

答：一般情况下，吊装工程量较大的普通单层装配式结构宜选用履带式起重机，因履带式起重机对路面要求不太高，变幅行驶方便，可以负荷行驶。汽车式起重机对路面的破坏性小，开赴吊装地点迅速、方便，适宜选用于吊装位于市区或过程量较小的装配式结构。

位于偏僻地区的吊装工程或路途遥远、道路状况不佳，则选用独角拔杆或人字拔杆、桅杆式起重机等简易起重机械，往往可提早开工，能满足进度要求，且成本低。

对于多层装配式结构由于上层构件安装高度高，常选用大起重量履带起重机或普通塔式起重机（轨道式或固定式）。对于高层或超高层装配式结构，则需选用附着式塔式起重机或内爬升式起重机。内爬式塔式起重机的优点是自重轻，不随建筑高度的增加而接高塔身，机械多安装在结构中央，需吊装的构件距塔身近，因而可选用较小规格的起重机；其缺点是荷载给建造主体结构增加负担，带来一定的不良影响，且工程完工后，拆机下楼需要辅助起重设备，较难拆卸且不安全。附着式塔式起重机安装在建筑物外侧，可避免内爬式起重机的上述缺点，但在起吊作业中须安装许多距塔身较远的构件，工作幅度大，要求选用较大规格的起重机，同时占用场地多，须随建筑物的升高安装附着杆，且起重机的塔身接高也较复杂。

问题 2：预制框架柱的施工流程和施工要点是什么？

答：（1）吊装施工流程。吊装施工流程为：预制框架柱进场、验收→按图放线→安装吊具→预制框架柱竖扶直→预制框架柱吊装→预留钢筋就位→水平调整、竖向校正→斜支撑固定→摘钩。

（2）施工要点。

1）根据预制柱平面各轴的控制线和柱子的框线校核预埋套管位置的偏移情况，并做好记录。若预制柱有小距离的偏移，需借助协助就位设备进行调整。

2）检查预制柱进场的尺寸、规格，混凝土的强度是否符合设计和规范要求，检查柱上预留套管及预留钢筋是否满足图样要求，套管内是否有杂物；同时，做好记录并与现场预留套管的检查记录进行核对，无问题方可进行吊装。

3）吊装前在柱四角放置金属垫块，以利于预制柱的垂直度校正，按照设计标高，结合柱子长度对偏差进行确认。用经纬仪控制垂直度，若有少许偏差用千斤顶等进行调整。

4）柱初步就位时应将预制柱钢筋与下层预制柱的预留钢筋初步试对，无问题后准备进行固定。

任务三　构件灌浆

问题1：钢筋套筒灌浆连接接头组成材料有哪些？

答：钢筋套筒灌浆连接接头由钢筋、灌浆套筒、灌浆料三种材料组成。

问题2：套筒灌浆前都应该检查什么？

答：应该检查灌浆孔和排浆孔是否疏通，是否存有浮灰杂物，是否存有积水。鼓风机和注浆机是否运转正常，尤其是注浆管是否存积水、是否出现堵塞，注浆机搅拌桶内是否存有积水，检查分仓标记。

问题3：套筒灌浆施工中对于没有用完的灌浆料要如何处理？

答：钢筋连接用套筒灌浆料要在严格按照产品说明规定的可操作时间内用完。超出规定的可操作时间的浆料要废弃，绝不允许用来二次灌浆。

任务四　构件连接节点施工

问题1：预制混凝土剪力墙结构节点与接缝连接有哪些要求？

答：装配式混凝土剪力墙结构节点及接缝设计要点如下：

1）装配整体式结构中现浇部分构件设计与全现浇结构相同。预制结构构件应根据结构整体分析的结果，进行构件承载能力极限状态及正常使用极限状态的计算，包括承载力、变形和裂缝宽度的验算，并应对结构构件的节点及接缝进行承载力计算。

2）预制结构构件的设计和构造措施应充分考虑生产、运输、施工各个环节的受力状态，并应按脱模、起吊、运输及安装时相应的荷载值，按现行国家标准《混凝土结构设计规范（2015年版）》（GB 50010—2010）的规定，进行各个阶段的承载力、变形及裂缝控制验算。应考虑施工过程中的焊接应力以及温差和混凝土收缩等不利影响。

3）应合理选择吊装机具的数量和位置，使预制结构构件在脱模、吊装、运输及安装阶段，保持构件最大受拉纤维的应力值小于混凝土的抗拉强度设计值。预制构件设计对制作、运输、吊装、施工等有特别要求时，应在设计文件上注明。

4）抗震设计时，装配整体式结构中预制构件及节点的承载力抗震调整系数应按相关规范选择使用。当仅考虑竖向地震作用组合时，抗震调整系数均应取为1.0。

5）装配式结构节点、接缝连接的传力元件应可靠，构造应简单。节点、接缝压力可通过后浇混凝土、灌浆或坐浆直接传递；拉力应由各种连接筋、预埋件传递；节点、接缝剪力由结合面的黏结强度、混凝土键槽或者粗糙面、钢筋的抗剪作用等承担，受压、受弯时，可考虑静力摩擦承担一部分剪力。

6）装配整体式混凝土结构节点、接缝应进行受剪承载力的计算。

当节点、接缝灌缝材料（如结构胶）的抗压强度、黏结抗拉强度、黏结抗剪强度均高于预制构件本身混凝土的抗压、抗拉及抗剪强度时，节点、接缝配筋又高于构件配筋时，可不进行节点、接缝连接受剪承载力计算，仅按常规要求验算构件本身斜截面受剪承载力。

7）装配式混凝土结构节点、接缝受压、受拉及受弯承载力，可按现行国家标准《混凝土结构设计规范（2015年版）》构件的相应规定计算，其中节点、接缝混凝土等效抗压强度，可取实际参与工作的构件和后浇混凝土中的较低值。当节点、接缝所配钢筋及后浇混凝土强度高于构件，且构造符合本规程规定时，可不必进行节点、接缝的受压、受拉及受弯承载力计算。

问题2： 楼层内相邻预制剪力墙的连接有哪些要求？

答：楼层内相邻预制剪力墙之间应采用整体式接缝连接，且应符合下列要求：

1）当接缝位于纵横墙交接处的约束边缘构件区域时，约束边缘构件的阴影区域宜全部采用后浇混凝土，并应在后浇段内设置封闭箍筋。

2）当接缝位于纵横墙交接处的构造边缘构件区域时，构造边缘构件宜全部采用后浇混凝土，当仅在一面墙上设置后浇段时，后浇段的长度不宜小300mm。

3）边缘构件内的配筋及构造要求应符合现行国家标准《建筑抗震设计规范（2016年版）》《GB 50011—2010）的有关要求；预制剪力墙的水平分布钢筋在后浇段内的锚固、连接应符合现行国家标准《混凝土结构设计规范（2015年版）》的有关要求。

4）非边缘构件位置，相邻预制剪力墙之间应设置后浇段，后浇段的宽度不应小于墙厚且不宜小于200mm；后浇段内应设置不少于4根竖向钢筋，钢筋直径不应小于墙体竖向分布筋且直径不应小于8mm，两侧墙体的水平分布筋在后浇段内的锚固、连接应符合《混凝土结构设计规范（2015年版）》的有关要求。

问题3： 墙板浇筑混凝土前的主要准备工作有哪些？

答：1）应针对工程特点，施工环境条件制定浇筑方案，确定浇筑起点、进展方向、厚度、浇筑顺序，以及钢筋保护层厚度的控制措施。

2）按要求对不同基面采用相应方法清除干净，并不得有积水。检查钢筋保护层厚度和垫块的位置、数量及紧固程度，侧面、底面垫块至少为4个/m²，垫块绑扎丝头不得伸入保护层内。不得使用砂浆垫块，采用细石垫块时，其抗腐蚀能力和抗压强度应高于构件本体混凝土。当采用塑料垫块时，其耐碱和抗老化性能应良好，且抗压强度不低于50MPa。

3）仔细检查模板，支架、钢筋、预埋件严密性和支撑程度，数量、位置。

问题4： 叠合楼板的安装施工工艺是什么？

答：（1）叠合楼板安装施工流程。排版→放样→吊装及堆放→敷设→与钢梁临时固定→安装封口板、收边→临时支撑→绑扎钢筋→敷设管线、埋件→混凝土浇筑。

（2）叠合楼板安装施工方法。

1）安装前先对支承梁边沿尺寸和总间距进行测量，并进行排版，在支承梁上用墨斗弹设基准线保证楼板支撑长度。

2）根据基准线进行叠合楼板铺设，铺设过程中注意楼板的下边缘不应出现高低不平的情况，也不应出现空隙，调整后临时固定，安装封口板、收边，当楼板跨度较大时，按设计图要求设置临时支承，楼板的支撑体系必须有足够的强度和刚度，水平高度必须达到精准的要求，以保证楼板浇筑成型后底面平整。

3）叠合楼板调平后，按照施工图进行梁、附加钢筋及楼板下层横向钢筋的绑扎，然后进行水电管线的敷设与连接工作。为便于施工，叠合楼板在工厂生产阶段已将相应的线盒及预留的洞口等按设计图要求预埋在预制楼板中。

4）水电管线敷设经检查合格后，进行楼板上层钢筋的安装并绑扎固定，防止偏移和混凝土浇筑时上浮。在墙板和楼板混凝土浇筑之前，对叠合楼板底部拼缝及其与墙板之间的缝隙进行检查，对一些缝隙过大的部位进行封堵处理。

5）楼板安装施工完毕后，由质检人员对楼板各部位施工质量进行全面检查，合格后方能进行混凝土浇筑。浇筑前，清理叠合楼板上的杂物，并向叠合楼板上部洒水，保证叠合楼板表面充分湿润，但不宜有过多的积水。混凝土振捣时，要防止钢筋发生位移。

与《建筑施工组织设计规范》
（GB/T 50502—2009）的对应性说明

　　本书以单位工程为主要对象编制的单位工程施工组织设计，对单位工程的施工过程起指导和制约作用。本书的编制与《建筑施工组织设计规范》（GB/T 50502—2009）（以下简称《规范》）中单位工程施工组织设计内容一一对应，其中本书项目一对应《规范》5.2；项目二对应《规范》5.3；项目三对应《规范》5.4；项目四对应《规范》5.6；项目五~项目十对应《规范》5.5。另外，与《规范》5.1相对应的具体工程概况已融于每个项目案例背景中。

　　本书作为指导单位工程施工前期准备和指导施工过程的参考，与施工组织总设计存在相通之处。单位工程施工组织设计是施工组织总设计的重要环节，是其编制原理和方法的具体化，可直接用于指导单位工程的施工准备和现场的施工作业技术活动，如施工方案内容由施工组织总设计重点转为单位工程施工组织设计具体化。

《建筑施工组织设计规范》（GB/T 50502—2009）目录

参 考 文 献

[1] 曹吉鸣, 徐伟. 网络计划技术与施工组织设计 [M]. 上海: 同济大学出版社, 2000.

[2] 曹吉鸣, 林知炎. 工程施工组织与管理 [M]. 上海: 同济大学出版社, 2002.

[3] 曹吉鸣. 工程施工管理学 [M]. 北京: 中国建筑工业出版社, 2010.

[4] 重庆大学, 同济大学, 哈尔滨工业大学. 土木工程施工 [M]. 3 版. 北京: 中国建筑工业出版社, 2016.

[5] 陈颖龄. 装配式混凝土建筑的经济性分析与激励政策研究 [D]. 厦门: 厦门大学, 2017.

[6] 陈岳强. 锤击沉桩法的施工技术与质量控制 [J]. 科技资讯, 2009 (9): 92-93.

[7] 董芳菲, 李慧民. 钻孔灌注桩施工方案优选研究 [J]. 建筑技术开发, 2012, 39 (4): 57-59.

[8] 邓学才. 施工组织设计的编制与实施 [M]. 北京: 中国建材工业出版社, 2000.

[9] 高险峰. 钢筋混凝土钻孔灌注桩施工机具和工艺的选择 [J]. 中国高新技术业, 2009 (12): 143-144.

[10] 江正荣、朱国梁. 建筑施工工程师手册 [M]. 4 版. 北京: 中国建筑工业出版社, 2017.

[11] 刘宗仁. 土木工程施工 [M]. 北京: 高等教育出版社, 2003.

[12] 李惠玲. 土木工程施工技术 [M]. 3 版. 大连: 大连理工大学出版社, 2017.

[13] 李源清. 建筑施工组织设计与实训 [M]. 北京: 北京大学出版社, 2014.

[14] 刘瑾瑜, 吴洁. 建筑工程项目施工组织及进度控制 [M]. 武汉: 武汉理工大学出版社, 2005.

[15] 马文明, 潘剑辉, 王新颖. 桩型选择程序与方法 [J]. 黑龙江水利科技, 2005, 33 (2): 50-51.

[16] 马荣全, 徐蓉. 建筑工程投标施工组织设计的编制 [M]. 北京: 中国建筑工业出版社, 2009.

[17] 潘全祥. 建筑工程施工组织设计编制手册 [M]. 北京: 中国建筑工业出版社, 1996.

[18] 秦珩, 钱冠龙. 钢筋套筒灌浆连接施工质量控制措施 [J]. 施工技术, 2013, 42 (14): 113-117.

[19] 屠慧颖, 潘英泽. 浅谈锤击沉桩的施工 [J]. 黑龙江交通科技, 2010, 33 (4): 107-108.

[20] 肖明和, 张蓓. 装配式建筑施工技术 [M]. 北京: 中国建筑工业出版社, 2018.

[21] 应惠清. 土木工程施工 [M]. 2 版. 上海: 同济大学出版社, 2007.

[22] 张长友, 蔺石柱, 周兆银, 等. 土木工程施工 [M]. 北京: 中国电力出版社, 2007.